Springer-Lehrbuch

Karl Mosler · Friedrich Schmid

Beschreibende Statistik und Wirtschaftsstatistik

Dritte Auflage

Mit 40 Abbildungen und 2 Tabellen

 Springer

Prof. Dr. Karl Mosler
Prof. Dr. Friedrich Schmid
Universität zu Köln
Seminar für Wirtschafts- und Sozialstatistik
Albertus-Magnus-Platz
50923 Köln
E-Mail: mosler@statistik.uni-koeln.de
E-Mail: schmid@wiso.uni-koeln.de

Auf dem Umschlag sind abgebildet (von links):
Louis Etienne Laspeyres (1834–1913)
Irving Fisher (1867–1947)
Corrado Gini (1884–1965)
John W. Tukey (1915–2000)

Bibliografische Information Der Deutschen Bibliothek
Die Deutsche Bibliothek verzeichnet diese Publikation in der Deutschen Nationalbibliografie;
detaillierte bibliografische Daten sind im Internet über *http://dnb.ddb.de* abrufbar.

ISSN 0937-7433
ISBN-10 3-540-37458-2 3. Auflage Springer Berlin Heidelberg New York
ISBN-13 978-3-540-37459-6 3. Auflage Springer Berlin Heidelberg New York
ISBN 3-540-22815-2 2. Auflage Springer Berlin Heidelberg New York

Springer ist ein Unternehmen von Springer Science+Business Media
springer.de

© Springer Berlin Heidelberg 2003, 2004, 2006
Printed in Germany

Umschlaggestaltung: WMXDesign GmbH, Haberstraße 3, 69126 Heidelberg
Production: LE-TEX, Jelonek, Schmidt & Vöckler GbR, Leipzig
SPIN 11819288   Gedruckt auf säurefreiem Papier – 154/3100 – 5 4 3 2 1 0

Vorwort

Das vorliegende Lehrbuch gibt eine Einführung in die beschreibende Statistik und in Teile der Wirtschaftsstatistik. Es ist aus Vorlesungen entstanden, die die Autoren regelmäßig an der Wirtschafts- und Sozialwissenschaftlichen Fakultät der Universität zu Köln halten und umfasst im Wesentlichen den Stoff der dortigen Diplom-Vorprüfung im Bereich „Deskriptive Statistik und Wirtschaftsstatistik".

Eine Einführung in die Wahrscheinlichkeitsrechnung und die schließende Statistik bietet unser Lehrbuch „Wahrscheinlichkeitsrechnung und schließende Statistik". Beide Lehrbücher beschränken sich auf solche statistische Methoden, die vornehmlich in den Wirtschafts- und Sozialwissenschaften benötigt werden.

Der praktische Einsatz statistischer Verfahren ist ohne Computer nicht vorstellbar. Auch im Grundstudium der Wirtschaftswissenschaften sollen die Studierenden die Möglichkeiten des Computereinsatzes kennenlernen und an einschlägige statistische Software herangeführt werden. Hierbei beschränken wir uns auf den Einsatz des Programms Excel von Microsoft, das zwar nur begrenzte und etwas umständliche Möglichkeiten der Auswertung bietet, aber den Studierenden problemlos zur Verfügung steht und sich deshalb am besten für Anfängerübungen eignet. Im Anschluss an die Kapitel 2, 3, 5 und 6 werden Hinweise zur Durchführung der wichtigsten deskriptiv-statistischen Verfahren am Computer mit Excel gegeben. Datensätze zum Einüben dieser Verfahren findet man auf der Internetseite *www.uni-koeln.de/wiso-fak/wisostatsem /buecher /beschr_ stat*. Auf diese Internetseite werden auch Übungsaufgaben und etwaige Ergänzungen und Korrekturen zu diesem Lehrbuch gestellt.

Das Literaturverzeichnis am Ende des Buches umfasst ausgewählte Lehrbücher der beschreibenden Statistik und der Wirtschaftsstatistik, interaktive

Lernprogramme sowie Einführungen in statistische Software. Ferner sind dort einschlägige Aufgabensammlungen und weiteres Studienmaterial aufgeführt. Auf spezielle ergänzende Literatur wird in den einzelnen Kapiteln hingewiesen.

Bei der Erstellung des Buchmanuskripts haben uns die wissenschaftlichen Mitarbeiter und studentischen Hilfskräfte des Seminars für Wirtschafts- und Sozialstatistik der Universität zu Köln tatkräftig unterstützt. Genannt seien die Herren Dr. Eckard Gröhn, Jadran Dobric, Jens Kahlenberg, Axel Schmidt und Florian Wessels. Sie haben das Manuskript mehrfach gelesen und zahlreiche Korrekturen und Verbesserungsvorschläge beigesteuert. Frau Katharina Cramer hat die Excel-Anleitungen entwickelt, Frau Monia Truetsch die meisten Abbildungen hergestellt. Ihnen allen sei herzlich gedankt.

Köln, im Dezember 2002

Karl Mosler
Friedrich Schmid

Vorwort zur zweiten Auflage

Für die zweite Auflage wurden die Abschnitte zum Preisindex für die Lebenshaltung und zu den europäischen Verbraucherpreisindizes neu bearbeitet und den jüngsten Entwicklungen der amtlichen Statistik angepasst. Im gesamten Text wurden zahlreiche kleinere Korrekturen und Aktualisierungen vorgenommen.

Köln, im Juli 2004

Karl Mosler
Friedrich Schmid

Vorwort zur dritten Auflage

Die dritte Auflage entspricht im wesentlichen den vorigen beiden Auflagen. Sie enthält an vielen Stellen aktualisierte Daten und zahlreiche kleinere Verbesserungen und Ergänzungen.

Köln, im Juni 2006

Karl Mosler
Friedrich Schmid

Inhaltsverzeichnis

Kapitel 0

Was ist Statistik?

Wirtschaftswissenschaften haben eine *empirische Seite*: sie beziehen sich auf reale ökonomische Sachverhalte. Diese müssen *beobachtet* und *gemessen* werden. Beobachtung und Messung des wirtschaftlichen Geschehens und die Sammlung der so gewonnenen Daten sind die Aufgaben der *Wirtschaftsstatistik*. Die *beschreibende Statistik*, auch *deskriptive Statistik* genannt, dient dazu, die Daten unter bestimmten Aspekten zu beschreiben und graphisch darzustellen sowie die in den Daten vorliegende Information auf ihren – für eine gegebene Fragestellung – wesentlichen Kern zu reduzieren. Die wichtigsten Verfahren der beschreibenden Statistik und einige Elemente der Wirtschaftsstatistik sind Gegenstand dieses Buchs.

0.1 Beispiele

Wir beginnen mit vier Beispielen, die typische Fragestellungen und Methoden der beschreibenden Statistik beinhalten.

Der Preis eines Konsumguts

- *Was kostet ein bestimmtes Gut für den Konsumenten?*

Ein Warentestinstitut testet ein Fernsehgerät. Im Testbericht soll auch über den Preis informiert werden. Der Einfachheit halber nehmen wir an, dass das Gerät von nur zehn Geschäften geführt wird, und zwar zu folgenden Preisen in Euro:

Geschäft	1	2	3	4	5	6	7	8	9	10
Preis	398	379	458	398	368	379	394	379	458	398

Welche Preisinformation soll das Institut dem Verbraucher geben? Den günstigsten Preis (368 €)? Den häufigsten Preis? Als häufigster Preis kommen sowohl 398 € wie 379 € in Betracht, die jeweils dreimal beobachtet werden. Oder soll das Institut einen geeignet definierten „mittleren Preis" angeben, etwa das *arithmetische Mittel* (400,90 €) oder den *Median* (394 €)? Interessant ist auch die Information, wie weit die Preise streuen, etwa die Spanne zwischen dem höchsten und dem niedrigsten Preis (90 €).

Eine Grundaufgabe der beschreibenden Statistik ist die **Charakterisierung der Daten durch** einige wenige **Kennzahlen**, auch **Maßzahlen** genannt. Im Beispiel tritt an die Stelle vieler einzelner Preise eine einzige Zahl, ihr mittlerer Wert. Er wird evtl. durch ein Maß der Streuung ergänzt. Eine weitere Grundaufgabe der beschreibenden Statistik besteht darin, die **Daten in Graphiken** übersichtlich und anschaulich **darzustellen**.

Die Verteilung der Preise lässt sich – statt in einer Tabelle wie oben – auch graphisch darstellen. Dafür gibt es viele Möglichkeiten, etwa diese:

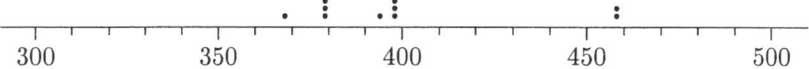

| 300 | 350 | 400 | 450 | 500 |

Der Verkaufspreis eines Geräts kann Verschiedenes bedeuten: den Preis mit oder ohne Mehrwertsteuer sowie mit oder ohne Händlergarantie. Zu den Aufgaben der beschreibenden Statistik gehört es auch, zu kontrollieren, was die gemessenen Daten wirklich bedeuten, und die **Daten** um etwa aufgetretene Bedeutungsabweichungen zu **bereinigen**.

Wenn wir davon ausgehen, dass die zehn Geschäfte einer größeren Gesamtheit entstammen, stellt sich das Problem, wie viele Geschäfte auszuwählen sind und nach welchem Verfahren. In der Regel nimmt die Qualität der Information mit der Zahl der ausgewählten Einheiten zu, allerdings wächst auch der Aufwand der Datenerhebung. Ein weiteres Problem ist die sinnvolle **Auswahl der Beobachtungseinheiten**. Mit letzterer befasst sich die Stichprobentheorie, die zur schließenden Statistik gehört.

Schließlich ist zu überlegen, ob es gut ist, alle erhobenen Daten zu verwenden oder besser einige „aus dem Rahmen fallende" Beobachtungen nicht zu berücksichtigen. Im Beispiel wäre etwa zu prüfen, ob die Geschäfte, die den vergleichsweise hohen Preis von 458 € verlangen, überhaupt am Markt relevant sind. Die Erkennung und etwaige Elimination von extremen oder untypischen Beobachtungen, so genannten **Ausreißern**, ist ebenfalls eine Aufgabe der Statistik.

Der Anstieg des Preisniveaus

- *Um wie viel ist das Preisniveau in Deutschland im Monat September gegenüber dem Vorjahresmonat gestiegen?*

Diese Frage ist in der öffentlichen Diskussion von großer Bedeutung. Um sie zu beantworten, muss der Statistiker klären, welche Preise gemeint sind und was unter einem „Anstieg der Preise" zu verstehen ist. Wenn es um Tarifverhandlungen geht, sind etwa die Preise relevant, die ein typischer Arbeitnehmer-Haushalt für die Güter seiner Lebenshaltung zahlen muss. In der Rentendiskussion sind hingegen die sich für einen Rentnerhaushalt ergebenden Preise einschlägig. Den Preisanstieg misst der Statistiker durch einen geeigneten **Preisindex**, in den die Änderungen der Preise von üblicherweise konsumierten Gütern eingehen. Er muss die Güter auswählen und sich für eine von mehreren Möglichkeiten entscheiden, deren Preisänderungen zu mitteln.

Privater Konsum und Volkseinkommen

- *In welcher Beziehung steht der gesamtwirtschaftliche Konsum der privaten Haushalte zu ihrem verfügbaren Einkommen? Welche Anteile des Einkommens werden konsumiert, welche gespart?*

Im folgenden Streudiagramm bezeichnet jeder Punkt die Höhe des verfügbaren Haushaltseinkommens Y_H^v und des Konsums C in einem bestimmten Jahr.

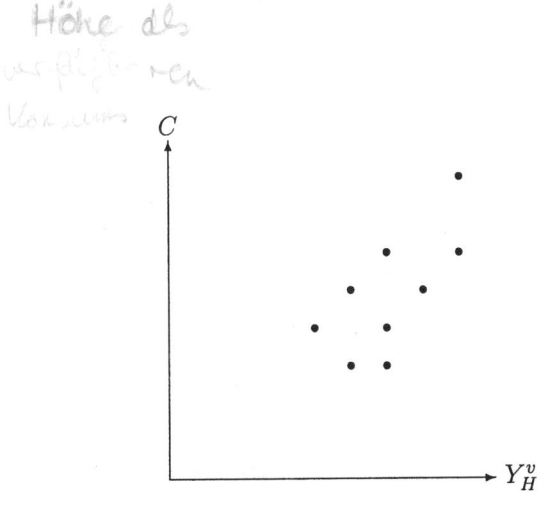

Ein einfaches Modell für den Zusammenhang zwischen Konsum und Einkommen liefert Keynes' absolute Einkommenshypothese,

$$C = a + bY_H^v .$$

Aufgabe des Statistikers ist es, die **Größen** a und b des Modells aus den vorliegenden Daten zu **bestimmen**. Offenbar gilt die Beziehung nicht exakt (dann müssten alle Punkte auf einer Geraden liegen), sondern nur ungefähr.

Weiter muss sich der Statistiker fragen, ob statt des linearen Ansatzes etwa eine andere **funktionale Beziehung** zu **wählen** ist. Ferner muss er die **Daten** über den Konsum und das Einkommen in geeigneter Weise **erheben** und die Geldentwertung über die Jahre „herausrechnen", d.h. die **Daten deflationieren**.

Entwicklung der Arbeitslosigkeit

- *Ist die Arbeitslosenquote innerhalb der letzten zwei Monate gesunken?*

Die Zahl der Arbeitslosen und die Arbeitslosenquote werden jeden Monat ermittelt. Es entsteht eine Zeitreihe, die jährlich ein bestimmtes Grundmuster, die „Saisonfigur", und zusätzliche Fluktuationen aufweist. Die Saisonfigur gibt die Schwankungen der Arbeitslosigkeit wieder, die sich allein durch die Abfolge der Jahreszeiten erklären; sie zeigt etwa, um wie viel die Arbeitslosigkeit durch die Frühjahrsbelebung von Februar auf März regelmäßig (im Durchschnitt der Jahre) sinkt.

Aufgabe der beschreibenden Statistik ist es unter anderem, die **Saisonfigur** zu **bestimmen** und die **Zeitreihe** um die Einflüsse der Saison zu **bereinigen**.

0.2 Beschreibende Statistik und schließende Statistik

Statistik als wissenschaftliche Methode wird in beschreibende und schließende Statistik unterteilt. Die **schließende Statistik** (auch: **statistische Inferenz**) stellt weitere Methoden der Datenanalyse zur Verfügung, die auf Wahrscheinlichkeitsmodellen beruhen.

In der wirtschaftswissenschaftlichen Theorie werden Aussagen über ökonomische Sachverhalte gemacht. Die Gültigkeit solcher Sätze ist auf Grund von Beobachtungen der Realität zu überprüfen; das heißt, die Sätze sind als **Hypothesen** zu **testen**. Soweit es sich um quantitative Aussagen handelt, sind darin enthaltene unbekannte **Parameter** zu **schätzen**.

Ein Schätzproblem tritt im obigen Beispiel bei der Bestimmung des Zusammenhangs zwischen Konsum und Einkommen auf: Hier sind Schätzwerte für die beiden unbekannten Parameter a und b zu bestimmen. Ein Testproblem stellt sich mit der Frage, ob der Konsum überhaupt vom Volkseinkommen abhängt, d.h. ob $b \neq 0$ ist oder nicht.

Schätzen und Testen sind Aufgaben der **schließenden Statistik**; sie baut auf der Wahrscheinlichkeitsrechnung auf. Aber um statistische Schlüsse aus den Daten ziehen zu können, müssen Beobachtungen zunächst beschrieben und gemessen werden. In diesem Sinn geht die beschreibende Statistik der schließenden Statistik voraus.

Statistische Methoden sind universell; sie werden in fast allen Wissenschaften eingesetzt. Wir beschränken uns in diesem Lehrbuch jedoch auf solche Methoden, die vornehmlich in den Wirtschafts- und Sozialwissenschaften benötigt werden.

Die folgende Abbildung beschreibt schematisch das Zusammenwirken von beschreibender und schließender Statistik bei der Analyse ökonomischer Sachverhalte. Die rechte Hälfte, das Messen und Beschreiben von empirisch gewonnenen Daten, ist Sache der beschreibenden Statistik, während in der linken Hälfte mit Methoden der schließenden Statistik der Bezug zur ökonomischen Theorie hergestellt wird.

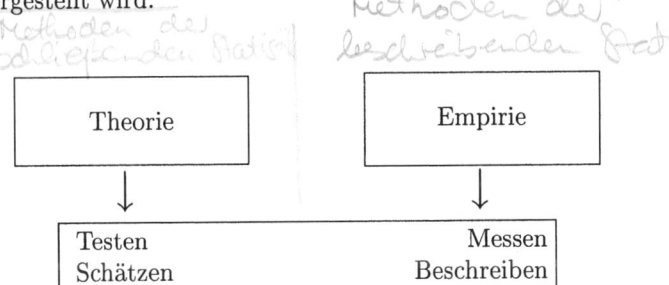

Wir schließen dieses einleitende Kapitel mit einer **kurzen Definition von Statistik**.

Statistik ist die **methodische Auswertung von Daten**, insbesondere

- deren Erhebung und Bereinigung,

- deren graphische Darstellung,

- deren Charakterisieren durch Kennzahlen,

- das Schätzen unbekannter Parameter,

- das Testen von Hypothesen,

- die Prognose künftiger Entwicklungen.

Die ersten drei Aufgaben gehören zur beschreibenden, die letzten drei hauptsächlich zur schließenden Statistik.

Ergänzende Literatur zu Kapitel 0

Die meisten Lehrbücher der beschreibenden Statistik enthalten Einführungen in deren typische Fragestellungen und Anwendungsgebiete. Wir verweisen insbesondere auf Fahrmeir et al. (2003). Empfehlenswert ist auch Krämer (2001).

Kapitel 1

Merkmale und Daten

In diesem Kapitel werden zunächst einige für die gesamte beschreibende Statistik grundlegende Begriffe eingeführt und an Beispielen illustriert. Die Abschnitte 1.1 und 1.2 behandeln Grundgesamtheiten und Merkmale. Abschnitt 1.3 gibt einen Überblick über Methoden der Datenerhebung. Im Abschnitt 1.4 werden dann vier wichtige, in Deutschland regelmäßig durchgeführte Erhebungen von Wirtschafts- und Bevölkerungsdaten vorgestellt. Im Abschnitt 1.5 findet sich eine knappe Zusammenstellung von Institutionen der amtlichen und nichtamtlichen Statistik sowie einige Hinweise auf Veröffentlichungen dieser Institutionen und weitere Quellen von Daten.

1.1 Grundgesamtheiten

Die **Grundgesamtheit** ist die Gesamtheit der Einheiten, über die eine statistische Untersuchung etwas aussagen soll. Sie ist eine Menge (im Sinne der Mengenlehre) und wird mit G bezeichnet. Ihre Elemente heißen **Untersuchungseinheiten**, **statistische Einheiten** oder **Merkmalsträger**. Wenn G aus n Elementen besteht, $|G| = n$, schreiben wir

$$G = \{e_1, e_2, ..., e_n\} \ .$$

Die Grundgesamtheit einer statistischen Untersuchung muss in sachlicher, räumlicher und zeitlicher Hinsicht genau abgegrenzt sein.

Beispiele für Grundgesamtheiten:

- *Personen mit deutscher Staatsangehörigkeit am 1.1.2003*

- *Handwerksbetriebe in Köln am 1.1.2003*

- *Verkehrsunfälle in Deutschland im Jahr 2002*

- *Geburten in Deutschland im Jahr 2002*

Eine Grundgesamtheit (oder einen Teil davon) bezeichnet man auch als **statistische Masse**. Man spricht von einer **Bestandsmasse**, wenn sie durch Angabe eines Zeitpunktes abgegrenzt wird.

Beispiele für Bestandsmassen:

- *Lagerbestand eines Unternehmens am 31.12.2002*

- *Studierende, die zu Beginn des WS 2002/03 an der Universität zu Köln immatrikuliert sind*

Eine **Bewegungsmasse** liegt vor, wenn sie durch Angabe eines Zeitraumes abgegrenzt wird.

Beispiele für Bewegungsmassen:

- *in Deutschland im Jahr 2002 produzierte Kraftfahrzeuge*

- *Umzüge von Haushalten innerhalb Deutschlands im Jahr 2002*

Bestands- und Bewegungsmassen hängen offensichtlich zusammen, denn zu jeder Bestandsmasse gibt es eine zugehörige Bewegungsmasse, nämlich die **Bestandsveränderung**.

Beispiel:

Haushalte in Deutschland am 1.1.2002	*Bestandsmasse*
Zuzüge, Neugründungen etc. im Jahr 2002	*Bewegungsmasse*
Wegzüge, Auflösungen etc. im Jahr 2002	*Bewegungsmasse*
Haushalte in Deutschland am 1.1.2003	*Bestandsmasse*

Allgemein ergibt sich die Möglichkeit, eine Bestandsmasse durch die zugehörige Bewegungsmasse **fortzuschreiben**.

1.2 Merkmale

Unter einem **Merkmal** versteht man eine Eigenschaft der Merkmalsträger, die statistisch untersucht wird. Ein Merkmal hat verschiedene mögliche **Merkmalsausprägungen**. Merkmale notieren wir mit X, Y oder ähnlich.

Beispiele:

Grundgesamtheit	Merkmal
Private Haushalte in Deutschland am 1.1.2003	Verfügbares monatliches Haushaltseinkommen
Handwerksbetriebe in Köln am 1.1.2003	Anzahl der Beschäftigten
Studierende zu Beginn des WS 2002/03 an der Universität zu Köln	Geschlecht

Die statistischen Einheiten einer Grundgesamtheit werden häufig als die Elemente einer größeren Gesamtheit definiert, die in bestimmten Merkmalen bestimmte Werte aufweisen.

Beispiele: Private Arbeitnehmer*haushalte in Deutschland am 1.1.2003, Handwerksbetriebe mit mindestens fünf Beschäftigten in Köln am 1.1.2003,* ausländische *Studierende zu Beginn des WS 2002/03 an der Universität zu Köln.*

Operationalisierung eines Begriffs

Die zu untersuchende ökonomische Größe ist zunächst als abstrakter Begriff gegeben, der in der Wirtschaftstheorie oder den Anwendungen eine bestimmte Bedeutung besitzt. Vor der statistischen Untersuchung ist der Begriff so zu präzisieren und eventuell um eine Vorschrift zu ergänzen, dass jeder statistischen Einheit eine Ausprägung der Größe konkret zugeordnet werden kann. Dies nennt man die **Operationalisierung** der ökonomischen Größe. Das Gleiche gilt für die Bestimmung einer Grundgesamtheit mit Hilfe von Merkmalen.

Darüber hinaus ist manche ökonomische Größe faktisch oder auch prinzipiell nicht als Merkmal beobachtbar (z.B. das Bildungsniveau einer Person, die Wohlfahrt eines Haushalts). Sie muss für die statistische Untersuchung durch einen verwandten Begriff und seine Operationalisierung ersetzt werden.

Häufig sind mehrere Operationalisierungen einer ökonomischen Größe möglich, die sich in ihrer Bedeutung unterscheiden. Das Ergebnis einer statistischen Untersuchung kann wesentlich von der gewählten Operationalisierung abhängen!

In der amtlichen Statistik werden die meisten Größen durch Bezug auf gesetzliche Bestimmungen operationalisiert.

Beispiele:

Begriff	Mögliche Operationalisierung
Erwerbstätigkeit in Deutschland	Zahl der Erwerbspersonen[1]
Gewerbliches Preisniveau	Index der Erzeugerpreise **oder** Preisindex für den Wareneingang (siehe Statistisches Jahrbuch)
Ausländischer Studierender	keine deutsche Staatsangehörigkeit **oder** kein deutsches Abitur
Bildung einer Person	Zahl der absolvierten Schul- und Hochschuljahre
Wohlfahrt eines privaten Haushalts	Verfügbares Haushaltseinkommen

Diskrete Merkmale, stetige Merkmale

Merkmale lassen sich nach verschiedenen Gesichtspunkten einteilen.

Ein Merkmal heißt **diskret**, falls es nur endlich viele mögliche Ausprägungen hat. (Zugelassen ist auch eine Menge von Ausprägungen, die den natürlichen Zahlen entspricht.)

Beispiele: Handelsklasse eines Nahrungsmittels, Automarke, Kinderzahl, Anzahl der Fachsemester eines Studierenden.

Stetig nennt man ein Merkmal, wenn seine Ausprägungen reelle Zahlen sind und die Menge aller Ausprägungen aus einem oder mehreren Intervallen besteht. Ein stetiges Merkmal wird auch als **kontinuierlich** bezeichnet.

In der praktischen Anwendung nimmt ein stetiges Merkmal nur endlich viele Ausprägungen an, da man nicht beliebig genau messen kann. Ein diskretes Merkmal, das sehr viele, dicht beieinanderliegende Ausprägungen aufweist, wird wie ein stetiges Merkmal behandelt und als **quasistetig** bezeichnet.

Beispiele: Körpergewicht ist ein stetiges Merkmal, Einkommen und Vermögen sind quasistetige Merkmale.

---

[1] In der deutschen amtlichen Statistik gehören zu den Erwerbspersonen alle Einwohner der Bundesrepublik Deutschland, die in einem Arbeitsverhältnis stehen oder ein solches suchen (einschließlich der Soldaten und mithelfenden Familienangehörigen) oder selbständig ein Gewerbe oder eine Landwirtschaft betreiben oder einen freien Beruf ausüben, unabhängig vom Umfang, von der Art, der Dauer und der Regelmäßigkeit der Tätigkeit und unabhängig von der Bedeutung des Ertrags dieser Tätigkeit für ihren Lebensunterhalt.

Merkmalswerte, Skalenniveaus

Ein Merkmal heißt **qualitativ**, wenn seine Ausprägungen durch verbale Ausdrücke gegeben sind. Demgegenüber wird ein Merkmal **quantitativ** genannt, wenn die Merkmalsausprägungen Zahlen sind.

Beispiele: Qualitativ sind die Merkmale Beruf und Geschlecht, quantitativ die Merkmale Alter, Einkommen und Klausurnote (wenn die Note als Zahl ausgedrückt wird).

Für die statistische Analyse werden den Ausprägungen eines qualitativen Merkmals Zahlen zugeordnet. Diese Zahlen werden, ebenso wie die Ausprägungen eines quantitativen Merkmals, als **Merkmalswerte** bezeichnet. Sie werden im Folgenden mit kleinen griechischen Buchstaben bezeichnet, etwa ξ_1, ξ_2 etc.

Will man statistische Berechnungen auf Grund von beobachteten Merkmalswerten durchführen, muss man sich vorher klarmachen, welche Rechenoperationen bezogen auf das, was gemessen wird, überhaupt einen Sinn machen. Die Zuordnung von Zahlen (= Merkmalswerten) zu den Ausprägungen eines Merkmals ist eine Funktion, die wir als **Skala** (auch: **Messskala**) bezeichnen. Je nachdem, wie frei man bei dieser Zuordnung ist, wird zwischen verschiedenen Skalenniveaus unterschieden.

Nominalskala Den einzelnen Ausprägungen werden lediglich verschiedene Zahlen („Codes") zugeordnet. Außer dass sie verschieden sind, haben diese Zahlen keine Bedeutung. Insbesondere macht es keinen Sinn, sie zu addieren, multiplizieren oder dividieren. (Eine Ausnahme bilden die **binären Merkmale**, die mit 0 und 1 kodiert sind; bei ihnen stellt z.B. die Summe von Merkmalswerten eine Anzahl dar.) Da es bei einer Nominalskala nur auf die Verschiedenheit der Merkmalswerte ankommt, leistet jede andere Zuordnung, die durch eine beliebige, umkehrbar eindeutige Transformation aus der ersten hervorgeht, das Gleiche. Die Nominalskala wird dadurch charakterisiert, dass sie eindeutig bis auf bijektive Transformationen ist.

Beispiele: Geschlecht, Familienstand, Studienfach, Religionszugehörigkeit.

Ordinalskala Zwischen den Merkmalsausprägungen besteht eine natürliche Ordnung; die Merkmalswerte sollen lediglich diese Ordnung widerspiegeln. Die Größe der Abstände zwischen Merkmalswerten hat keine Bedeutung, so dass wie bei einer Nominalskala das Addieren usw. von Merkmalswerten keinen Sinn macht. Offenbar führt jede ordnungserhaltende, d.h. streng monoton wachsende Transformation der Merkmalswerte zu einer gleichwertigen Skala. Als Ordinalskala bezeichnet man deshalb eine Skala, die bis auf streng monoton wachsende Transformationen eindeutig bestimmt ist.

Beispiele: Klausurnote, Handelsklasse (z.B. bei Obst), Schwierigkeitsgrad einer Klettertour, Windstärke nach Beaufort.

Intervallskala Die Merkmalswerte spiegeln nicht nur die Ordnung der Ausprägungen wider; auch die Größe der Abstände zwischen je zwei Merkmalswerten kann sinnvoll miteinander verglichen werden. Die absolute Größe von Merkmalswerten hat dagegen keine Bedeutung; ebenso ist der Maßstab frei wählbar. Eine Intervallskala ist dadurch charakterisiert, dass sie eindeutig bis auf eine Transformation der Form $T(x) = ax + b$ (mit $a > 0$ und $b \in \mathbb{R}$) ist. Differenzen von je zwei Merkmalswerten lassen sich sinnvoll vergleichen, da das Ergebnis nicht von der Wahl des Nullpunkts und der Messeinheit abhängt. Sind beispielsweise $x_1, \ldots, x_4$ vier Merkmalswerte und $y_1, \ldots, y_4$ mit $y_i = ax_i + b$ für $i = 1, \ldots, 4$ die transformierten Werte, so gilt

$$\frac{y_4 - y_3}{y_2 - y_1} = \frac{ax_4 + b - (ax_3 + b)}{ax_2 + b - (ax_1 + b)} = \frac{x_4 - x_3}{x_2 - x_1},$$

d.h. die Messeinheit a und der Nullpunkt b kürzen sich heraus.

Beispiel: Temperatur ist eine intervallskalierte Größe. Man kann sie beispielsweise in Grad Celsius (°C) oder in Grad Fahrenheit (°F) messen. Die Temperaturwerte x, gemessen in Grad Celsius, und y, gemessen in Grad Fahrenheit, sind durch die Transformation

$$y = 32 + 1,8x, \qquad x = \frac{y - 32}{1,8}$$

miteinander verknüpft.

Verhältnisskala (oder **Ratioskala**) Die Verhältnisskala ist eine Intervallskala, die zusätzlich einen natürlichen Nullpunkt besitzt, deren Messeinheit jedoch nicht festgelegt ist. Die Verhältnisskala ist durch ihre Eindeutigkeit bis auf eine positiv-lineare Transformation der Form $T(x) = ax$ mit $a > 0$ charakterisiert. Insbesondere hängt der Quotient zweier Merkmalswerte nicht von der gewählten Messeinheit ab: Denn sind x_1, x_2 zwei Merkmalswerte und $y_i = ax_i$ mit $a > 0$ die transformierten Werte, so ist

$$\frac{y_1}{y_2} = \frac{ax_1}{ax_2} = \frac{x_1}{x_2}.$$

Beispiele: Größen aus den Wirtschaftswissenschaften wie Einkommen, Vermögen, Geldmenge und Größen aus den Naturwissenschaften wie Masse, Länge, Zeit, wenn keine Messeinheit vorgegeben ist.

Absolute Skala Die absolute Skala ist eine Verhältnisskala, die außerdem eine vorgegebene Messeinheit besitzt. Die absolute Skala ist daher eindeutig bestimmt. Ihr Anwendungsbereich umfasst absolute Größen, die in vorgegeben Messeinheiten gemessen werden, sowie Häufigkeiten.

Beispiele: relative Häufigkeit, absolute Häufigkeit, Alter in Jahren, Einkommen in €, Masse in Gramm, Zeit in Sekunden.

Hierarchie der Skalen und statistische Verfahren Offenbar sind die verschiedenen Skalen hierarchisch geordnet: Eine Ordinalskala besitzt auch die Eigenschaften einer Nominalskala, eine Intervallskala die einer Ordinalskala, usw. Will man ein Merkmal mit einem statistischen Verfahren untersuchen, muss man zunächst sein Skalenniveau feststellen. Jedes statistische Verfahren erfordert ein bestimmtes Mindestniveau der Skala; z. B. um einen Mittelwert bilden zu können, muss das Merkmal mindestens intervallskaliert sein. Je höher das Skalenniveau ist, um so mehr statistische Verfahren stehen zur Verfügung. Statt mindestens intervallskaliert sagt man auch **metrisch skaliert**.

Extensive und intensive Merkmale

Extensive Merkmale sind solche, bei denen sich die Summe $\sum_{i=1}^{n} x_i$ von Merkmalswerten $x_1, \ldots, x_n$ sinnvoll interpretieren lässt. Ein Merkmal heißt **intensiv**, falls der Durchschnitt $\frac{1}{n} \sum_{i=1}^{n} x_i$ eine sinnvolle Interpretation zulässt. Offenbar ist jedes extensive Merkmal auch intensiv.

Beispiele für extensive Merkmale: Einkommen, Vermögen, Einwohnerzahl, Umsatz.

Beispiele für intensive, aber nicht extensive Merkmale: Preis eines Guts, Alter einer Person, Temperatur.

Den Begriff des extensiven Merkmals werden wir insbesondere in der Konzentrations- und Disparitätsmessung (Kapitel 3) benötigen.

Häufbare Merkmale, nicht häufbare Merkmale

Ein Merkmal heißt **häufbar**, falls ein Merkmalsträger, also ein Element der Grundgesamtheit, mehrere Merkmalsausprägungen haben kann.

Beispiele: Freizeitbeschäftigung, Studienfach, Staatsangehörigkeit.

Andernfalls heißt es **nicht häufbar**.

Beispiele: Alter, Geschlecht.

1.3 Daten und ihre Erhebung

Daten sind die beobachteten Werte eines Merkmals (oder mehrerer Merkmale) in einer Grund- oder Teilgesamtheit. Bei einem Merkmal X kann man die erhobenen Daten als Folge $x_1, \ldots, x_n$ schreiben, bei zwei Merkmalen X und Y als Folge von Paaren $(x_1, y_1), \ldots, (x_n, y_n)$. Die so notierten Daten nennt man **Urliste** oder **statistisches Urmaterial**.

Diskrete und stetige Klassierung

Übersichtlicher als die Urliste ist die **Häufigkeitsverteilung** der Daten. Sie gibt für jeden Wert des Merkmals die Häufigkeit an, mit der er in den Daten vorkommt.

Datenvektor, Datenmatrix

Oft ist es praktisch, die für ein Merkmal beobachteten Daten als Spaltenvektor zu schreiben,

$$\begin{bmatrix} x_1 \\ \vdots \\ x_n \end{bmatrix}.$$

Der Vektor wird **Datenvektor** genannt. Hat man Daten für mehrere Merkmale, so ergibt sich eine **Datenmatrix**. Ihre Spalten entsprechen den Merkmalen, ihre Zeilen den Beobachtungen. Für drei Merkmale X, Y und Z erhält man die $n \times 3$ Matrix

$$\begin{bmatrix} x_1 & y_1 & z_1 \\ \vdots & \vdots & \vdots \\ x_n & y_n & z_n \end{bmatrix},$$

für vier Merkmale X_1, X_2, X_3, X_4 die $n \times 4$ Matrix

$$\begin{bmatrix} x_{11} & x_{21} & x_{31} & x_{41} \\ \vdots & \vdots & \vdots \\ x_{1n} & x_{2n} & x_{3n} & x_{4n} \end{bmatrix}$$

und allgemein für m Merkmale eine $n \times m$ Matrix.

Primärstatistische Daten, sekundärstatistische Daten

Statistische Daten werden in verschiedener Weise nach ihrer Herkunft unterschieden. Die erste Unterscheidung betrifft die Beziehung zwischen der Datenerhebung und der aktuellen statistischen Untersuchung. **Primärstatistische Daten** sind Daten aus einer eigens im Hinblick auf das aktuelle Untersuchungsziel konzipierten Erhebung. **Sekundärstatistische Daten** sind dagegen Daten, die ursprünglich für andere Zwecke erhoben wurden.

Beispiel: Peter untersucht in seiner Diplomarbeit die Preisgestaltung für einen bestimmten Markenartikel im Kölner Einzelhandel und wertet zu diesem Zweck das Werbematerial und die Verkaufspreise vor Ort aus. Paul analysiert in seiner Diplomarbeit die Entwicklung der Einkommensverteilung in Deutschland auf Grund von Daten der Einkommensteuerstatistik. Peters

Untersuchung basiert auf primärstatistischen Daten, während Paul sich auf sekundärstatistische Daten stützt.

Querschnitte, Zeitreihen, Panels

Die zweite Unterscheidung betrifft den zeitlichen Zusammenhang der Daten. Von **Querschnittsdaten** spricht man, wenn die Werte eines Merkmals zur selben Zeit bei verschiedenen Einheiten erhoben werden.

Beispiele: Konsumausgaben von Haushalten, Umsätze von Einzelhandelsgeschäften.

Um **Zeitreihendaten** (oder **Längsschnittsdaten**) handelt es sich, wenn die Werte eines Merkmals bei derselben Einheit zu verschiedenen Zeiten erhoben werden. Die zeitlich geordnete Folge der Daten wird dann als **Zeitreihe** bezeichnet.

Beispiele: Zu versteuerndes Jahreseinkommen einer Person im Zeitablauf, Bruttoinlandsprodukt eines Staates in aufeinander folgenden Jahren.

Zeitreihen- und Querschnittsdaten treten häufig in Kombination auf. Solche Daten nennt man **Paneldaten**.

Beispiel: Jährliche Befragung von Haushalten nach ihrem Einkommen.

Vollerhebung, Teilerhebung

Weiter unterscheidet man Daten nach dem Umfang ihrer Erhebung. Bei einer **Vollerhebung** werden die Merkmalswerte von allen Elementen der Grundgesamtheit ermittelt (z.B. Volkszählung, Gebäudezählung). Bei einer **Teilerhebung** (= Stichprobenerhebung) werden dagegen nur in einem Teil der Grundgesamtheit die Merkmalswerte erhoben (z.B. Mikrozensus, Einkommens- und Verbrauchsstichprobe). Für eine Teilerhebung kann es verschiedene Gründe geben:

- Die Grundgesamtheit ist sehr groß, eine Vollerhebung deshalb praktisch unmöglich oder zu aufwändig.

- Die Beobachtung des Merkmals zerstört den Merkmalsträger (z.B. in der Qualitätskontrolle).

- Die Teilerhebung lässt sich zuverlässiger, genauer oder einheitlicher durchführen.

Stichprobenauswahl

Bei Teilerhebungen stellt sich die Frage nach der Art der Auswahl der Teilgesamtheit. Sie kann zufällig (z.B. durch reine oder geschichtete Zufallsauswahl) oder systematisch (z.B. durch Abschneide- oder Quotenauswahl) erfolgen.

- Die **reine Zufallsauswahl** wird so durchgeführt, dass jedes Element der Grundgesamtheit die gleiche Chance hat, für die Stichprobe ausgewählt zu werden.

Beispiel: Der jährliche Mikrozensus; siehe Abschnitt 1.4.

- Bei der **geschichteten Zufallsauswahl** werden zunächst anhand eines Hilfsmerkmals „Schichten" (z.B. Altersklassen) gebildet, dann der Anteil jeder Schicht an der Stichprobe festgelegt und schließlich die zu beobachtenden Elemente in jeder Schicht zufällig ausgewählt. Mit der Schichtenbildung kann man insbesondere die Genauigkeit der Ergebnisse für die einzelnen Schichten steuern.

Beispiel: Das SOEP (Abschnitt 1.4) untersucht Haushalte von Deutschen und Ausländern in zwei getrennten Schichten.

- Bei der **Abschneideauswahl** gelangen die Elemente der Grundgesamtheit in die Stichprobe, die in einem Hilfsmerkmal eine bestimmte Größe überschreiten.

Beispiel: Stichprobe im Einzelhandel; ausgewählt werden Betriebe, die einen bestimmten Mindestumsatz überschreiten.

- Bei der **Quotenauswahl** geht man davon aus, dass die Grundgesamtheit in homogene Teile zerfällt, in denen bestimmte sozio-ökonomische Merkmale (wie z.B. Geschlecht, Alter, Beruf) die gleichen Ausprägungen besitzen, und dass die Quote jedes dieser Teile in der Grundgesamtheit bekannt ist. Die Teile werden in der Stichprobe ohne Zufallsauswahl systematisch nachgebildet, indem solange Personen aufgenommen werden, bis alle Quoten in der Stichprobe den Quoten in der Grundgesamtheit entsprechen. In der Praxis werden Quoten nach Geschlecht, Alter, Berufsgruppe, Größenklasse und Lage (Bundesland) des Wohnorts, Schulbildung, Familienstand und Ähnlichem gebildet.

Beispiele: Einkommens- und Verbrauchsstichprobe, Laufende Wirtschaftsrechnungen der Haushalte (Abschnitt 1.4), Umfragen in der Meinungsforschung.

1.4 Regelmäßige Erhebungen von Haushaltsdaten

Die statistischen Ämter in Deutschland und die wirtschaftswissenschaftlichen Forschungsinstitute erheben in regelmäßigen Abständen bestimmte Wirtschaftsdaten. Die für die privaten Haushalte wichtigsten Erhebungen sind die Volkszählung, der Mikrozensus, die Einkommens- und Verbrauchsstichprobe sowie die Laufenden Wirtschaftsrechnungen der Haushalte und das Sozio-ökonomische Panel.

Volkszählung

Die klassische Volkszählung ist die vollständige Erfassung aller Personen und Haushalte eines Landes und einiger ihrer sozio-ökonomischen Merkmale. In Deutschland wurde sie zuletzt 1987 durchgeführt und mit einer Berufs-, Gebäude-, Wohnungs- und Arbeitsstättenzählung verbunden. Die bei der Volkszählung erhobenen Daten dienen als Grundlage der Auswahl beim Mikrozensus und bei vielen anderen statistischen Erhebungen. Es besteht Auskunftspflicht. Wegen der hohen Kosten und der zum Teil geringen politischen Akzeptanz von Volkszählungen werden kaum noch klassische Volkszählungen durchgeführt. An ihre Stelle treten reduzierte Zählungen, deren Ergebnisse mit Daten aus amtlichen Registern verknüpft werden. Eine ausführliche Darstellung der Volkszählung findet man im Lehrbuch Rinne (1996, S. 55–69).

Mikrozensus

Im Mikrozensus, der ein Mal im Jahr durchgeführt wird, werden Daten „in tiefer fachlicher Gliederung über die Bevölkerungsstruktur, die wirtschaftliche und soziale Lage der Bevölkerung und der Familien, den Arbeitsmarkt sowie die berufliche Gliederung und Ausbildung der Erwerbsbevölkerung" (Mikrozensus-Gesetz § 1 (2)) erhoben.
Auf der Basis der letzten Volkszählung und der Melderegister wird ein Prozent der Haushalte in zufälliger Weise ausgewählt. Einmal ausgewählte Haushalte werden wiederholt befragt, wobei jedes Jahr ein Viertel der Auswahleinheiten durch andere Einheiten (aus so genannten „Vorratsstichproben") planmäßig ersetzt wird. Es besteht Auskunftspflicht, die allerdings auf einen Zeitraum von vier Jahren beschränkt ist.
Erhoben werden außer Geschlecht, Alter, Familienstand und Staatsangehörigkeit, Daten über die Wohnung, die Haushaltsangehörigen, die Beteiligung am Erwerbsleben, die soziale Stellung im Beruf, die Quelle des überwiegenden Lebensunterhalts, die Höhe des monatlichen Nettoeinkommens und die Art

der Krankenversicherung. Hinzu kommen alle zwei bzw. drei Jahre Daten über den ausgeübten Beruf, über Pendelwanderungen, über die Altersvorsorge und weitere Merkmale. Für Einzelheiten des Mikrozensus sei auf die Darstellungen in der Zeitschrift *Wirtschaft und Statistik* verwiesen, etwa auf Riede (1997), Lotze und Breiholz (2002a) und Lotze und Breiholz (2002b).

Wirtschaftsrechnungen der privaten Haushalte

Daten über die privaten Haushalte liefern die **Einkommens- und Verbrauchsstichprobe (EVS)**, die alle fünf Jahre durchgeführt wird, sowie die **Laufenden Wirtschaftsrechnungen (LWR)**. Die Beteiligung der Haushalte ist freiwillig; sie werden innerhalb von Quoten (nach Haushaltstyp, sozialer Stellung und monatlichem Haushaltsnettoeinkommen) geworben. Erfasst wird das *Budget* der einzelnen privaten Haushalte; dies ist ein Verzeichnis aller zugeflossenen Einnahmen und der damit getätigten Ausgaben. Auf Grund dieser Daten werden u.a. das Lebenshaltungsniveau der Haushalte, ihre Beteiligung am Arbeitsmarkt, ihre Spartätigkeit und ihre Einkommensübertragungen beschrieben. Die Wirtschaftsrechnungen dienen auch als Grundlage der Berechnung von Verbraucherpreisindizes. Methodische Grundlagen und wichtige Ergebnisse beider Erhebungsverfahren werden regelmäßig in der Zeitschrift *Wirtschaft und Statistik* beschrieben; siehe Chlumsky und Ehling (1997); Kaiser (2000); Kühnen (1998).

Sozio-ökonomisches Panel (SOEP)

Im Unterschied zu den bisher genannten Erhebungen, die von den statistischen Ämtern durchgeführt werden, wird das Sozio-ökonomische Panel von einem wirtschaftswissenschaftlichen Forschungsinstitut, dem Deutschen Institut für Wirtschaftsforschung (DIW), getragen.

Im Rahmen des Sozio-ökonomischen Panels werden Haushalte und die darin lebenden Personen regelmäßig über Erwerbsbeteiligung, berufliche Mobilität, Freizeitverhalten, Einkommen und Transferzahlungen, Wohnsituation und vieles mehr befragt. Im Jahre 1983 wurden dazu etwa 6 000 private Haushalte ausgewählt, deren Daten seitdem jährlich auf freiwilliger Basis erhoben werden. Die Stichprobe der Haushalte ergänzt sich in natürlicher Weise durch eigene Haushaltsgründungen von bisher befragten Haushaltsmitgliedern. Anläßlich der deutschen Vereinigung wurden weitere Haushalte aus den neuen Bundesländern mit einbezogen. Die erhobenen Daten erlauben sowohl Querschnitts- wie Längsschnittsanalysen als auch Kombinationen von beiden. Ähnliche Panelerhebungen werden in den übrigen europäischen Ländern und in den USA durchgeführt. Nähere, insbesondere aktuelle Informationen über das SOEP findet man im Internet unter der Adresse *www.diw.de/soep/*.

1.5 Amtliche und nichtamtliche Statistik

Als Träger der Wirtschafts- und Sozialstatistik unterscheidet man die **amtliche** und die **nichtamtliche Statistik**.

Zur **amtlichen Statistik** zählen in Deutschland die so genannten „ausgelösten Behörden". Als Beispiele seien genannt:

- Statistisches Bundesamt *(www.destatis.de)*,

- Landesamt für Datenverarbeitung und Statistik Nordrhein-Westfalen *(www.lds.nrw.de)*,

- Amt für Stadtentwicklung und Statistik der Stadt Köln *www.stadtkoeln.de/aemter/15/*.

Ferner gehören zur deutschen amtlichen Statistik die mit statistischen Aufgaben befassten Teile von Behörden und Institutionen, die nicht in erster Linie für die Statistik zuständig sind. Hierzu gehören u.a.:

- Bundesministerium der Finanzen *(www.bundesfinanzministerium.de)*,

- Bundesministerium für Wirtschaft und Technologie *(www.bmwi.de)*,

- Bundesministerium für Arbeit und Soziales *(www.bmas.bund.de)*,

- Deutsche Bundesbank *(www.bundesbank.de)*,

- Bundesagentur für Arbeit *(www.arbeitsagentur.de)*,

- Bundesanstalt für Finanzdienstleistungsaufsicht *(www.bafin.de)*,

- Kraftfahrtbundesamt *(www.kba.de)*.

Grundlegend für die amtliche Statistik ist das **Prinzip der Legalisierung**. Dieses besagt, dass es für jede Erhebung eine Rechtsgrundlage geben muss, entweder als Gesetz oder als Rechtsverordnung. Abbildung 1.1 zeigt in schematischer Weise die Durchfürung einer Bundesstatistik, beginnend mit dem Auftrag und dem Entwurf einer Rechtsgrundlage durch das zuständige Ministerium und endend mit der Veröffentlichung der Ergebnisse durch das Statistische Bundesamt.

Zwei weitere wichtige Organisationsprinzipien der amtlichen Statistik sind die **fachliche Zentralisierung** und die **regionale Dezentralisierung**. Dies bedeutet, dass die Planung und methodisch-technische Vorbereitung von Erhebungen bei einer zentralen Stelle, dem Statistischem Bundesamt in Wiesbaden, liegt. Die Durchführung der Erhebung sowie Teile der Aufbereitung der Daten erfolgt, quasi „vor Ort", durch die Landesämter. Von diesem Organisationsprinzip gibt es jedoch Ausnahmen.

Bei vielen, jedoch nicht allen Erhebungen besteht Auskunftspflicht der befragten Einheiten. Dem steht die Verpflichtung der amtlichen Statistik gegenüber, Einzelangaben geheim zu halten.

Die Ergebnisse der Erhebungen der amtlichen Statistik werden in vielfältiger Weise veröffentlicht. Vom Statistischen Bundesamt ist besonders das jährlich erscheinende „Statistische Jahrbuch für die Bundesrepublik Deutschland" als zusammenfassende Veröffentlichung zu erwähnen. Publikationen zu einzelnen Bereichen enthalten die 19 Fachserien. Diese sind:

1. Bevölkerung und Erwerbstätigkeit

2. Unternehmen und Arbeitsstätten

3. Land- und Forstwirtschaft, Fischerei

4. Produzierendes Gewerbe

5. Bautätigkeit und Wohnungen

6. Binnenhandel, Gastgewerbe, Tourismus

7. Außenhandel

8. Verkehr

9. Dienstleistungen

10. Rechtspflege

11. Bildung und Kultur

12. Gesundheitswesen

13. Sozialleistungen

14. Finanzen und Steuern

15. Wirtschaftsrechnungen

16. Löhne und Gehälter

17. Preise

18. Volkswirtschaftliche Gesamtrechnungen

19. Umwelt

Zu erwähnen ist außerdem die monatlich erscheinende Zeitschrift *Wirtschaft und Statistik* mit Artikeln zu ausgewählten wirtschaftsstatistischen Themen sowie einem aktuellen Tabellenanhang. Von den Veröffentlichungen der Deutschen Bundesbank sind vor allem die *Monatsberichte* und deren statistische Beihefte für den Statistiker von Interesse.

Zu den Trägern der **nichtamtlichen Statistik** zählt man in Deutschland

- die unabhängigen wirtschaftswissenschaftlichen Institute

  - IfW - Institut für Weltwirtschaft Kiel *(www.uni-kiel.de/ifw)*,
  - DIW - Deutsches Institut für Wirtschaftsforschung Berlin *(www.diw.de)*,
  - HWWA - Hamburgisches Welt-Wirtschafts-Archiv *(www.hwwa.de)*,
  - IFO - Institut für Wirtschaftsforschung *(www.cesifo-group.de)*,
  - RWI - Rheinisch-Westfälisches Institut für Wirtschaftsforschung *(www.rwi-essen.de)*,
  - IWH - Institut für Wirtschaftsforschung Halle *(www.iwh-halle.de)*,

- die Wirtschaftsforschungsinstitute von Interessenverbänden, wie z.B.

  - IW - Institut der deutschen Wirtschaft Köln *(www.iwkoeln.de)*,
  - WSI - Wirtschafts- und Sozialwissenschaftliches Institut in der Hans-Böckler-Stiftung *(www.wsi.de)*,

- unabhängige, aber „halbamtliche" Institutionen, wie z.B.

  - Sachverständigenrat zur Begutachtung der gesamtwirtschaftlichen Entwicklung *(www.sachverstaendigenrat-wirtschaft.de)*,
  - Monopolkommission *(www.monopolkommission.de)*,

- die Markt-, Meinungs- und Umfrageinstitute, wie z.B.

  - INFAS - Institut für angewandte Sozialwissenschaft *(www.infas.de)*,
  - Emnid - Institut für Marktforschung und Marktermittlung *(www.tns-emnid.com)*,
  - GfK - Gesellschaft für Konsumforschung *(www.gfk.de)*,
  - Institut für Demoskopie Allensbach *(www.ifd-allensbach.de)*.

Eine sehr nützliche Quelle von Daten ist der Tabellenanhang des Herbstgutachtens des Sachverständigenrats. Die Hauptgutachten der Monopolkommission enthalten im Tabellenanhang Daten zum Stand der industriellen Konzentration in Deutschland.

Neben dem Statistischen Jahrbuch für die Bundesrepublik Deutschland veröffentlicht das Statistische Bundesamt jährlich das Statistische Jahrbuch für das Ausland. Weitere wichtige internationale Statistiken werden von folgenden übernationalen Institutionen und Organisationen geführt und veröffentlicht:

- EUROSTAT, das Statistische Amt der Europäischen Union *(www.europa.eu.int/comm/eurostat/)*,

- OECD *(www.oecd.org)*,

- Vereinte Nationen *(www.un.org)*.

Ergänzende Literatur zu Kapitel 1

Die Grundbegriffe der beschreibenden Statistik werden in allen einschlägigen Lehrbüchern behandelt. Genannt seien Fahrmeir et al. (2003), Ferschl (1985), Bamberg und Baur (2002), Benninghaus (2005), Schira (2005) und Heiler und Michels (2004). Die Methoden der Datenerhebung in der amtlichen und der nichtamtlichen Statistik werden ausführlich in von der Lippe (1996) und Rinne (1996) beschrieben; siehe auch Statistisches Bundesamt (1997).

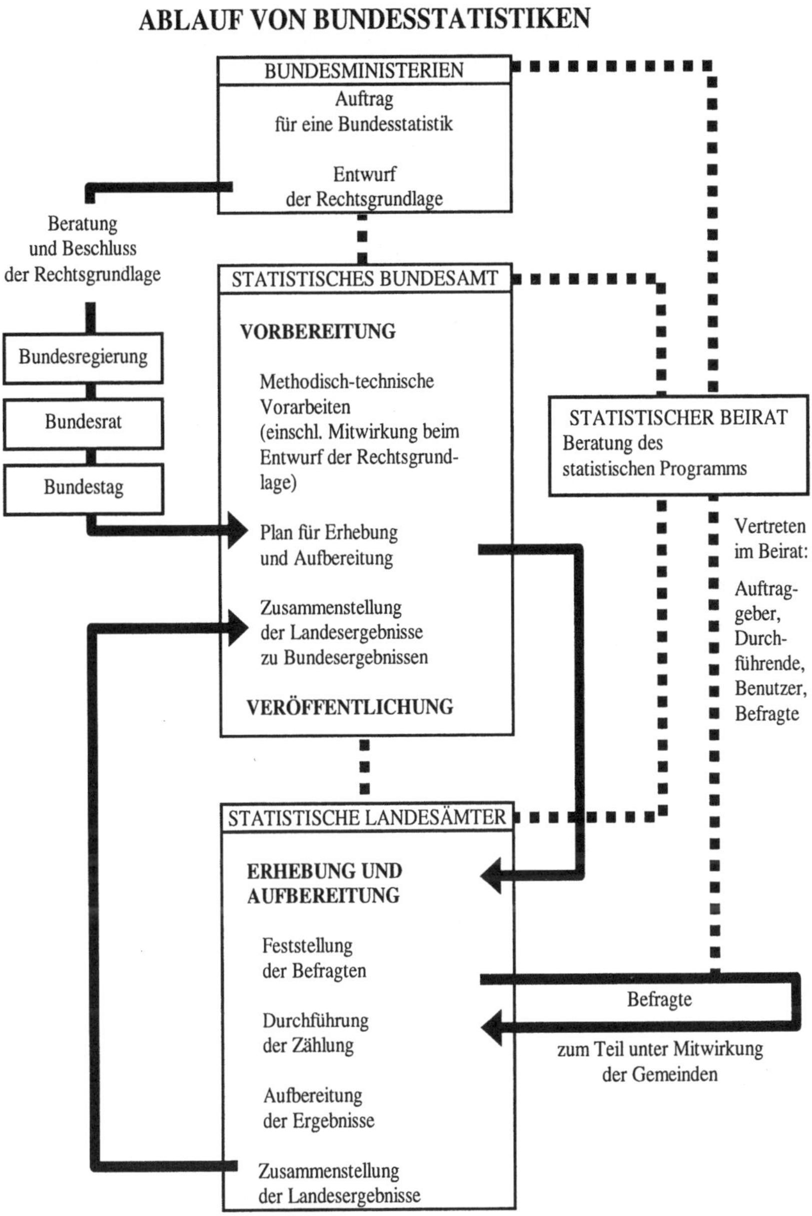

ABLAUF VON BUNDESSTATISTIKEN

BUNDESMINISTERIEN
Auftrag für eine Bundesstatistik
Entwurf der Rechtsgrundlage

Beratung und Beschluss der Rechtsgrundlage

Bundesregierung

Bundesrat

Bundestag

STATISTISCHES BUNDESAMT
VORBEREITUNG
Methodisch-technische Vorarbeiten (einschl. Mitwirkung beim Entwurf der Rechtsgrundlage)
Plan für Erhebung und Aufbereitung
Zusammenstellung der Landesergebnisse zu Bundesergebnissen
VERÖFFENTLICHUNG

STATISTISCHER BEIRAT
Beratung des statistischen Programms

Vertreten im Beirat:

Auftraggeber, Durchführende, Benutzer, Befragte

STATISTISCHE LANDESÄMTER
ERHEBUNG UND AUFBEREITUNG
Feststellung der Befragten
Durchführung der Zählung
Aufbereitung der Ergebnisse
Zusammenstellung der Landesergebnisse

Befragte

zum Teil unter Mitwirkung der Gemeinden

Abbildung 1.1: Durchführung einer Bundesstatistik (Quelle: Statistisches Bundesamt (1997)).

Kapitel 2

Auswertung von eindimensionalen Daten

Dieses Kapitel behandelt Methoden zur Untersuchung eines einzelnen Merkmals in einer Grundgesamtheit. $G = \{e_1, e_2, \ldots, e_n\}$ bezeichnet die Grundgesamtheit und X das zu untersuchende Merkmal. Wenn nicht anders vermerkt, sind die Daten in einer Urliste $x_1, x_2, \ldots, x_n$ gegeben, worin x_i den Wert des Merkmals X bei der Einheit e_i bezeichnet, $i = 1, 2, \ldots, n$.

Im Folgenden werden verschiedene Verfahren zur Beschreibung und Auswertung der Daten dargestellt. Um die Verfahren in eine sinnvolle Reihenfolge zu bringen, gehen wir nach dem Skalenniveau von X vor.

2.1 Beliebig skalierte Daten

Daten sind immer mindestens nominalskaliert. Die in diesem Abschnitt erläuterten Verfahren gelten für beliebig skalierte Daten; sie benötigen kein höheres Skalenniveau als das der Nominalskala.

Das Merkmal X besitze J verschiedene Merkmalswerte, die wir mit $\xi_1, \xi_2, \ldots, \xi_J$ bezeichnen. Für jeden Merkmalswert berechnet man die absolute und die relative Häufigkeit, mit der er in den Daten vorkommt:

- **absolute Häufigkeit** von ξ_j

  n_j = Anzahl der Daten mit Merkmalswert ξ_j , $\quad j = 1, \ldots, J$,

- **relative Häufigkeit** von ξ_j

$$f_j = \frac{n_j}{n} = \text{Anteil der Daten mit Merkmalswert } \xi_j \ , \quad j = 1, \ldots, J \, .$$

Offenbar gilt $0 \leq n_j \leq n$ und $0 \leq f_j \leq 1$ für alle j, und es ist $\sum\limits_{j=1}^{J} n_j = n$

sowie $\sum\limits_{j=1}^{J} f_j = 1$.

- **Diskrete Klassierung** Die Folge der Merkmalswerte mit ihren absoluten Häufigkeiten,

$$(\xi_1, n_1), (\xi_2, n_2), \ldots, (\xi_J, n_J) \, ,$$

wird als diskrete Klassierung der Daten bezeichnet.

- Unter einer **Häufigkeitstabelle** versteht man die folgende tabellarische Darstellung:

j	ξ_j	n_j	$f_j = n_j/n$
1	ξ_1	n_1	f_1
2	ξ_2	n_2	f_2
$\vdots$	$\vdots$	$\vdots$	$\vdots$
J	ξ_J	n_J	f_J
Σ		n	1

Beispiel „Verkehrsmittel": Die Grundgesamtheit bestehe aus 20 Beschäftigten eines Kölner Betriebs. Merkmal sei das für den Weg zur Arbeitsstätte benutzte Verkehrsmittel.

$$\begin{aligned}
\xi_1 &= 1 \ (KVB) \\
\xi_2 &= 2 \ (PKW) \\
\xi_3 &= 3 \ (Motorrad) \\
\xi_4 &= 4 \ (Fahrrad) \\
\xi_5 &= 5 \ (zu \ Fuß)
\end{aligned}$$

Urliste: $1, 1, 2, 2, 2, 4, 3, 5, 2, 2, 5, 2, 4, 1, 1, 2, 2, 1, 2, 1$

Häufigkeitstabelle:

ξ_j	n_j	f_j
KVB	6	6/20
PKW	9	9/20
Motorrad	1	1/20
Fahrrad	2	2/20
zu Fuß	2	2/20
Σ	20	1

Säulendiagramm und **Kreisdiagramm** dienen dazu, die Häufigkeiten graphisch darzustellen. Abbildung 2.1 und 2.2 zeigen die Diagramme der absoluten Häufigkeiten des Beispiels. Entsprechende Diagramme sind auch für die relativen Häufigkeiten in Gebrauch. Als **Stabdiagramm** bezeichnet man ein Säulendiagramm, das an Stelle der „Säulen" senkrechte Striche aufweist.

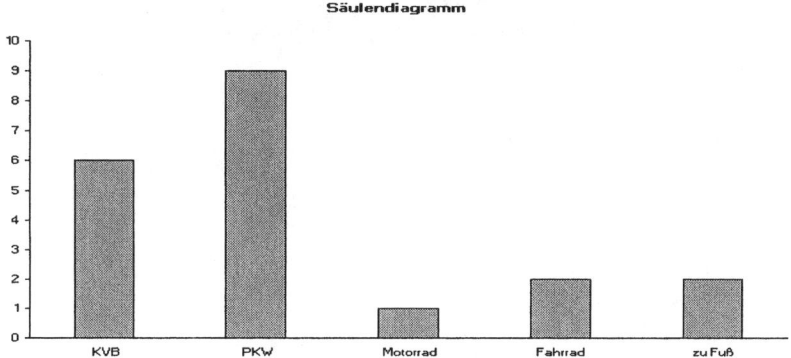

Abbildung 2.1: Graphische Darstellung durch ein Säulendiagramm ($\hookrightarrow$ EXCEL)

Ein Merkmalswert ξ_j heißt **Modus**, wenn seine Häufigkeit mindestens so groß wie die der übrigen Merkmalswerte ist, d.h. wenn $n_j \geq n_k$ für alle k gilt. Im Beispiel ist $\xi_2 = $ PKW der einzige Modus. Im Allgemeinen können Daten mehrere Modi aufweisen. Ob ein Merkmalswert ein Modus ist, hängt offenbar nur von den Häufigkeiten ab und nicht von der speziell gewählten Skala, d.h. von der Kodierung der Ausprägungen ($\hookrightarrow$ EXCEL[1]).

Beispiel „Bundesliga": Wir interessieren uns für die Zahl der Tore, die in Spielen der Fußballbundesliga erzielt werden, und zwar getrennt nach Heim- und Gastmannschaften. Grundgesamtheit sind die Bundesligaspiele der Saison 2000/01. Dabei bezeichne X die Zahl der Tore der Heimmannschaft und Y die der Gastmannschaft in einem Spiel. Die folgende Übersicht enthält die Häufigkeitsverteilungen beider Merkmale X und Y. Die erste Spalte gibt die Merkmalswerte (= Zahl der Tore j) an, die zweite die absoluten Häufigkeiten $n_j(X)$ von X, die dritte die absoluten Häufigkeiten $n_j(Y)$ von Y, $j = 0, 1, \ldots, 6$.

---

[1]Das Symbol $\hookrightarrow$ EXCEL bedeutet, dass die betreffende statistische Formel oder Graphik mit dem Programm Microsoft Excel am PC berechnet werden kann. Excel ist ein eingetragenes Warenzeichen der Firma Microsoft. Die Rechenschritte am PC sind im Anhang zum jeweiligen Kapitel erläutert.

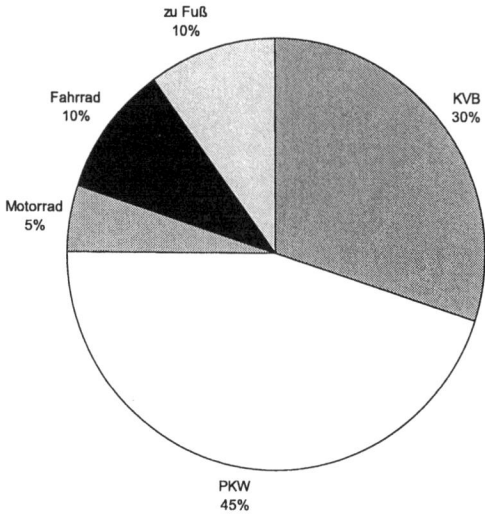

Abbildung 2.2: Graphische Darstellung durch ein Kreisdiagramm ($\hookrightarrow$ EX-CEL)

Tore j	$n_j(X)$	$n_j(Y)$
0	64	105
1	89	106
2	69	54
3	42	28
4	26	12
5	11	1
6	5	0
Σ	306	306

Wie man sieht, sind sowohl der Modus von X (Torerfolge der heimischen Mannschaft) als auch der von Y (Torerfolge der gastierenden Mannschaft) gleich 1.

2.2   Mindestens ordinalskalierte Daten

In diesem Abschnitt nehmen wir an, dass X (mindestens) ordinalskaliert ist. Für die Merkmalswerte gibt es dann eine natürliche Ordnung. Über die in Abschnitt 2.1 eingeführten Begriffe hinaus kann man weitere Maßzahlen definieren, mit denen sich die Daten näher beschreiben lassen.

Für ein beliebiges $x \in \mathbb{R}$ betrachtet man den Anteil der Daten $x_1, x_2, \ldots, x_n$, die kleiner oder gleich x sind. Sei

$$
\begin{aligned}
F(x) &= \text{Anteil der Daten} \leq x \\
&= \frac{|\{i \mid x_i \leq x\}|}{n} = \sum_{\xi_r \leq x} f_r \,.
\end{aligned}
$$

Die Funktion $F(x)$, $x \in \mathbb{R}$, wird als **empirische Verteilungsfunktion** der Daten bezeichnet. Man nennt sie auch kurz die **Verteilungsfunktion** der Daten. Wenn Daten in einer Urliste gegeben sind, ermittelt man $F(x)$ durch Abzählen der Beobachtungswerte, die kleiner oder gleich x sind, und anschließende Division durch n. Wenn diskret klassierte Daten gegeben sind, wird $F(x)$ durch Addition der entsprechenden relativen Häufigkeiten berechnet.

Beispiel „Klausurnoten I“: 16 Studierende erzielten in einer Klausur die folgenden (ganzzahligen) Noten: 3, 4, 2, 1, 2, 4, 5, 5, 2, 1, 4, 5, 3, 3, 2, 4. Indem wir die aufsteigend geordneten Noten von unten abzählen, erhalten wir die Werte der Verteilungsfunktion an den Stellen 1, 2, 3, 4 und 5,

$$
F(1) = \frac{2}{16} = 0,1250 \,,
$$

$$
F(2) = \frac{6}{16} = 0,3750 \,,
$$

$$
F(3) = \frac{9}{16} = 0,5625 \,,
$$

$$
F(4) = \frac{13}{16} = 0,8125 \,,
$$

$$
F(5) = 1 \,.
$$

Die Verteilungsfunktion ist in Abbildung 2.3 dargestellt.

Die empirische Verteilungsfunktion F ist generell für alle $x \in \mathbb{R}$ definiert. Sie ist **monoton wachsend**, das heißt, für alle $x_1, x_2 \in \mathbb{R}$ gilt

$$
F(x_1) \leq F(x_2) \,, \quad \text{wenn} \quad x_1 < x_2 \,.
$$

Die Verteilungsfunktion ist eine **Treppenfunktion**, d.h. stückweise konstant. Die Sprünge erfolgen an jenen Stellen, die als Daten in der Urliste vorkommen, und die Sprunghöhe an einer Stelle $x = \xi_j$ ist gleich der relativen Häufigkeit des Wertes ξ_j in der Urliste. Die empirische Verteilungsfunktion ist **rechtsstetig**, d.h. der Funktionswert an einer Sprungstelle ist gleich dem Grenzwert der Funktionswerte, wenn man das Argument x von rechts der Sprungstelle nähert.

Wenn nur die empirische Verteilungsfunktion der Daten bekannt ist, lassen sich daraus die beobachteten Merkmalswerte und ihre relativen Häufigkeiten

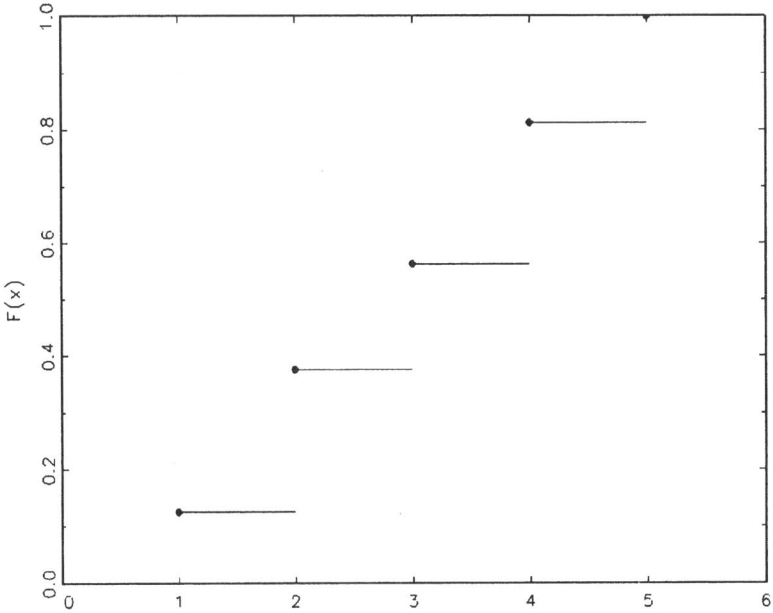

Abbildung 2.3: Verteilungsfunktion im Beispiel „Klausurnoten I" (↪ EX-CEL)

ermitteln. Durch Multiplikation mit n erhält man die absoluten Häufigkeiten. Also enthält, wenn n gegeben ist, die empirische Verteilungsfunktion die gleiche Information wie die diskrete Klassierung der Daten. Um die Verteilungsfunktion zu berechnen, genügt es, dass die Daten in diskreter Klassierung (mit absoluten oder relativen Häufigkeiten) gegeben sind. Hierzu ein Beispiel:

Beispiel „Klausurnoten II": Die Diplom-Vorprüfung zu „Statistik A" an der Wirtschafts- und Sozialwissenschaftlichen Fakultät der Universität zu Köln ergab im Sommersemester 1998 die folgenden Ergebnisse:

Ergebnis	Häufigkeit
Note „sehr gut"	6
Note „gut"	63
Note „befriedigend"	131
Note „ausreichend"	143
Note „mangelhaft"	177
„nicht erschienen"	39
Σ	559

Wie sind die Daten skaliert? Berechnen Sie, wenn möglich, die Verteilungsfunktion.
Lösung: Die Daten sind nur nominalskaliert; dies liegt an der Ausprägung „nicht erschienen". Beschränkt man die Analyse, und damit die Grundgesamtheit, auf die Kandidaten, die wirklich zur Klausur erschienen sind, erhält man die folgende Tabelle:

j	ξ_j	n_j	$f_j = \frac{n_j}{n}$ in %	$F(\xi_j)$ in %
1	1 *(„sehr gut")*	6	1,15	1,15
2	2 *(„gut")*	63	12,12	13,27
3	3 *(„befriedigend")*	131	25,19	38,46
4	4 *(„ausreichend")*	143	27,50	65,96
5	5 *(„mangelhaft")*	177	34,04	100,00
Σ		520	100,00	

Die Verteilungsfunktion der so eingeschränkten Daten lautet:

$$
F(x) = \begin{cases}
0 \, , & \text{falls } x < 1 \, , \\
0,0115 \, , & \text{falls } 1 \leq x < 2 \, , \\
0,1327 \, , & \text{falls } 2 \leq x < 3 \, , \\
0,3846 \, , & \text{falls } 3 \leq x < 4 \, , \\
0,6596 \, , & \text{falls } 4 \leq x < 5 \, , \\
1,0000 \, , & \text{falls } x \geq 5 \, .
\end{cases}
$$

Ein weiteres wichtiges Maß zur Beschreibung von Daten ist der des **Quantils** oder **Prozentpunkts**. Wir definieren ihn mit Hilfe der empirischen Verteilungsfunktion:

Für $0 < p < 1$ sei

$$
\tilde{x}_p = \min\{x \in \mathbb{R} \mid F(x) \geq p\}
$$
$$
= \text{kleinster Wert } x \in \mathbb{R} \text{ mit der Eigenschaft, dass } F(x) \geq p
$$

das p-Quantil (oder der $p \cdot 100$-Prozentpunkt) der Daten. $\tilde{x}_p$ ist also der kleinste Wert $x \in \mathbb{R}$ mit der Eigenschaft, dass mindestens $p \cdot 100\%$ der Daten kleiner oder gleich x sind ($\hookrightarrow$ EXCEL).

Im Beispiel „Klausurnoten I" betrachten wir erneut die Noten der 16 Studierenden. Das 0,5-Quantil ist $\tilde{x}_{0,5} = 3$ (= kleinster Wert mit $F(x) \geq 0,5$). Das 0,7-Quantil ist $\tilde{x}_{0,7} = 4$ (= kleinster Wert mit $F(x) \geq 0,7$).

Wenn die Daten durch eine streng monoton wachsende Funktion transformiert werden, wird offenbar jedes Quantil in gleicher Weise transformiert.

Man sagt, dass die Quantile **äquivariant** gegenüber streng monoton wachsenden Transformationen sind.

Die Funktion $p \mapsto \tilde{x}_p, 0 < p < 1$, nennt man **Quantilfunktion**. Man mache sich klar (Übung für den Leser!), dass die Quantilfunktion eine monoton wachsende Treppenfunktion ist. Ihren Graphen erhält man als Spiegelbild des Graphen der empirischen Verteilungsfunktion an der Hauptdiagonalen. Die Quantilfunktion enthält daher die gleiche Information wie die empirische Verteilungsfunktion.

Quantile können auch berechnet werden, ohne zuvor die empirische Verteilungsfunktion zu bestimmen. Hierzu nehmen wir an, dass die Daten aufsteigend geordnet sind, d.h. dass $x_1 \leq x_2 \leq x_3 \leq ... \leq x_n$ gilt. Wenn dies nicht der Fall ist, müssen die Daten zunächst geordnet werden. Es ist dann

$$\tilde{x}_p = \begin{cases} x_{np}, & \text{falls } np \text{ ganzzahlig,} \\ x_{[np]+1} & \text{sonst,} \end{cases}$$

wobei $[np]$ den ganzzahligen Teil von np bezeichnet.

Im obigen Beispiel „Klausurnoten I" ordnet man die Zensuren wie folgt:

$1, 1, 2, 2, 2, 2, 3, \underline{3}, 3, 4, 4, \underline{4}, 4, 5, 5, 5$. Es ist

$$\begin{aligned} \tilde{x}_{0,5} &= x_8 = 3, \\ \tilde{x}_{0,7} &= x_{[16 \cdot 0,7]+1} \\ &= x_{11+1} = x_{12} = 4, \end{aligned}$$

in Übereinstimmung mit den Ergebnissen von oben.

Für einige p werden die p–Quantile besonders häufig verwendet. Sie tragen spezielle Namen:

$\tilde{x}_{0,5}$				**Median**
$\tilde{x}_{0,25}$	$\tilde{x}_{0,5}$	$\tilde{x}_{0,75}$		**Quartile**
$\tilde{x}_{0,2}$	$\tilde{x}_{0,4}$	$\tilde{x}_{0,6}$	$\tilde{x}_{0,8}$	**Quintile**
$\tilde{x}_{0,1}$	$\tilde{x}_{0,2}$	$...$	$\tilde{x}_{0,9}$	**Dezile**
$\tilde{x}_{0,01}$	$\tilde{x}_{0,02}$	$...$	$\tilde{x}_{0,99}$	**Perzentile**

Diese Quantile sind offensichtlich gut zu interpretieren und nützlich, um große Datenmengen (mit vielen verschiedenen Werten) zu charakterisieren. Der Median $\tilde{x}_{0,5}$ ist der Wert, der die unteren 50% von den oberen 50% der Daten trennt.[2] Das Quantil $\tilde{x}_{0,25}$ bezeichnet man als unteres, das Quantil $\tilde{x}_{0,75}$ als oberes Quartil.

Die Quartile $\tilde{x}_{0,25}$, $\tilde{x}_{0,5}$ und $\tilde{x}_{0,75}$ teilen die Daten in vier Blöcke, die jeweils 25% der Daten umfassen. Zwischen $\tilde{x}_{0,25}$ und $\tilde{x}_{0,75}$, dem unteren und dem oberen Quartil, liegen die „mittleren" 50% der Daten. Analog können die Quintile, Dezile und Perzentile interpretiert werden.

2.3 Metrisch skalierte Daten

In diesem Abschnitt nehmen wir an, dass das Merkmal X metrisch skaliert, also mindestens intervallskaliert ist. Mit metrisch skalierten Daten können die im Folgenden benötigten Rechenoperationen in sinnvoller Weise ausgeführt werden. Für bestimmte Mittelwerte werden wir darüber hinaus voraussetzen müssen, dass das Merkmal verhältnisskaliert ist.

Wir erörtern nun die wichtigsten Maßzahlen zur Charakterisierung der Lage, Streuung und Asymmetrie von metrisch skalierten Daten. Am Ende des Abschnitts werden die stetige Klassierung von Daten und Maßzahlen für stetig klassierte Daten behandelt.

Alle statistischen Begriffe und Maßzahlen, die für nominale oder ordinale Daten definiert sind, gelten auch für metrische Daten. Insbesondere können metrische Daten durch Häufigkeiten, durch eine Verteilungsfunktion und durch Quantile beschrieben werden.

Boxplot

Um die wesentlichen Aspekte metrischer Daten in besonders einfacher und anschaulicher Weise graphisch darzustellen, verwendet man den **Boxplot,** auf Deutsch auch **Schachteldiagramm** genannt. Der Boxplot geht auf Tukey (1977) zurück. An ihm lassen sich der Median, das untere und das obere Quartil und die Extremwerte der Daten ablesen; vgl. Abbildung 2.4.[3]

Beispiel: „Jahresgehalt": Absolventen einer wirtschaftswissenschaftlichen Fakultät mit oder ohne Prädikatsexamen wurden nach dem Jahresgehalt ihrer ersten Anstellung befragt. Die Ergebnisse wurden durch zwei Boxplots beschrieben; vgl. Abbildung 2.5.

---

[2]Wenn n gerade ist, lassen sich die Daten $x_1, \ldots, x_n$ offenbar auf mehrerlei Weise in eine obere und eine untere Hälfte trennen; jeder Punkt des abgeschlossenen Intervalls $[x_{\lceil n/2 \rceil}, x_{\lceil n/2 \rceil +1}]$ ist dazu in gleicher Weise geeignet. Während wir hier den Median als den linken Eckpunkt des Intervalls definieren, sind in der Literatur auch andere Definitionen zu finden. Häufig wird die Mitte des Intervalls $[x_{\lceil n/2 \rceil}, x_{\lceil n/2 \rceil +1}]$ als Median bezeichnet.

[3]Hinweis: In der statistischen Literatur findet man auch andere Definitionen des Boxplots, bei denen statt $\min x_i$ und $\max x_i$ bestimmte Quantile angegeben werden.

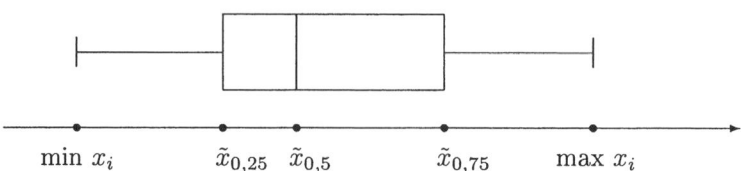

Abbildung 2.4: Boxplot

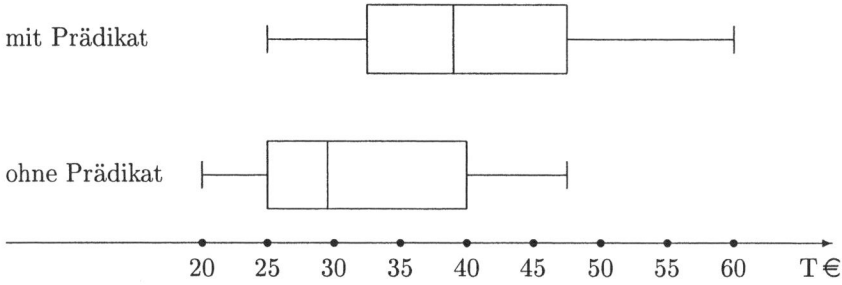

Abbildung 2.5: Vergleich zweier Boxplots

2.3.1 Lagemessung

Eine der wichtigsten Aufgaben der beschreibenden Statistik besteht darin, die allgemeine Lage von Daten auf der Merkmalsachse durch eine Zahl zu beschreiben. Im Folgenden ziehen wir zur Lagemessung verschiedene Mittelwerte heran.

Arithmetisches Mittel Das am weitesten verbreitete Lagemaß für metrisch skalierte Daten $x_1, x_2, \ldots, x_n$ ist das **arithmetische Mittel**

$$\overline{x} = \frac{1}{n} \sum_{i=1}^{n} x_i \,.$$

Es wird oft auch einfach als **Mittelwert** oder **Durchschnitt** der Daten bezeichnet ($\hookrightarrow$ EXCEL).

Wir diskutieren nun die wichtigsten Eigenschaften von $\overline{x}$.

1. Aus der Definition folgt sofort für die **Merkmalssumme**:

$$\sum_{i=1}^{n} x_i = n\overline{x} \quad = \quad \underbrace{\overline{x} + \overline{x} + \overline{x} + \ldots + \overline{x}}_{n \text{ Summanden}}$$

Dies kann man so interpretieren: Wird die Merkmalssumme $\sum_{i=1}^{n} x_i$ so auf die Merkmalsträger umverteilt, dass jeder das gleiche erhält, dann erhält jeder gerade $\overline{x}$.

2. Das arithmetische Mittel liegt zwischen dem größten und dem kleinsten Wert der Daten:

$$\min\{x_1, \ldots, x_n\} \leq \overline{x} \leq \max\{x_1, \ldots, x_n\}$$

Sind alle Daten gleich, d.h. $x_1 = x_2 = \ldots = x_n = x$, gilt natürlich $\overline{x} = x$.

3. Es ist

$$\sum_{i=1}^{n}(x_i - \overline{x}) = \sum_{i=1}^{n} x_i - n\overline{x} = n\overline{x} - n\overline{x} = 0,$$

d.h. die Abweichungen der Daten vom arithmetischen Mittel $\overline{x}$ heben sich gegenseitig auf. $\overline{x}$ nennt man deshalb auch den **Schwerpunkt** der Daten.

4. Für $\overline{x}$ gilt

$$\sum_{i=1}^{n}(x_i - \overline{x})^2 = \min_{c \in \mathbb{R}} \sum_{i=1}^{n}(x_i - c)^2,$$

d.h. die Summe der quadratischen Abweichungen der Daten von einem festen Punkt c ist am kleinsten für $c = \overline{x}$. (Beweis: Übung für den Leser!)

5. Werden alle Daten x_i durch $y_i = a + bx_i$ (mit $a, b \in \mathbb{R}$) affin-linear transformiert, so gilt

$$\overline{y} = \frac{1}{n}\sum_{i=1}^{n}(a + bx_i) = \frac{1}{n}\sum_{i=1}^{n} a + b\frac{1}{n}\sum_{i=1}^{n} x_i = a + b\overline{x},$$

d.h. das arithmetische Mittel transformiert sich wie die Einzeldaten.

Das folgende Beispiel illustriert die Eigenschaft 5.

Beispiel „Handwerksbetrieb": Der durchschnittliche Monatslohn der Beschäftigten in einem Handwerksbetrieb sei 2300 €. Im Dezember erhält jeder Beschäftigte (als Weihnachtsgratifikation) zusätzlich

- *einen Pauschalbetrag von 300 €,*

- *einen lohnabhängigen Zuschlag von 20%.*

Wie groß ist der Durchschnittslohn im Dezember?

Unter Verwendung der Eigenschaft 5 mit $a = 300$ und $b = 1,2$ ergibt sich

$$\overline{y}_{Dez} = 300 + 1,2 \cdot 2300 = 3060\,.$$

Berechnung aus diskret klassierten Daten Die Berechnung von $\overline{x}$ kann auch ohne Rückgriff auf die einzelnen Daten der Urliste erfolgen. Es müssen lediglich die Häufigkeiten bekannt sein, mit denen die Merkmalswerte $\xi_1, \ldots, \xi_J$ in den Daten vorkommen. Gegeben seien die absoluten Häufigkeiten

$$(\xi_1, n_1), (\xi_2, n_2), \ldots, (\xi_J, n_J)$$

oder, alternativ, die relativen Häufigkeiten

$$(\xi_1, f_1), (\xi_2, f_2), \ldots, (\xi_J, f_J).$$

Dann berechnet man das arithmetische Mittel so:

$$\boxed{\overline{x} = \frac{1}{n} \sum_{j=1}^{J} \xi_j n_j = \sum_{j=1}^{J} \xi_j f_j}$$

Beispiel „Jugendliche": In den $n = 1230$ Haushalten eines Vorortes wurde die Anzahl der Jugendlichen (unter 18 Jahren) gezählt. Aus der Urliste wurde die folgende Häufigkeitsverteilung erstellt (ξ_j = Anzahl der Jugendlichen im Haushalt; n_j = Anzahl der Haushalte):

ξ_j	n_j
0	500
1	550
2	100
3	50
4	30
5 und mehr	0
Σ	1230

Der größte vorkommende Merkmalswert ist 4. Wir haben deshalb $J = 5$ Summanden zu addieren. Die durchschnittliche Anzahl der Jugendlichen pro Haushalt beläuft sich auf

$$\overline{x} = \frac{1}{1230} (0 \cdot 500 + 1 \cdot 550 + 2 \cdot 100 + 3 \cdot 50 + 4 \cdot 30) = 0,83\,.$$

Offenbar hat das arithmetische Mittel hier – wie in vielen anderen Beispielen – einen Wert, den das Merkmal selbst nicht annehmen kann.

Gewichtete Mittel Beim arithmetischen Mittel werden alle n Daten der Urliste in gleicher Weise behandelt, indem man sie aufsummiert und die Summe durch n teilt. Eine Verallgemeinerung des arithmetischen Mittels bilden die gewichteten Mittel. Sie haben die Form

$$\overline{x}_w = \sum_{i=1}^{n} w_i x_i$$

mit **Gewichten** $w_i \geq 0$ für alle i und $\sum_{i=1}^{n} w_i = 1$. Man nennt $\overline{x}_w$ **gewichtetes Mittel** zum **Gewichtsvektor**

$$w = (w_1, w_2, \ldots, w_n).$$

Die Gewichte $w_1, w_2, \ldots, w_n$ sind für die jeweilige Anwendung geeignet zu wählen. Speziell, wenn alle Gewichte den gleichen Wert haben, ist der Gewichtsvektor $w = (1/n, 1/n, \ldots, 1/n)$ und man erhält das gewöhnliche arithmetische Mittel, $\overline{x}_w = \sum_{i=1}^{n} \frac{1}{n} x_i = \overline{x}$.

Beispiel: Im Beispiel „Fernsehgerät" des Abschnitts 0.1.1 war aus den Verkaufspreisen in zehn Geschäften ein mittlerer Preis zu bestimmen. Es liegt nahe, ein gewichtetes Mittel zu verwenden, bei dem das Gewicht des i-ten Geschäfts seiner Größe G_i (gemessen etwa durch die Verkaufsfläche oder den Umsatz) entspricht. Man wählt dann die Gewichte gleich den relativen Größen, $w_i = G_i / \sum_{j=1}^{n} G_j$.

Getrimmte Mittel In das arithmetische Mittel $\overline{x}$ geht jeder Beobachtungswert x_i mit dem Gewicht $1/n$ ein. Wenn nun ein Beobachtungswert sehr weit – nach oben oder unten – von den übrigen entfernt ist, hat sein Beitrag einen großen Einfluss auf $\overline{x}$. Man sagt, dass das arithmetische Mittel **nicht robust** gegenüber so genannten **Ausreißern** ist. Einen robusteren Mittelwert konstruiert man, indem man die Daten trimmt, d.h. einen bestimmten Anteil „extremer" Werte weglässt. Wir setzen voraus, dass die Daten bereits aufsteigend geordnet sind, also $x_1 \leq x_2 \leq \ldots \leq x_n$ gilt.

Wenn man den Anteil α der Daten (mit $0 < \alpha < 1/2$) oben und unten weglässt und das arithmetische Mittel aus den verbleibenden Daten berechnet, erhält man das α-**getrimmte Mittel** $\overline{x}_\alpha$.

Beispiel: Für die Daten

$x_1 =$	-27	$x_6 =$	12
$x_2 =$	1	$x_7 =$	14
$x_3 =$	4	$x_8 =$	20
$x_4 =$	5	$x_9 =$	25
$x_5 =$	10	$x_{10} =$	300

ist das arithmetische Mittel gleich

$$\bar{x} = \frac{1}{10}\left(-27 + 1 + 4 + 5 + 10 + 12 + 14 + 20 + 25 + 300\right) = 36,4$$

und das $0,1$-getrimmte Mittel gleich

$$\bar{x}_{0,1} = \frac{1}{8}\left(1 + 4 + 5 + 10 + 12 + 14 + 20 + 25\right) = 11,375.$$

Der Einfluss der beiden Ausreißer $x_1 = -27$ und $x_{10} = 300$ wurde eliminiert.

Die allgemeine Formel für das α-getrimmte Mittel lautet

$$\boxed{\bar{x}_\alpha = \frac{1}{n - 2[n\alpha]}\sum_{i=[n\alpha]+1}^{n-[n\alpha]} x_i\,,}$$

wobei $[n\alpha]$ den ganzzahligen Teil von $n\alpha$ bezeichnet. Es ist ein gewichtetes Mittel mit Gewichten $w_i = 1/(n - 2[n\alpha])$ für $i = [n\alpha] + 1, \ldots, n - [n\alpha]$ und $w_i = 0$ sonst.

Im vorigen Zahlenbeispiel war $\alpha = 0,1$, wegen $n = 10$ gilt also $[n\alpha] = 1$.

Median und Modus Weitere Maßzahlen der Lage von metrischen Daten sind der Median und – falls er eindeutig bestimmt ist – der Modus. Beide sind bereits für ordinal- bzw. nominalskalierte Daten definiert. Der Median ist besonders robust gegenüber Ausreißern.

Betrachtet man die Häufigkeiten n_j als **Häufigkeitsfunktion** $\xi_j \mapsto n_j$, definiert auf der Menge der angenommenen Werte $\{\xi_1, \xi_2, \ldots, \xi_J\}$, so ist der Modus absolutes Maximum dieser Funktion. Wenn die Häufigkeitsfunktion nur ein absolutes Maximum und keine weiteren lokalen Maxima besitzt, sagt man, die Daten seien **unimodal verteilt**.

Beispiel: Der Median im vorigen Zahlenbeispiel beträgt $\tilde{x}_{0,5} = 10$. Modus ist jeder der beobachteten Werte; den Modus als Lagemaß zu verwenden, macht deshalb hier keinen Sinn.

In der statistischen Praxis wird meistens das arithmetische Mittel $\bar{x}$ angegeben, um die Lage der Daten zu beschreiben. Häufig wird zusätzlich der Median $\tilde{x}_{0,5}$ und – falls er eindeutig ist – der Modus berechnet. Demgegenüber sind getrimmte Mittel im Bereich der Wirtschafts- und Sozialwissenschaften weniger verbreitet; dies liegt an der Schwierigkeit, den Trimmparameter α geeignet zu wählen. Zu bedenken ist auch, dass „Ausreißer" für den Fachwissenschaftler oft besonders interessante Daten sind; sie dürfen deshalb in der statistischen Analyse nicht ohne weiteres unterdrückt werden.

Begriff des Lagemaßes Das arithmetische Mittel, die getrimmten Mittel und allgemein die gewichteten Mittel beschreiben die Lage der Daten; sie werden deshalb als Lagemaße bezeichnet. Man mag sich fragen, was denn das Wesen eines Lagemaßes ausmacht, d.h. welche Eigenschaften eine Maßzahl aufweisen muss, damit man sie als Lagemaß bezeichnen kann. Die allgemeine Definition lautet: Eine Maßzahl ist ein Lagemaß, wenn sie **affin äquivariant** ist. Dies bedeutet Folgendes: Bezeichnet $m(x_1, \ldots, x_n)$ die Maßzahl, so soll für beliebige Zahlen a und $b \in \mathbb{R}$, $b > 0$, gelten:

$$m(a + bx_1, \ldots, a + bx_n) = a + bm(x_1, \ldots, x_n).$$

Ein Lagemaß wird, wenn man die Daten mit einem Faktor multipliziert oder ihren Nullpunkt verschiebt, in gleicher Weise transformiert. Wie man leicht nachprüft, sind die bisher aufgeführten Mittelwerte sowie Median und Modus affin äquivariant.

2.3.2 Weitere Mittelwerte

Wenn die Daten ein höheres metrisches Skalenniveau besitzen, lassen sich weitere Mittelwerte bilden. Die für die ökonomischen Anwendungen wichtigsten sind das harmonische und das geometrische Mittel.

In diesem Abschnitt nehmen wir an, dass $x_1, x_2, \ldots, x_n$ mindestens verhältnisskaliert und dass alle Werte positiv sind, also $x_i > 0$ für $i = 1, \ldots, n$.

Das **harmonische Mittel** ist definiert als ($\hookrightarrow$ EXCEL)

$$\overline{x}_H = \frac{1}{\frac{1}{n} \sum_{i=1}^{n} \frac{1}{x_i}} = \left(\frac{1}{n} \sum_{i=1}^{n} x_i^{-1} \right)^{-1}.$$

Das harmonische Mittel ist also der Kehrwert des arithmetischen Mittels der Kehrwerte der Daten x_i.

Beispiel „Heizöl": Ein Hausverwalter kauft Heizöl für ein Haus. In drei aufeinander folgenden Heizperioden gibt er jeweils 4000 € dafür aus. Die Preise pro Liter betragen:

erste Heizperiode	$0,30$ €/Liter,
zweite Heizperiode	$0,35$ €/Liter,
dritte Heizperiode	$0,32$ €/Liter.

Wie viel € pro Liter Heizöl wurde in den drei Heizperioden durchschnittlich aufgewandt?

Den Durchschnittspreis (in € pro Liter) berechnet man so:

$$\frac{\text{Ausgaben für Heizöl (in €)}}{\text{Menge (in Liter)}} = \frac{3 \cdot 4000}{\frac{4000}{0,3} + \frac{4000}{0,35} + \frac{4000}{0,32}}$$

$$= \frac{3}{\frac{1}{0,3} + \frac{1}{0,35} + \frac{1}{0,32}}$$

$$= \left(\frac{1}{3} \left(\frac{1}{0,3} + \frac{1}{0,35} + \frac{1}{0,32} \right) \right)^{-1}$$

$$= 0,3220 \left[\frac{€}{\text{Liter}} \right]$$

Der durchschnittliche Preis pro Liter ergibt sich also als harmonisches Mittel der Preise in den drei Heizperioden.

Man beachte, dass in diesem Beispiel nicht die Anzahl der gekauften Liter, sondern der ausgegebene Betrag vorgegeben war. Ein weiteres Beipiel für die Anwendung des harmonischen Mittels findet sich im Kapitel 4 im Zusammenhang mit Indizes vom Typ Paasche.

Das **geometrische Mittel** ist definiert als ($\hookrightarrow$ EXCEL)

$$\overline{x}_G = \sqrt[n]{x_1 \cdot x_2 \cdot \ldots \cdot x_n} = \left(\prod_{i=1}^{n} x_i \right)^{\frac{1}{n}}.$$

Es lässt sich auch in der folgenden Form schreiben:

$$\overline{x}_G = \left(\prod_{i=1}^{n} x_i \right)^{\frac{1}{n}} = \exp \left\{ \ln \left(\prod_{i=1}^{n} x_i \right)^{\frac{1}{n}} \right\}$$

$$= \exp \left(\frac{1}{n} \sum_{i=1}^{n} \ln x_i \right).$$

Also gilt

$$\ln \overline{x}_G = \frac{1}{n} \sum_{i=1}^{n} \ln x_i = \overline{\ln x_i},$$

der Logarithmus des geometrischen Mittels ist das arithmetische Mittel der logarithmierten Daten.

Das geometrische Mittel wird vor allem bei der Berechnung von durchschnittlichen Wachstumsfaktoren und Wachstumsraten (siehe Kapitel 4) angewandt. Wir geben hier nur ein einfaches Zahlenbeispiel an:

Beispiel: Das geometrische Mittel von $x_1 = 0,6$, $x_2 = 0,7$ und $x_3 = 0,65$ ist

$$\overline{x}_G = (0,6 \cdot 0,7 \cdot 0,65)^{\frac{1}{3}} = 0,6487.$$

Berechnet man für diese Zahlen auch das arithmetische und das harmonische Mittel, so sieht man, dass

$$\overline{x}_H = 0,6474 < \overline{x}_G = 0,6487 < \overline{x} = 0,65.$$

Tatsächlich kann man beweisen, dass immer

$$\boxed{\overline{x}_H \le \overline{x}_G \le \overline{x}}$$

gilt. Die Gleichheit gilt genau dann, wenn alle x_i den gleichen Wert haben. (Beweis für $n = 2$: Übung für den Leser!)

Berechnung aus diskret klassierten Daten Arithmetisches, harmonisches und geometrisches Mittel kann man auch berechnen, wenn nur eine diskrete Klassierung $(\xi_1, n_1), (\xi_2, n_2), \ldots, (\xi_J, n_J)$ der Daten bekannt ist. Es ist dann

$$\overline{x} = \frac{1}{n} \sum_{j=1}^{J} \xi_j n_j = \sum_{j=1}^{J} \xi_j f_j,$$

$$\overline{x}_H = \left(\frac{1}{n} \sum_{j=1}^{J} \xi_j^{-1} n_j \right)^{-1} = \left(\sum_{j=1}^{J} \xi_j^{-1} f_j \right)^{-1},$$

$$\overline{x}_G = \left(\prod_{j=1}^{J} \xi_j^{n_j} \right)^{\frac{1}{n}} = \prod_{j=1}^{J} \xi_j^{f_j}.$$

Für Anwendungsbeispiele verweisen wir auf Kapitel 4. Hier begnügen wir uns wieder mit einem Zahlenbeispiel.

Beispiel: Aus der Urliste $x_1, \ldots, x_n$ eines verhältnisskalierten Merkmals X wurde die nachfolgende diskrete Klassierung erstellt:

ξ_j	f_j
1	0,25
2	0,10
3	0,30
4	0,35

Man berechnet

$$\overline{x} = 1 \cdot 0,25 + 2 \cdot 0,1 + 3 \cdot 0,3 + 4 \cdot 0,35 = 2,75,$$
$$\overline{x}_H = \left(1^{-1} \cdot 0,25 + 2^{-1} \cdot 0,1 + 3^{-1} \cdot 0,3 + 4^{-1} \cdot 0,35 \right)^{-1} = 2,0513,$$
$$\overline{x}_G = 1^{0,25} \cdot 2^{0,1} \cdot 3^{0,3} \cdot 4^{0,35} = 2,4208.$$

Potenzmittel Neben den bisher genannten Mittelwerten, die alle zur Klasse der gewichteten Mittel zählen, gibt es noch viele weitere Mittelwerte. Eine umfassende Familie von Mittelwerten bilden die so genannten **Potenzmittel**,

$$\overline{x}_\rho = \left(\frac{1}{n} \sum_{i=1}^{n} x_i^\rho \right)^{\frac{1}{\rho}}.$$

Für jede Zahl $\rho \neq 0$ ist hierdurch ein Mittelwert der Daten definiert. Für $\rho = 1$ erhält man das arithmetische und für $\rho = -1$ das harmonische Mittel. Durch eine kleine Rechnung lässt sich (unter Verwendung der Regel von de l'Hospital) zeigen, dass sich für $\rho \to 0$ als Grenzwert das geometrische Mittel ergibt. Weiterhin gilt

$$\lim_{\rho \to -\infty} \left(\frac{1}{n} \sum_{i=1}^{n} x_i^\rho \right)^{\frac{1}{\rho}} = \min\{x_1, \ldots, x_n\},$$

$$\lim_{\rho \to +\infty} \left(\frac{1}{n} \sum_{i=1}^{n} x_i^\rho \right)^{\frac{1}{\rho}} = \max\{x_1, \ldots, x_n\}.$$

An einfachen Beispielen (Übung für den Leser!) lässt sich zeigen, dass das harmonische und das geometrische Mittel ebenso wie die Potenzmittel mit $\rho \neq 1$ nicht affin äquivariant, d.h. keine Lagemaße im Sinne der obigen Definition sind. Dennoch stellen auch diese Maßzahlen sinnvolle „mittlere Werte" dar.

2.3.3 Streuungsmessung

Eine zweite Aufgabe der beschreibenden Statistik ist die Streuungsmessung. Sie besteht darin, zu beschreiben, wie weit die Daten auf der Merkmalsachse voneinander entfernt liegen oder um ein geeignet definiertes Zentrum der Daten streuen. Seien $x_1, x_2, \ldots, x_n$ metrische Daten wie bisher.

Varianz und Standardabweichung Die am weitesten verbreiteten Maßzahlen der Streuung sind die **Varianz** (auch einfach **Streuung** genannt)

$$\boxed{s^2 = \frac{1}{n} \sum_{i=1}^{n} (x_i - \overline{x})^2}$$

und die **Standardabweichung**

$$\boxed{s = \sqrt{s^2} = \sqrt{\frac{1}{n} \sum_{i=1}^{n} (x_i - \overline{x})^2}.}$$

Um anzuzeigen, dass Daten des Merkmals X zugrunde liegen, schreibt man auch s_X^2 und s_X für die Varianz bzw. die Standardabweichung.[4] Haben die Daten $x_1, \ldots, x_n$ eine Einheit (stellen sie z.B. Geldbeträge in Euro dar), so sieht man, dass

- $\overline{x}$ dieselbe Einheit hat,

- s^2 die „Einheit im Quadrat" hat,

- s dieselbe Einheit hat.

Die wichtigsten Eigenschaften von s^2 und s sind die folgenden:

1. Es ist $s^2 \geq 0$ und $s \geq 0$. Weiter gilt

$$s = 0 \quad \Longleftrightarrow \quad s^2 = 0 \quad \Longleftrightarrow \quad x_1 = x_2 = \ldots = x_n .$$

Die Varianz und auch die Standardabweichung sind also genau dann gleich null, wenn alle Daten den gleichen Wert haben.

2. Durch Umformungen erhält man für s^2:

$$
\begin{aligned}
s^2 &= \frac{1}{n} \sum_{i=1}^{n} (x_i - \overline{x})^2 = \frac{1}{n} \sum_{i=1}^{n} \left(x_i^2 - 2 x_i \overline{x} + \overline{x}^2 \right) \\
&= \frac{1}{n} \sum_{i=1}^{n} x_i^2 - 2\overline{x} \frac{1}{n} \sum_{i=1}^{n} x_i + \overline{x}^2 = \frac{1}{n} \sum_{i=1}^{n} x_i^2 - 2\overline{x}^2 + \overline{x}^2 ,
\end{aligned}
$$

$$s^2 = \frac{1}{n} \sum_{i=1}^{n} x_i^2 - \overline{x}^2 .$$

Diese Formel verwendet **nichtzentrierte Summanden** ($\hookrightarrow$ EXCEL). Sie ist für die konkrete Berechnung von s^2 günstig, wenn die Mehrzahl der Daten dem Betrag nach nicht allzu groß ist. Ansonsten berechnet man s^2 besser nach seiner Definitionsformel mit **zentrierten Summanden** ($\hookrightarrow$ EXCEL).

3. Weiter lässt sich zeigen, dass

$$s^2 = \frac{1}{2n^2} \sum_{i=1}^{n} \sum_{j=1}^{n} (x_i - x_j)^2 .$$

---

[4]Hinweis: Statt mit dem Faktor $\frac{1}{n}$ werden die Varianz und die Standardabweichung gelegentlich mit dem Faktor $\frac{1}{n-1}$ definiert, besonders in manchen Taschenrechnern und statistischen Computerprogrammen. Eine Begründung des Faktors $\frac{1}{n-1}$ ist nur im Rahmen der schließenden Statistik möglich.

Jeder Summand stellt den quadrierten Abstand zweier Beobachtungen x_i und x_j dar. Die Varianz ist also proportional dem quadrierten Abstand von je zwei Beobachtungen.

4. Seien a und b Zahlen in $\mathbb{R}$. Die Daten x_i mögen durch die **affin-lineare Transformation**

$$y_i = a + bx_i \quad \text{für } i = 1, \ldots, n$$

zu den Daten y_i transformiert werden, $i = 1, \ldots, n$. Dann gilt

$$\boxed{s_Y^2 = b^2 s_X^2\,, \qquad s_Y = |b|\, s_X\,.}$$

Die Varianz und die Standardabweichung werden demnach von der „Verschiebung" um a nicht beeinflusst. Der Faktor b hat jedoch sehr wohl einen Einfluss; er geht als Faktor mit seinem Quadrat in die Varianz und mit seinem Absolutbetrag in die Standardabweichung ein. Zur Illustration dient das folgende Beispiel.

Beispiel „Temperatur": Die mittlere Temperatur $\overline{x}$ an einer Wetterstation im Januar betrage $4°C$ (Grad Celsius). Die Standardabweichung s_X sei $7°C$. Man gebe die mittlere Temperatur, die Standardabweichung und die Varianz in $°F$ (Grad Fahrenheit) an.
Mit $y_i = 32 + 1,8x_i$ für die Temperaturen y_i in $°F$ erhalten wir

$$\begin{aligned}
\overline{y} &= 32 + 1,8 \cdot 4 = 39,2 \quad [°F]\,, \\
s_Y &= 1,8 \cdot 7 = 12,6 \quad [°F]\,, \\
s_Y^2 &= 1,8^2 \cdot 7^2 = 158,76 \quad [(°F)^2]\,.
\end{aligned}$$

5. Für jede reelle Zahl c gilt der **Verschiebungssatz**

$$\boxed{\frac{1}{n}\sum_{i=1}^{n}(x_i - c)^2 = s^2 + (\overline{x} - c)^2\,,}$$

den man leicht nachrechnet:

$$\frac{1}{n}\sum_{i=1}^{n}(x_i - c)^2 = \frac{1}{n}\sum_{i=1}^{n}\left[(x_i - \overline{x}) + (\overline{x} - c)\right]^2$$

$$= \frac{1}{n}\sum_{i=1}^{n}(x_i - \overline{x})^2 + 2\frac{1}{n}\sum_{i=1}^{n}(x_i - \overline{x})(\overline{x} - c) + (\overline{x} - c)^2$$

$$= s^2 + (\overline{x} - c)^2\,.$$

Am Verschiebungssatz erkennt man wiederum die Minimumeigenschaft des arithmetischen Mittels: Die Summe der quadrierten Abweichungen von einem Bezugspunkt c ist minimal, wenn man $c = \overline{x}$ wählt.

Zentrierung und Standardisierung von Daten Aus den Daten $x_1, x_2,$ $\ldots, x_n$ zum Merkmal X bildet man die **zentrierten Daten**

$$x_1 - \overline{x},\ x_2 - \overline{x},\ \ldots,\ x_n - \overline{x}$$

und die **standardisierten Daten**

$$\frac{x_1 - \overline{x}}{s_X},\ \frac{x_2 - \overline{x}}{s_X},\ \ldots,\ \frac{x_n - \overline{x}}{s_X}.$$

Offenbar ist das arithmetische Mittel der zentrierten Daten 0 und ihre Varianz beträgt s_X^2. Die standardisierten Daten weisen ebenfalls den Mittelwert 0 auf; ihre Standardabweichung ist 1. Dies folgt aus der affinen Äquivarianz des Mittelwerts und der Eigenschaft 4 der Varianz.

Zentrierung und Standardisierung werden verwendet, um Daten von zwei (und mehr) Merkmalen zu vergleichen. Will man von deren unterschiedlicher Lage absehen und nur die übrigen Aspekte wie Streuung und allgemeine Form der Verteilung berücksichtigen, so untersucht und vergleicht man die zentrierten Daten. Will man außer vom Unterschied in der Lage auch von dem in der Streuung absehen, so vergleicht man die standardisierten Daten.

Wichtige Maßzahlen wie die Schiefe (siehe Abschnitt 2.3.5) und der Korrelationskoeffizient (siehe Abschnitt 5.2.1) sind so definiert, dass sie nur von den standardisierten Daten abhängen. Sie beschreiben bestimmte Aspekte der Daten, die nichts mit ihrer Lage und ihrer Streuung zu tun haben.

Getrimmte Varianz und Standardabweichung Dadurch, dass in die Berechnung von s^2 und s quadrierte Abstände eingehen, werden sie besonders stark von „Ausreißern" beeinflusst. Analog zum getrimmten Mittel definiert man deshalb (für $0 < \alpha < 1/2$) eine α-**getrimmte Varianz**,

$$s_\alpha^2 = \frac{1}{n - 2\,[n\alpha]} \sum_{i=[n\alpha]+1}^{n-[n\alpha]} (x_i - \overline{x}_\alpha)^2\ ,$$

sowie eine entsprechende α-**getrimmte Standardabweichung**,

$$s_\alpha = \sqrt{s_\alpha^2}\ .$$

(Wie bei den getrimmten Mitteln setzen wir voraus, dass die Daten aufsteigend geordnet sind.)

In der beschreibenden Statistik werden noch weitere Maßzahlen der Streuung verwandt. Die folgenden vier verhalten sich bei einer affin-linearen Transformation der Daten wie die Standardabweichung (siehe obige Eigenschaft 4). Die verschiedenen Streuungsmaße unterscheiden sich unter anderem in ihrer Robustheit gegenüber etwaigen Ausreißern.

Mittlere absolute Abweichung vom Median Die Maßzahl

$$d = \frac{1}{n} \sum_{i=1}^{n} |x_i - \tilde{x}_{0,5}|$$

heißt **mittlere absolute Abweichung vom Median** ($\hookrightarrow$ EXCEL). Sie besitzt die folgende Minimumeigenschaft:

$$d = \frac{1}{n} \sum_{i=1}^{n} |x_i - \tilde{x}_{0,5}| = \min_{a \in \mathbb{R}} \frac{1}{n} \sum_{i=1}^{n} |x_i - a|$$

Ginis mittlere Differenz Die Maßzahl

$$\Delta = \frac{1}{n^2} \sum_{i=1}^{n} \sum_{j=1}^{n} |x_i - x_j|$$

jede mit jeden

heißt **Ginis mittlere Differenz**. Wie bei der Varianz (siehe obige Eigenschaft 3) werden hier die Abstände zwischen je zwei Beobachtungen gemittelt; allerdings statt der quadrierten sind es die gewöhnlichen Abstände. Es gilt

$$\Delta = \frac{2}{n^2} \sum_{i=1}^{n} \sum_{j=i+1}^{n} |x_i - x_j|.$$

Δ spielt im Rahmen der Disparitätsmessung eine wichtige Rolle.

Im Vergleich mit der Standardabweichung werden d und Δ in geringerem Maße durch Ausreißer beeinflusst, da in ihre Berechnung nicht die quadrierten, sondern die gewöhnlichen Abstände eingehen.

Quartilabstand Die Differenz zwischen dem oberen und dem unteren Quartil der Daten,

$$Q = \tilde{x}_{0,75} - \tilde{x}_{0,25},$$

wird als **Quartilabstand** bezeichnet. Q ist die Spanne, die die mittleren 50 Prozent der Daten umfasst. Sie ist besonders robust gegenüber Ausreißern, da die Werte, die die Daten im oberen und im unteren Viertel annehmen, keine Rolle spielen.

Spannweite Die Differenz zwischen dem größten und dem kleinsten Wert der Daten,

$$R = \max_{i=1,\ldots,n} x_i - \min_{i=1,\ldots,n} x_i,$$

heißt **Spannweite** (englisch: **range**). R wird offenbar besonders stark von Ausreißern beeinflusst.

Beispiel: Für die Daten

$$
\begin{array}{llll}
x_1 = & -27 & x_6 = & 12 \\
x_2 = & 1 & x_7 = & 14 \\
x_3 = & 4 & x_8 = & 20 \\
x_4 = & 5 & x_9 = & 25 \\
x_5 = & 10 & x_{10} = & 300
\end{array}
$$

ist das arithmetische Mittel $\bar{x} = 36,4$. Die Varianz beträgt

$$
s^2 = \frac{1}{n} \sum_{i=1}^{n} x_i^2 - \bar{x}^2 = \frac{1}{10} \cdot 92236 - (36,4)^2 = 7898,64 \, ,
$$

folglich gilt für die Standardabweichung

$$
s = \sqrt{s^2} = 88,87 \, .
$$

Das $0,1$-getrimmte Mittel ist $\bar{x}_{0,1} = 11,375$. Als getrimmte Varianz berechnet man

$$
s_{0,1}^2 = \frac{1}{8} \sum_{i=2}^{9} x_i^2 - \bar{x}_{0,1}^2 = \frac{1}{8} \cdot 1507 - (11,375)^2 = 58,984 \, .
$$

Mit $\tilde{x}_{0,5} = x_5 = 10$ ergibt sich die mittlere absolute Abweichung vom Median als

$$
d = \frac{1}{10} \sum_{i=1}^{10} |x_i - 10| = 37,8 \, .
$$

Für Ginis mittlere Differenz erhält man

$$
\Delta = \frac{2}{100} \sum_{i=1}^{10} \sum_{j=i+1}^{10} |x_i - x_j| = 64,4 \, .
$$

Der Quartilabstand beträgt

$$
Q = \tilde{x}_{0,75} - \tilde{x}_{0,25} = x_8 - x_3 = 20 - 4 = 16 \, .
$$

Für die Spannweite ergibt sich

$$
R = \max_{i=1,\dots,n} x_i - \min_{i=1,\dots,n} x_i = 300 - (-27) = 327 \, .
$$

Interpretation von Maßzahlen der Lage und Streuung Während sich die Werte von Maßzahlen der Lage (wie Mittelwert $\overline{x}$ und Median $\tilde{x}_{0,5}$) gut inhaltlich interpretieren lassen, ist das bei den Werten von Streuungsmaßzahlen nicht immer der Fall.

Beispiel „Einkommensverteilung": Bei den $n = 200$ Beschäftigten eines Betriebes wurde das monatliche Brutto-Einkommen (in €) erhoben. Es ergab sich:

$$
\begin{array}{llll}
\overline{x} & = & 3\,200 & \qquad \tilde{x}_{0,5} = 2\,900 \\
d & = & 1\,170 & \qquad \Delta = 1\,720 \\
s^2 & = & 3\,348\,900 & \qquad Q = 1\,850 \\
s & = & 1\,830 & \qquad R = 18\,000
\end{array}
$$

Zur Interpretation der Maßzahlen: $\overline{x} = 3200$ ist dasjenige Einkommen, das jeder bei Gleichverteilung der gesamten Einkommenssumme erhalten würde. $\tilde{x}_{0,5} = 2900$ teilt die Einkommensverteilung in zwei Hälften: die unteren 50% und die oberen 50% der Beschäftigten. $Q = 1850$ ist die Spanne, in der die mittleren 50% der Beschäftigten mit ihren Einkommen liegen. $R = 18000$ ist die Spanne zwischen dem höchsten und dem niedrigsten Einkommen. Die Werte der restlichen Maßzahlen d, s^2, s und Δ sind nicht so direkt und anschaulich interpretierbar. Sie können jedoch benutzt werden, um die Streuung dieser Einkommensverteilung mit der einer anderen zu vergleichen.

Zur Interpretation der Standardabweichung s kann man die folgenden Aussagen verwenden, die auf der so genannten Tschebyscheff-Ungleichung der Wahrscheinlichkeitsrechnung beruhen:

- Im offenen Intervall $]\overline{x} - 2s, \overline{x} + 2s[$ liegen mindestens 75% der Daten, d.h. außerhalb dieses Intervalls liegen höchstens 25% der Daten.

- Im offenen Intervall $]\overline{x} - 3s, \overline{x} + 3s[$ liegen mindestens $\frac{8}{9} \cdot 100\% \approx 89\%$ der Daten, d.h. außerhalb dieses Intervalls liegen höchstens $\frac{1}{9} \cdot 100\%$ der Daten.

Berechnung aus diskret klassierten Daten Alle Streuungsmaße lassen sich auch aus einer diskreten Klassierung berechnen. Es gelten die Formeln

$$s^2 = \frac{1}{n}\sum_{j=1}^{J}(\xi_j - \overline{x})^2 n_j = \frac{1}{n}\sum_{j=1}^{J}\xi_j^2 n_j - \overline{x}^2,$$

$$s = \sqrt{\frac{1}{n}\sum_{j=1}^{J}(\xi_j - \overline{x})^2 n_j} = \sqrt{\frac{1}{n}\sum_{j=1}^{J}\xi_j^2 n_j - \overline{x}^2},$$

$$d = \frac{1}{n}\sum_{j=1}^{J}|\xi_j - \tilde{x}_{0,5}|n_j,$$

$$\Delta = \frac{1}{n^2}\sum_{j=1}^{J}\sum_{k=1}^{J}|\xi_j - \xi_k|n_j n_k,$$

$$R = \max_{\{j|n_j>0\}}\xi_j - \min_{\{j|n_j>0\}}\xi_j.$$

Für Q ergibt sich keine andere Formel als im Fall von unklassierten Daten.

Begriff des Streuungsmaßes Abschließend sei die Frage gestellt, was ein Streuungsmaß im eigentlichen Sinne ausmacht, d.h. welche Eigenschaften ein Streuungsmaß charakterisieren. Man definiert ein **Streuungsmaß** als eine Maßzahl $m(x_1,\ldots,x_n)$, die

- **lage-invariant**, d.h. invariant in Bezug auf jede Nullpunktsverschiebung $y_i = x_i + a$ (mit $a \in \mathbb{R}$), und

- **skalen-äquivariant**, d.h. äquivariant in Bezug auf jede Maßstabsänderung $y_i = bx_i$ (mit $b > 0$), ist.

Zusammen bedeutet dies, dass mit beliebigen Zahlen $a \in \mathbb{R}$ und $b > 0$ gelten muss:

$$m(a + bx_1,\ldots,a + bx_n) = b\,m(x_1,\ldots,x_n).$$

Man kann leicht zeigen (Übung für den Leser!), dass alle in diesem Abschnitt aufgeführten Maßzahlen mit Ausnahme von s^2 lage-invariant und skalen-äquivariant, also Streuungsmaße im definierten Sinne sind.

2.3.4 Additionssätze für arithmetische Mittel und Varianzen

Die Problemstellung dieses Abschnitts lässt sich formal folgendermaßen beschreiben. In einer Grundgesamtheit G wurden die Daten $x_1, x_2, \ldots, x_n$ eines metrisch skalierten Merkmals erhoben. Die Grundgesamtheit zerfalle in

J Teilgesamtheiten $G_1, \ldots, G_J$. Wie hängen die Mittelwerte $\overline{x}_1, \ldots, \overline{x}_J$ und Streuungen $s_1^2, \ldots, s_J^2$ der Teilgesamtheiten $G_1, \ldots, G_J$ mit dem Mittelwert $\overline{x}$ und der Streuung s^2 der Grundgesamtheit G zusammen?

Beispiel „Arbeitslosigkeit": Im Rahmen einer Arbeitsbeschaffungsmaßnahme fanden 100 Arbeitslose wieder Beschäftigung in einem Großunternehmen. Sie wurden nach der Dauer X (in Monaten) der vorangegangenen Arbeitslosigkeit befragt. Es ergab sich für Frauen und Männer:

	Frauen	*Männer*
Anzahl	60	40
Mittlere Dauer der Arbeitslosigkeit	9, 2	7, 4
Standardabweichung der Arbeitslosigkeitsdauer	4, 1	3, 2

In diesem Beispiel zerfällt die Grundgesamtheit von 100 Arbeitslosen nach dem Geschlecht in zwei Teilgesamtheiten. Wie kann man aus den Angaben der Tabelle die mittlere Dauer und die Standardabweichung aller 100 Arbeitslosen berechnen?

Zur Herleitung der erforderlichen Formeln bezeichne $G = \{1, 2, \ldots, n\}$ die Grundgesamtheit und $G_1, \ldots, G_J$ die Teilgesamtheiten. Die j-te Teilgesamtheit G_j habe den Umfang n_j, $j = 1, \ldots, J$. $\overline{x}_j$ sei der Mittelwert aller Merkmalswerte, die zu Merkmalsträgern in G_j gehören, d.h.

$$\overline{x}_j = \frac{1}{n_j} \sum_{i \in G_j} x_i.$$

Es ist dann

$$\overline{x} = \frac{1}{n} \sum_{i=1}^{n} x_i = \frac{1}{n} \sum_{j=1}^{J} \sum_{i \in G_j} x_i = \frac{1}{n} \sum_{j=1}^{J} \overline{x}_j n_j = \sum_{j=1}^{J} \overline{x}_j \frac{n_j}{n}.$$

Die Formel

$$\boxed{\overline{x} = \sum_{j=1}^{J} \overline{x}_j \frac{n_j}{n}}$$

lässt sich leicht interpretieren: Das Gesamtmittel $\overline{x}$ ist ein gewichtetes Mittel der Mittelwerte der Teilgesamtheiten $\overline{x}_j$. Die Gewichte entsprechen dabei den Anteilen $\frac{n_j}{n}$ der Umfänge der Teilgesamtheiten G_j am Umfang der Grundgesamtheit G.

Die Herleitung einer entsprechenden Formel für s^2 ist etwas aufwändiger. Es gilt

$$
\begin{aligned}
s^2 &= \frac{1}{n}\sum_{i=1}^{n}(x_i - \overline{x})^2 = \frac{1}{n}\sum_{j=1}^{J}\sum_{i\in G_j}(x_i - \overline{x})^2 \\
&= \frac{1}{n}\sum_{j=1}^{J}\sum_{i\in G_j}(x_i - \overline{x}_j + \overline{x}_j - \overline{x})^2 \\
&= \frac{1}{n}\sum_{j=1}^{J}\sum_{i\in G_j}\left[(x_i - \overline{x}_j)^2 + (\overline{x}_j - \overline{x})^2 + 2(x_i - \overline{x}_j)(\overline{x}_j - \overline{x})\right] \\
&= \frac{1}{n}\sum_{j=1}^{J}\sum_{i\in G_j}(x_i - \overline{x}_j)^2 + \frac{1}{n}\sum_{j=1}^{J}\sum_{i\in G_j}(\overline{x}_j - \overline{x})^2 \\
&\quad + 2\frac{1}{n}\underbrace{\sum_{j=1}^{J}\sum_{i\in G_j}(x_i - \overline{x}_j)(\overline{x}_j - \overline{x})}_{=\,0\ \text{für alle } j},
\end{aligned}
$$

$$
s^2 = \underbrace{\sum_{j=1}^{J}s_j^2\frac{n_j}{n}}_{s_{\text{int}}^2} + \underbrace{\sum_{j=1}^{J}(\overline{x}_j - \overline{x})^2\frac{n_j}{n}}_{s_{\text{ext}}^2},
$$

$$
\boxed{s^2 = s_{\text{int}}^2 + s_{\text{ext}}^2 \,.}
$$

Diese Formel, der **Varianzzerlegungssatz**, lässt sich gut interpretieren. Die Gesamtstreuung besteht aus zwei Teilen, nämlich

- der **internen Varianz** s_{int}^2, die ein gewichtetes Mittel aus den Varianzen s_j^2 der Teilgesamtheiten G_j ist, sowie

- der **externen Varianz** s_{ext}^2, die ein gewichtetes Mittel der quadratischen Abweichungen $(\overline{x}_j - \overline{x})^2$ der Mittelwerte $\overline{x}_j$ der Teilgesamtheiten G_j vom Gesamtmittel $\overline{x}$ ist.

Gewichte sind jeweils die Anteile $\frac{n_j}{n}$, d.h. die Anteile der Umfänge der Teilgesamtheiten G_j am Umfang der Grundgesamtheit G.

Die Extremfälle kann man folgendermaßen charakterisieren:

- $s_{\text{int}}^2 = 0$ (d.h. $s^2 = s_{\text{ext}}^2$) bedeutet, dass es innerhalb aller Teilgesamtheiten G_j keine Streuung gibt, d.h. alle Merkmalswerte, die zu Merkmalsträgern einer Teilgesamtheit G_j gehören, sind gleich.

- Falls $s_{\text{ext}}^2 = 0$, d.h. $s^2 = s_{\text{int}}^2$ ist, sind alle Mittelwerte $\overline{x}_j$ gleich. Zwischen den $\overline{x}_j$ gibt es dann keine Streuung. Die Gesamtstreuung s^2 beruht ausschließlich auf der Streuung innerhalb der Teilgesamtheiten.

Im obigen Beispiel „Arbeitslosigkeit" ist

$$\overline{x} = 7,4 \cdot \frac{40}{100} + 9,2 \cdot \frac{60}{100} = 8,48 \ [\text{Monate}] \,,$$

$$s_{\text{int}}^2 = 3,2^2 \cdot \frac{40}{100} + 4,1^2 \cdot \frac{60}{100} = 14,182 \ \left[\text{Monate}^2\right] \,,$$

$$s_{\text{ext}}^2 = (7,4 - 8,48)^2 \cdot \frac{40}{100} + (9,2 - 8,48)^2 \cdot \frac{60}{100} = 0,7776 \ \left[\text{Monate}^2\right] \,,$$

$$s^2 = s_{\text{int}}^2 + s_{\text{ext}}^2 = 14,9596 \ \left[\text{Monate}^2\right] \,,$$

$$s = 3,9 \ [\text{Monate}] \,.$$

Die Streuungszerlegung $s^2 = s_{\text{int}}^2 + s_{\text{ext}}^2$ gibt Anlass zur Definition einer Maßzahl

$$\boxed{B = \frac{s_{\text{ext}}^2}{s^2}} \,,$$

die man als „Anteil der externen Streuung an der Gesamtstreuung" umschreiben kann und die als **Bestimmtheitsmaß** bezeichnet wird. Sie gibt denjenigen Anteil an der Gesamtstreuung s^2 an, der sich durch die Einteilung der Grundgesamtheit in Teilgesamtheiten begründen lässt. Offensichtlich ist $0 \leq B \leq 1$ sowie

$$B = 0 \iff s_{\text{ext}}^2 = 0 \,,$$

$$B = 1 \iff s_{\text{int}}^2 = 0 \,.$$

Wir kommen auf die Maßzahl B im Zusammenhang mit der empirischen Regression erster Art im Kapitel 5 zurück.

Im Beispiel „Arbeitslosigkeit" ist

$$B = \frac{s_{\text{ext}}^2}{s^2} = \frac{0,7776}{14,9596} = 0,052 \,,$$

d.h. nur rund 5% der Gesamtstreuung der Arbeitslosigkeitsdauern dieses Datensatzes lassen sich durch die Unterteilung der Arbeitslosen in Frauen und Männer begründen.

2.3.5 Stetig klassierte Daten

Häufig liegen Daten über ein metrisches Merkmal in stetiger Klassierung vor. **Stetige Klassierung** bedeutet, dass die Werte des Merkmals in sogenannten „Klassen" zusammengefasst sind und anstelle der Einzeldaten lediglich diese Klassen und die Anzahl der Daten in jeder Klasse angegeben werden. Insbesondere bei einem stetigen Merkmal macht es in der Regel keinen Sinn, die Häufigkeiten der einzelnen Werte zu zählen. Stattdessen ist es notwendig, die Daten stetig zu klassieren, das heißt, den Wertebereich des Merkmals in Teilintervalle (= Klassen) zu unterteilen und für jede Klasse die Anzahl der Daten anzugeben, die in sie fallen.

Beispiel „Haushaltseinkommen": Die Grundgesamtheit umfasse alle Haushalte einer bestimmten Region. Als Merkmal werde das verfügbare Haushaltseinkommen (in Euro) erhoben. Die Urliste besteht dann aus einer Auflistung der erhobenen Einkommen. Eine stetige Klassierung erhält man durch die Wahl geeigneter Einkommensklassen und die Auszählung der entsprechenden Häufigkeiten. Das Ergebnis kann dann etwa so aussehen:

Einkommensklasse	Anzahl der Haushalte
bis 1000	40
über 1000 *bis* 2000	100
über 2000 *bis* 3000	300
$\vdots$	$\vdots$
über 10000	10

Wir verwenden nun die folgende Notation: Mit den Intervallgrenzen

$$x_1^u < x_1^o = x_2^u < x_2^o = x_3^u < \ldots < x_{J-1}^o = x_J^u < x_J^o$$

sei der Wertebereich des Merkmals in J Intervalle zerlegt,

$$K_1 = [x_1^u, x_1^o] , \quad K_j =]x_j^u, x_j^o], \quad j = 2, \ldots, J .$$

Dabei darf x_1^u den Wert $-\infty$ und x_J^o den Wert ∞ haben. Für $j = 1, \ldots, J$ bezeichne weiter n_j die absolute Häufigkeit und f_j die relative Häufigkeit der Klasse j,

$n_j =$ Anzahl der Daten in K_j ,

$f_j = \frac{n_j}{n}$ Anteil der Daten in K_j .

Die **stetige Klassierung** der Urliste $x_1, x_2, \ldots, x_n$ ist dann durch ($\hookrightarrow$ EXCEL)

$$(K_1, n_1), (K_2, n_2), \ldots, (K_J, n_J)$$

gegeben. Äquivalent zur stetigen Klassierung ist die Angabe von n und den relativen Häufigkeiten

$$(K_1, f_1), (K_2, f_2), \ldots, (K_J, f_J) .$$

Eine stetige Klassierung sagt nichts über die Verteilung der Daten innerhalb der einzelnen Klassen aus. Im Vergleich mit den Einzeldaten einer Urliste enthält die stetige Klassierung deshalb weniger Information. Der Informationsverlust kann – je nach Zahl und Breite der Klassen – erheblich sein. Einen solchen Informationsverlust nimmt man in Kauf, um die Daten übersichtlicher darzustellen. Oft wird die Klassierung bereits bei der Erhebung der Daten vorgenommen. Zum Beispiel wird bei Einkommenserhebungen in der Regel nicht das exakte Einkommen einer Person erfragt, sondern nur, ob das Einkommen in eines von mehreren vorgegebenen Intervallen fällt.

Auch zum Zwecke des Datenschutzes kann eine stetige Klassierung angezeigt sein. In diesem Fall werden die Klassen so groß gewählt, dass aus den Häufigkeiten der stetigen Klassierung keine Rückschlüsse auf die Einzeldaten gezogen werden können.

Daten aus einer Urliste wird man nur dann stetig klassieren, wenn sie zahlreich sind und viele verschiedene Werte aufweisen. Falls nämlich nur wenige verschiedene Werte in der Urliste vorkommen, ist eine diskrete Klassierung vorzuziehen. Wichtig ist es, die Anzahl J der Klassen sowie die Klassengrenzen x_j^u und x_j^o so zu wählen, dass der Informationsverlust möglichst gering bleibt. Ein schwieriges Problem stellt häufig die Wahl von x_J^o dar.

Beispiel „Studierende": Die Ergebnisse einer bundesweiten Untersuchung des verfügbaren Monatseinkommens (in €) von 5000 Studierenden seien in der folgenden stetigen Klassierung dargestellt:

j	Einkommensklasse K_j	Studierende n_j	f_j	$\frac{f_j}{x_j^o - x_j^u}$
1	0 *bis* 250	300	0,06	0,00024
2	*mehr als* 250 *bis* 500	1000	0,20	0,00080
3	*mehr als* 500 *bis* 750	2000	0,40	0,00160
4	*mehr als* 750 *bis* 1000	1000	0,20	0,00080
5	*mehr als* 1000	700	0,14	?
Σ		5000	1,00	

An diesem Beispiel lassen sich einige Probleme der Klassenbildung verdeutlichen:

- Sind bei $n = 5000$ Daten $J = 5$ Klassen ausreichend?

  Eine Faustregel besagt, dass für n Beobachtungen $J \approx 10 \log_{10} n$ gleich große Klassen angemessen sind. Zur Wahl von J siehe auch Heiler und Michels (1994, S. 47f und Kap. 3.4).

- Soll man die Klassen 1 bis 4 gleich breit wählen, oder ist es sinnvoller, in der Mitte der Verteilung feiner zu klassieren, da sich hier mehr Daten befinden als an den Rändern?

- Ist es möglich, die oberste Klasse durch eine endliche Obergrenze abzuschließen?

Liegen die Daten nur in stetiger Klassierung vor, so muss man zu ihrer Auswertung die fehlende Information in geeigneter Weise substituieren. Es liegt nahe, zur Approximation davon auszugehen, dass die Daten innerhalb einer Klasse K_j gleichverteilt sind. Offensichtlich liegen die Daten umso „dichter",

- je größer die relative Häufigkeit f_j und

- je kleiner die Klassenbreite $x_j^o - x_j^u$ ist.

Den Quotienten

$$\boxed{\frac{n_j}{n\,(x_j^o - x_j^u)} = \frac{f_j}{x_j^o - x_j^u}}$$

bezeichnet man als **empirische Dichte** der Daten in der Klasse K_j, $j = 1, 2 \ldots, J$.

Falls die unterste oder die oberste Klasse unbeschränkt sind, stellt sich das Problem, x_1^u bzw. x_J^o durch einen endlichen Wert zu ersetzen, damit die empirische Dichte auch in diesen beiden Klassen definiert ist. In vielen Anwendungen ist $x_1^u = 0$ eine natürliche untere Grenze, wohingegen die Wahl von x_J^o sehr viel schwieriger zu begründen ist.

Trägt man die empirischen Dichten als waagerechte Linien über den Klassen ab und zeichnet an den Sprungstellen senkrechte Hilfslinien, so entsteht ein **Histogramm**.

Im obigen Beispiel „Studierende" wurde für die Klasse K_5 die Zahl 1500 als künstliche Obergrenze gesetzt. Die empirische Dichte beträgt dann $\frac{0{,}14}{500} =$ 0,00028. Abbildung 2.6 zeigt das Histogramm.

Auch mit Hilfe von $\hookrightarrow$ EXCEL lassen sich Histogramme zeichnen, allerdings müssen alle Klassen die gleiche Breite besitzen. Wenn wie in diesem Beispiel das Histogramm sein globales Maximum in genau einer Klasse oder in mehreren benachbarten Klassen annimmt und keine weitere Klasse existiert, bei der die empirische Dichte ein lokales Maximum besitzt, nennt man das Histogramm und die zugehörige stetige Klassierung **unimodal**. Der Mittelpunkt der Klasse(n) mit globalem Maximum heißt dann **Modus des Histogramms**.

Bei der Interpretation eines Histogramms ist zu beachten:

- Die einzelnen Rechtecksflächen über den Klassen betragen

$$\left(x_j^o - x_j^u\right) \cdot \frac{f_j}{\left(x_j^o - x_j^u\right)} = f_j\,,$$

d.h. sie sind gleich den relativen Häufigkeiten der Klassen.

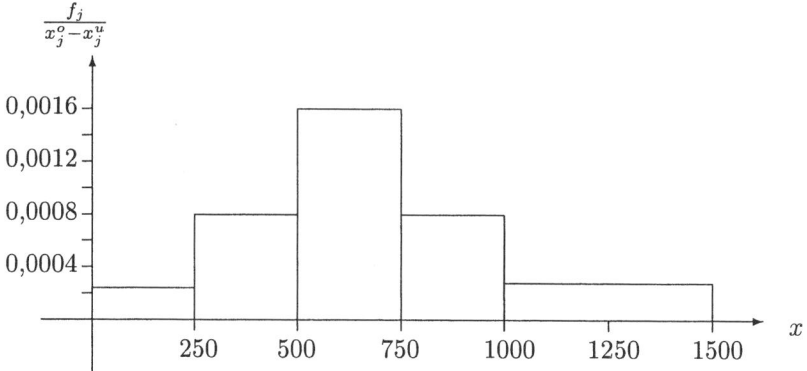

Abbildung 2.6: Histogramm zum Beispiel „Studierende"

- Die Gesamtfläche unter der empirischen Dichte (die Summe aller Rechtecksflächen) ist gleich eins, denn es gilt

$$
\begin{aligned}
\text{Gesamtfläche} \quad &= \quad \text{Summe der Rechtecksflächen} \\
&= \quad \sum_{j=1}^{J} \left(x_j^o - x_j^u \right) \cdot \frac{f_j}{\left(x_j^o - x_j^u \right)} \\
&= \quad \sum_{j=1}^{J} f_j = 1 \, .
\end{aligned}
$$

- Die relevanten Größen bei einem Histogramm sind also die Rechtecksflächen über den Klassen.

Oft werden statt des Histogramms so genannte **Kerndichteschätzer** verwendet. Der Graph eines Kerndichteschätzers sieht ähnlich aus wie ein Histogramm, hat aber einen glatten oberen Rand. Die Fläche über einem beliebigen Intervall entspricht näherungsweise der Häufigkeit, mit der die Daten in dieses Intervall fallen. Eine elementare Einführung in die Kerndichteschätzung findet man in Heiler und Michels (2004, Kapitel 3.2).

Im Folgenden sollen Formeln hergeleitet werden, mit denen wir empirische Verteilungsfunktion, Quantile, Lage- und Streuungsmaße zumindest näherungsweise berechnen können, wenn nur eine stetige Klassierung bekannt ist, die Werte der Urliste jedoch nicht. Es sei eine stetige Klassierung mit $(K_1, f_1), \ldots, (K_J, f_J)$ gegeben.

Empirische Verteilungsfunktion Für beliebiges $x \in \mathbb{R}$ ist die empirische Verteilungsfunktion $F(x)$ als der Anteil der Daten definiert, die kleiner oder gleich x sind. An den Stellen $x_1^o, x_2^o, \ldots, x_J^o$, d.h. an den Obergrenzen der Klassen K_j, kann die empirische Verteilungsfunktion deshalb aus der stetigen Klassierung exakt berechnet werden. Es ist

$$F(x_j^o) = \sum_{r=1}^{j} f_r, \qquad j = 1, 2, \ldots, J.$$

Außerdem gilt

$$F(x) = 0 \quad \text{für} \quad x \le x_1^u,$$
$$F(x) = 1 \quad \text{für} \quad x > x_J^o.$$

Innerhalb der Klassen wird linear interpoliert, d.h. für $x \in \,]x_j^u, x_j^o]$ setzt man ($\hookrightarrow$ EXCEL)

$$\begin{aligned}
F(x) &\approx F(x_j^u) + \frac{f_j}{\left(x_j^o - x_j^u\right)} \left(x - x_j^u\right) \\
&= \sum_{r=1}^{j-1} f_r + \frac{f_j}{\left(x_j^o - x_j^u\right)} \left(x - x_j^u\right).
\end{aligned}$$

(Diese Formel lässt sich auf den aus der Geometrie bekannten „Strahlensatz" zurückführen.)

Im Beispiel „Studierende" kann die empirische Verteilungsfunktion an den Klassenobergrenzen exakt bestimmt werden; die Klasse K_5 erhält dazu wieder die Obergrenze 1500. Es ergibt sich:

j	Einkommensklasse K_j	f_j	$F(x_j^o)$
1	0 *bis* 250	0,06	0,06
2	*mehr als* 250 *bis* 500	0,20	0,26
3	*mehr als* 500 *bis* 750	0,40	0,66
4	*mehr als* 750 *bis* 1000	0,20	0,86
5	*mehr als* 1000 *bis* 1500	0,14	1,00

Zwischen den Klassengrenzen wird linear interpoliert. Abbildung 2.7 stellt die so interpolierte Verteilungsfunktion dar. Beispielsweise ist

$$F(650) \approx 0,26 + \frac{0,40}{750 - 500}(650 - 500) = 0,50.$$

Quantile Mit Hilfe der (interpolierten) empirischen Verteilungsfunktion kann das p-Quantil $\tilde{x}_p$ der stetig klassierten Daten näherungsweise bestimmt werden. Wir nehmen an, dass keine Klasse die Häufigkeit 0 besitzt. Dann wächst

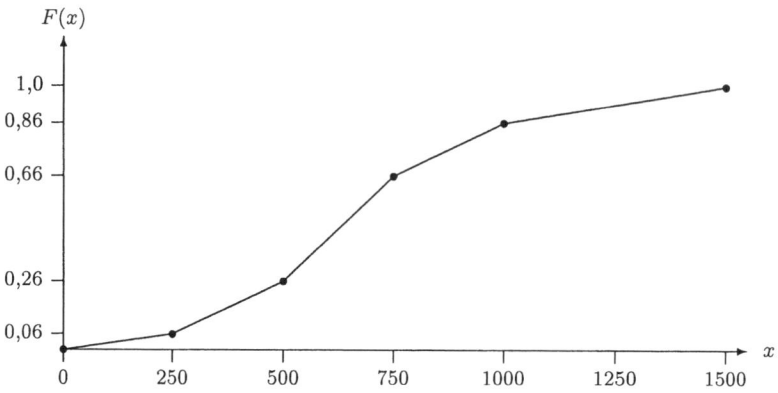

Abbildung 2.7: Linear interpolierte Verteilungsfunktion

die Verteilungsfunktion im gesamten Intervall $[x_1^u, x_J^o]$ streng monoton. Da sie außerdem stetig ist, hat die Gleichung

$$F(x) = p$$

für jedes $0 < p < 1$ eine eindeutige Lösung, nämlich $\tilde{x}_p$. Zur konkreten Berechnung von $\tilde{x}_p$ geht man so vor:

- Erster Schritt: Bestimme die Klasse K_j, in der $\tilde{x}_p$ liegt, d.h. bestimme dasjenige j, für das $F\left(x_j^u\right) < p \le F\left(x_j^o\right)$ gilt.

- Zweiter Schritt: Löse die Gleichung

$$p = F\left(x_j^u\right) + \frac{f_j}{\left(x_j^o - x_j^u\right)} \left(x - x_j^u\right)$$

nach x auf. Man erhält

$$
\begin{aligned}
\tilde{x}_p &\approx x_j^u + \frac{p - F\left(x_j^u\right)}{f_j} \left(x_j^o - x_j^u\right) \\
&= x_j^u + \frac{p - F\left(x_j^u\right)}{F\left(x_j^o\right) - F\left(x_j^u\right)} \left(x_j^o - x_j^u\right).
\end{aligned}
$$

Im Beispiel „Studierende" liegt offenbar der Median $\tilde{x}_{0,5}$ in der Klasse $]500, 750]$ *mit Index $j = 3$. Es ist*

$$\tilde{x}_{0,5} = 500 + \frac{0,5 - 0,26}{0,4}\, 250 = 650\ [\text{\euro}].$$

Arithmetisches Mittel Hier kann man auf die Formel aus Abschnitt 2.3.4 zurückgreifen, indem man jede Klasse K_j als Teilgesamtheit G_j auffasst.

Wenn die tatsächlichen Klassenmittelwerte $\overline{x}_j$ bekannt sind, lässt sich $\overline{x}$ exakt berechnen als

$$\overline{x} = \frac{1}{n} \sum_{j=1}^{J} \overline{x}_j n_j = \sum_{j=1}^{J} \overline{x}_j f_j \, .$$

Sind die $\overline{x}_j$ nicht bekannt, so ersetzt man $\overline{x}_j$ durch einen geeigneten Stellvertreter, in der Regel durch die Klassenmitte

$$\xi_j = \frac{x_j^u + x_j^o}{2} \, .$$

Dann gilt approximativ ($\hookrightarrow$ EXCEL)

$$\boxed{\overline{x} \approx \frac{1}{n} \sum_{j=1}^{J} \xi_j n_j \, .}$$

Wir ersetzen im Beispiel „Studierende" die unbekannten Mittelwerte $\overline{x}_j$ der Klassen durch die Klassenmitten und erhalten

$$\overline{x} \approx \frac{1}{50}(125 \cdot 3 + 375 \cdot 10 + 625 \cdot 20 + 875 \cdot 10 + 1250 \cdot 7) = 682,50 \, [\text{€}] \, .$$

Hierbei haben wir die Randklasse wiederum durch 1500 abgeschlossen.

Streuung Wir greifen auf den Varianzzerlegungssatz aus Abschnitt 2.3.4 zurück, indem wir die Klassen K_j wiederum als Teilgesamtheiten G_j auffassen. Falls $\overline{x}_j$ und s_j^2 bekannt sind, kann man die Varianz s^2 als Gesamtstreuung exakt ausrechnen. Es ist

$$s^2 = \sum_{j=1}^{J} s_j^2 \frac{n_j}{n} + \sum_{j=1}^{J} (\overline{x}_j - \overline{x})^2 \frac{n_j}{n} \, .$$

In der statistischen Praxis sind manchmal die Klassenmittelwerte $\overline{x}_j$ bekannt, die internen Varianzen s_j^2 jedoch so gut wie nie. Je nachdem, was bekannt ist, verwendet man die folgenden Approximationsformeln für s^2.

Falls die Klassenmittelwerte bekannt sind, die internen Varianzen aber nicht, setzt man approximativ $s_j^2 \approx 0$ und erhält

$$\boxed{s^2 \approx \frac{1}{n} \sum_{j=1}^{J} (\overline{x}_j - \overline{x})^2 n_j \, .}$$

Diese Approximation ist immer kleiner als die wahre Varianz. Wenn einzelne Klassen relativ breit sind, kann der Näherungsfehler erheblich sein.

Falls sowohl die Klassenmittelwerte als auch die internen Varianzen unbekannt sind, verwendet man die entsprechende Formel mit den Klassenmitten anstelle der Mittelwerte,

$$s^2 \approx \frac{1}{n} \sum_{j=1}^{J} (\xi_j - \overline{x})^2 \, n_j \,.$$

In diesem Fall kann die Approximation kleiner oder größer als der wahre Wert der Varianz sein ($\hookrightarrow$ EXCEL).

Wenn man im Beispiel „Studierende" die Varianzen innerhalb der Klassen vernachlässigt, erhält man

$$
\begin{aligned}
s^2 &\approx (125 - 682,50)^2 \, \frac{3}{50} + (375 - 682,50)^2 \, \frac{10}{50} + (625 - 682,50)^2 \, \frac{20}{50} \\
&\quad + (875 - 682,50)^2 \, \frac{10}{50} + (1250 - 682,50)^2 \, \frac{7}{50} = 91381,25 \, [\text{\euro}^2], \\
s &\approx 302 \, [\text{\euro}].
\end{aligned}
$$

In ähnlicher Weise lassen sich auch die übrigen Streuungsmaße aus stetigen Klassierungen berechnen. Bei der näherungsweisen Berechnung von Werten der empirischen Verteilungsfunktion, Quantilen, Mittelwerten und Varianzen aus stetig klassierten Daten können – gegenüber der exakten Berechnung aus der Urliste – erhebliche Fehler entstehen, was bei der Interpretation zu berücksichtigen ist. Sofern die Urliste zur Verfügung steht, sollten deshalb alle statistischen Größen direkt aus der Urliste berechnet werden. Mit den heutigen Mitteln der Datenverarbeitung stellt dies auch bei großen Datensätzen kein Problem dar.

2.3.6 Schiefemessung

Neben der Lage und der Streuung der Daten sind weitere Aspekte ihrer Verteilung von Interesse. Man beschreibt sie mit Hilfe von Maßzahlen, die sich auf die **Form der Verteilung** beziehen. Im Folgenden betrachten wir zwei solche Maßzahlen, die die Schiefe der Verteilung, nämlich ihre Abweichung von einer **symmetrischen Verteilung** beschreiben. Die Daten der Urliste seien bereits aufsteigend geordnet, d.h. $x_1 \le x_2 \le \ldots \le x_n$.

Um die Symmetrie zu definieren, beziehen wir die Daten auf einen zentralen Punkt,

$$
x_{zentr} = \begin{cases} x_{\frac{n+1}{2}}\,, & \text{falls } n \text{ ungerade}\,, \\[2mm] \frac{1}{2}\left(x_{\frac{n}{2}} + x_{\frac{n+2}{2}}\right), & \text{falls } n \text{ gerade}\,. \end{cases}
$$

Für ungerades n ist x_{zentr} gleich dem Median der Daten. Die Verteilung der Daten $x_1, \ldots, x_n$ heißt **symmetrisch**, wenn für alle i

$$\boxed{x_{zentr} - x_i = x_{n-i+1} - x_{zentr}}$$

gilt. Das heißt, die i-te Beobachtung von unten, x_i, und die i-te Beobachtung von oben, x_{n-i+1}, besitzen jeweils den gleichen Abstand vom zentralen Punkt. Wenn die Daten symmetrisch verteilt sind, gilt offenbar $x_{zentr} = \overline{x}$.

Beispiel: Die Daten

$$x_1 = -2, \quad x_2 = -1, \quad x_3 = 1, \quad x_4 = 2, \quad x_5 = 4,$$
$$x_6 = 6, \quad x_7 = 7, \quad x_8 = 9, \quad x_9 = 10$$

sind symmetrisch verteilt. Ihr zentraler Punkt ist $x_{zentr} = \tilde{x}_{0,5} = \overline{x} = 4$.

Empirische Daten sind so gut wie niemals exakt symmetrisch verteilt. Deshalb ist es nützlich, Maßzahlen zu definieren, die Abweichungen von der Symmetrie messen. Solche Maßzahlen sind sinnvollerweise so konstruiert, dass sie die Asymmetrie von Daten verschiedener Merkmale unabhängig von deren Lage und Streuung messen. Sie hängen nur von den standardisierten Daten ab.

Die **Schiefe** der Daten $x_1, \ldots, x_n$ ist durch

$$\boxed{g = \frac{1}{n} \sum_{i=1}^{n} \left(\frac{x_i - \overline{x}}{s} \right)^3}$$

definiert. Das Vorzeichen von g lässt sich so interpretieren:

$$g > 0 \quad \Longleftrightarrow \quad \text{Die Summanden mit } (x_i - \overline{x})^3 > 0 \text{ überwiegen.}$$

$$g < 0 \quad \Longleftrightarrow \quad \text{Die Summanden mit } (x_i - \overline{x})^3 < 0 \text{ überwiegen.}$$

Daten mit $g > 0$ nennt man **rechtsschief**, Daten mit $g < 0$ hingegen **linksschief**. Statt rechtsschief sagt man auch **linkssteil** und statt linksschief auch **rechtssteil**.

Gemäß ihrer Definition auf den standardisierten Daten ist die Schiefe invariant gegenüber Transformationen des Nullpunkts und der Maßeinheit: Wenn die Daten $x_1, \ldots, x_n$ die Schiefe g besitzen und a, b gegebene Zahlen sind, $b > 0$, dann besitzen die transformierten Daten $a + bx_1, \ldots, a + bx_n$ dieselbe Schiefe g.

Wenn die Daten symmetrisch verteilt sind, ist $\overline{x} = x_{zentr}$ und je zwei der Summanden heben sich auf; es folgt $g = 0$. Jede symmetrische Verteilung hat also die Schiefe null.

Der Leser mache sich an einem Beispiel klar, dass die Umkehrung nicht gilt, d.h. aus $g = 0$ folgt nicht die Symmetrie der Verteilung.

Die Schiefe g lässt sich auch aus diskret bzw. stetig klassierten Daten berechnen. Bei diskreter Klassierung gilt die Formel

$$g = \sum_{j=1}^{J} \left(\frac{\xi_j - \overline{x}}{s} \right)^3 f_j \,.$$

Bei stetiger Klassierung berechnet man approximativ

$$g \approx \sum_{j=1}^{J} \left(\frac{\xi_j - \overline{x}}{s} \right)^3 f_j \,,$$

wobei, falls die Klassenmittel $\overline{x}_j$ bekannt sind, $\xi_j = \overline{x}_j$ gesetzt wird, andernfalls

$$\xi_j = \frac{x_j^u + x_j^o}{2} \,.$$

Beispiel „Semesterzahl“: 110 *Diplom-Kaufleute wurden nach der Anzahl der bis zur Diplomprüfung benötigten Semester befragt. Es ergab sich:*

Anzahl Semester	8	9	10	11	12	13	14	15	16	17	18	19	20
Anzahl Studenten	1	1	2	10	25	25	20	8	6	6	4	1	1

Für die Schiefe berechnet man den Wert $g = 0,6358$. *Die Verteilung ist rechtsschief, d.h. linkssteil; siehe Abbildung 2.8.*

Die Schiefe ist mit zwei Nachteilen behaftet:

- Sie ist nicht normiert, sondern kann beliebig große positive und negative Werte annehmen.

- Sie reagiert sehr empfindlich auf Ausreißer in den Daten.

Eine Maßzahl, die diese beiden Nachteile nicht aufweist, ist die **Quartilschiefe** ,

$$g_Q = \frac{(\tilde{x}_{0,75} - x_{zentr}) - (x_{zentr} - \tilde{x}_{0,25})}{\tilde{x}_{0,75} - \tilde{x}_{0,25}} \,.$$

Im Zähler vergleicht sie die Abstände des oberen und des unteren Quartils vom zentralen Punkt. Wegen der Division durch den Quartilabstand gilt:

$$-1 \le g_Q \le 1,$$

d.h. g_Q ist normiert. Die Quartilschiefe ist ebenfalls invariant gegenüber Transformationen des Nullpunkts und der Messeinheit. Da sie nur von $\tilde{x}_{0,25}$,

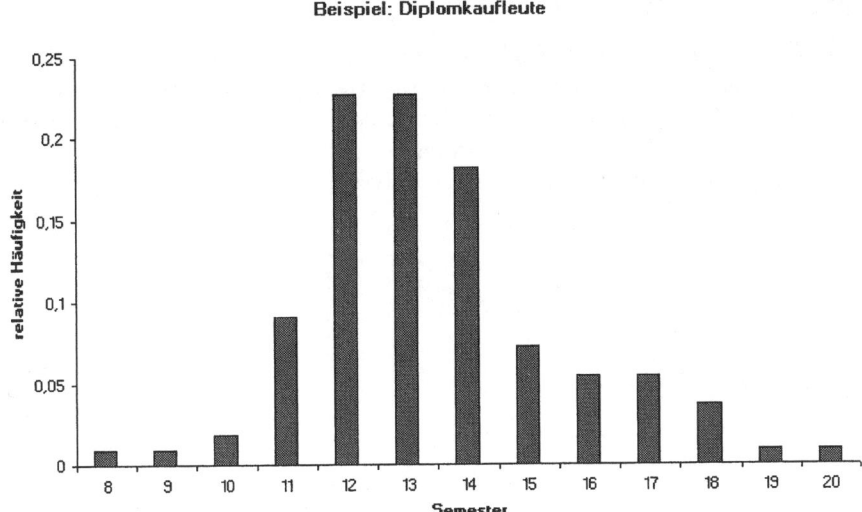

Abbildung 2.8: Säulendiagramm einer rechtsschiefen Verteilung

$\tilde{x}_{0,75}$ und x_{zentr} abhängt, ist sie außerdem robust gegenüber Ausreißern. Die Berechnung von g_Q von Hand ist einfach; es sind lediglich die beiden Quartile $\tilde{x}_{0,25}$ und $\tilde{x}_{0,75}$ sowie x_{zentr} zu bestimmen. Dies ist sowohl für Einzeldaten als auch für diskret oder stetig klassierte Daten möglich; siehe die obigen Ausführungen zur Berechnung von Quantilen.

Für das Beispiel „Semesterzahl" erhalten wir

$$\tilde{x}_{0,25} = 12, \quad x_{zentr} = 13, \quad \tilde{x}_{0,75} = 14, \quad \text{also} \quad g_Q = 0.$$

Ebenso wie bei der Schiefe gilt:

Jede symmetrische Verteilung hat die Quartilschiefe null.

Die Umkehrung gilt, wie aus dem Beispiel ersichtlich, nicht. Ein Nachteil von g_Q ist, dass die 25% kleinsten und 25% größten Beobachtungen nicht in das Schiefemaß eingehen, obwohl gerade in diesen Beobachtungen die Schiefe zum Ausdruck kommen kann. Dies sieht man auch an den Daten des Beispiels.

Ergänzende Literatur zu Kapitel 2

Die Grundbegriffe dieses Kapitels kann man in den meisten Lehrbüchern der beschreibenden Statistik oder der Statistik für Wirtschaftswissenschaftler nachlesen. Zur Vertiefung sei auf Benninghaus (2005) und Ferschl (1985). verwiesen. Weitere moderne Verfahren der Datenanalyse sind in Heiler und Michels (2004) sowie Tukey (1977) zu finden.

2.4 Anhang zu Kapitel 2: Verwendung von Excel

Mit dem Tabellenkalkulationsprogramm Excel lassen sich viele Problemstellungen der beschreibenden Statistik effizient bearbeiten. Im Folgenden werden anhand von Beispielen Lösungswege für viele der im Kapitel 2 behandelten Fragestellungen vorgeschlagen. Diese Einführung erhebt keinen Anspruch auf Vollständigkeit. Oft sind außer dem beschriebenen Ansatz noch weitere Vorgehensweisen möglich. Die hier vorgestellten Lösungswege verlaufen in der Regel, ähnlich wie das Rechnen „per Hand", über die Entwicklung einer Arbeitstabelle. An ausgewählten Problemen wird außerdem auf spezielle in Excel implementierte Funktionen hingewiesen. Die Benutzung der Funktionen wird am Fall der Funktion **Modalwert** (zur Berechnung des Modus) erläutert. Die hier dargestellten Vorgehensweisen beziehen sich auf Excel 97, lassen sich aber auch auf fast die gleiche Weise in anderen Excel-Versionen durchführen. Die Beispieltabellen `miete_einzel.xls` (Einzeldaten), `CDplayer.xls`, `Aufg2_7.xls` (diskrete Klassierung) und `miete_stetig.xls` (stetige Klassierung) sind im Internet unter *www.uni-koeln.de/wiso-fak/wisostatsem /buecher/beschr_stat* in Excel 97 und Excel 5.0 verfügbar.

Im Folgenden bezeichnen Angaben in dieser SCHRIFT Befehle aus dem Excel-Menü. Per Hand einzugebender Text wird in diesem `Schrifttyp` erscheinen, während (Rechen-)Befehle in der Kommandozeile beispielsweise als = A1 + A2 hervorgehoben werden. Kurze Kommentare in den Rechenabläufen sind in diesem *Schrifttyp* verfasst. Der Übersichtlichkeit halber erhält wie bei den Arbeitstabellen jede Spalte eine Bezeichnung. Diese Information wird in die erste Zelle der Spalte eingegeben. Die Tabelleneinträge beginnen demgemäß in der zweiten Zelle und enden in der Zelle $n + 1$ (bei Einzeldaten) bzw. der Zelle $J + 1$ (bei klassierten Daten). In den ersten Beispielen wird darauf noch explizit hingewiesen, in späteren Beispielen dann nicht mehr.

Alle Zahlen können vom Benutzer für die Ausgabe „gerundet" werden. Im Folgenden runden wir die Ergebnisse auf vier Dezimalstellen (FORMAT / ZELLEN / ZAHLEN ↪ Auswahl von ZAHL bei KATEGORIE ↪ Eingabe von 4 in Feld DEZIMALSTELLEN). Die Zwischenrechnungen führt Excel dabei stets mit allen verfügbaren Nachkommastellen durch. Bei komplexeren Berechnungen, etwa bei einigen Statistik-Funktionen, ist die Rechengenauigkeit von Excel allerdings nicht immer gut.

2.4.1 Einzeldaten

Um Excel für statistische Auswertungen einsetzen zu können, müssen die Daten in eine Excel-Tabelle eingegeben werden. Liegen die Daten bereits in dieser Form vor, werden sie durch DATEI / ÖFFNEN aufgerufen. Ist das nicht der Fall, muss ein Datenblatt neu angelegt werden. Für eine Urliste soll dies nun anhand eines Beispiels erläutert werden. Für das gleiche Beispiel werden auch, sofern nicht anders angegeben, die weiteren Berechnungen durchgeführt.

Beispiel „Miete": Die Grundgesamtheit bestehe aus 40 Studierenden an Kölner Hochschulen. Bei jedem Studierenden i wurde die Summe x_i seiner Aufwendungen für Miete und Nahrungsmittel erhoben:

i	1	2	3	4	5	6	7	8	9	10
x_i	345	395	825	605	720	365	610	535	640	465
i	11	12	13	14	15	16	17	18	19	20
x_i	435	520	780	585	370	490	470	650	485	760
i	21	22	23	24	25	26	27	28	29	30
x_i	500	450	560	480	330	600	1090	210	755	595
i	31	32	33	34	35	36	37	38	39	40
x_i	555	470	505	515	495	350	550	510	910	360

Erstellung der Tabelle mit den Einzeldaten

(vgl. Beispieltabelle `miete_einzel.xls`: Urliste)

Spalte A   Bezeichnung durch Eingabe von i in Zelle A1

↪ Ausfüllen von Zelle A2 bis A40 mit 1 bis 40

[*Indexspalte i*]

Spalte B   Bezeichnung durch Eingabe von x_i in B1

↪ Ausfüllen von B2 bis B40 mit 345,395,... ,910,360

[*Daten x_i*]

Merke: Die Anzahl der Beobachtungen $n = 40$ steht in Zelle A41!

Hinweis: Die Eingabe der Zahlen in die Indexspalte kann folgendermaßen vereinfacht werden:

- Eingabe von 1 in A1 und 2 in A2

- Markieren von A1 und A2 mit der Maus

- Erfassen der rechten unteren Ecke von A2 mit dem Cursor (wird zum Pluszeichen)

- Mit gedrückter linker Maustaste „herunterziehen" bis A41

Modus und Quantil

Modus (vgl. `CDplayer.xls`: `Urliste`) Für die Bestimmung des Modus kann – sofern sinnvoll – die Statistik-Funktion **Modalwert** verwendet werden.

Die Benutzung soll am Beispiel des Gerätepreises aus Kapitel 0 erläutert werden:

Anklicken von Zelle B13 ↪ Wahl von EINFÜGEN / FUNKTION / STATISTIK im Menü ↪ Auswahl von **Modalwert** ↪ OK ↪ Eingabe von `B2:B11` in Feld ZAHL 1 ↪ RETURN drücken

Achtung: Der Modus ist in diesem Beispiel nicht eindeutig, da das Gerät dreimal 379 € und dreimal 398 € kostet. Excel gibt den Wert 398 als Modus aus, da er vor 379 in der Urliste erscheint. Würde man beispielsweise die geordneten Daten betrachten, wäre der von Excel bestimmte Modus 379 (vgl. `CDplayer.xls`: `Urliste`).

Quantile (vgl. `miete_einzel.xls`: `Quantile`)

- Um die Reihenfolge der Daten zu erhalten, kopiert man zunächst B2:B41 in C2:C41. Die Spalte wird mit `x_i geordnet` bezeichnet.

- Markieren von Spalte C ↪ „Drücken" von $\begin{smallmatrix} A \\ Z \end{smallmatrix}\downarrow$ in der Menüzeile ↪ Bestimmung von np bzw. $[np] + 1$ ↪ Abzählen des gesuchten Wertes in der geordneten Liste

Außerdem stellt Excel unter EINFÜGEN / FUNKTION / STATISTIK die Funktionen **Quantil**, **Quartile** und **Median** zur Verfügung. Bei der Anwendung ist jedoch Vorsicht geboten, da Excel eine von dieser Vorlesung abweichende Definition der Quantile, der Quartile und des Medians verwendet!

Arithmetisches, harmonisches und geometrisches Mittel

(vgl. `miete_einzel.xls`: `Mittelwerte`)

Arithmetisches Mittel

B42   Anklicken von B42

     ↪ Eingabe von = Summe(B2:B41) in die Kommandozeile

     ↪ RETURN drücken

und analog

B43   = B42 / A41 [*arithmetisches Mittel*]

Über statistische Funktion: B42: = Mittelwert(B2:B41)

Harmonisches Mittel

Spalte C   C2 = 1 / B2

      ↪ mit dem Cursor untere rechte Ecke von C2 erfassen (wird zum Pluszeichen)

      ↪ mit gedrückter linker Maustaste „herunterziehen" bis C41

C42   = Summe(C2:C41)

C44   = C42 / A41

C45   = 1 / C44 [*harmonisches Mittel*]

Über statistische Funktion: C45: = Harmittel(B2:B41)

Geometrisches Mittel

B46   = Produkt(B2:B41)

B47   = B46^(1 / A41) [*geometrisches Mittel*]

Über statistische Funktion: B45: = Geomittel(B2:B41)

Spannweite, Varianz, Standardabweichung, mittlere absolute Abweichung vom Median

Spannweite (vgl. `miete_einzel.xls`: Spannweite)

C2   = Max(B2:B41)

C3   = Min(B2:B41)

C4   = C2 - C3 [*Spannweite*]

Varianz und Standardabweichung (vgl. `miete_einzel.xls`: Varianz, Standardabweichung)

mit zentrierten Summanden

B43   enthalte arithmetisches Mittel

Spalte C C2: = B2 - \$B\$43 ↪ „Herunterziehen" bis C41

Spalte D D2: = C2^2 ↪ „Herunterziehen" bis D41

D42   = Summe(D2:D41)

D43   = D42 / A41 [*Varianz*]

D44   = Wurzel(D43) [*Standardabweichung*]

mit nichtzentrierten Summanden

B43	enthalte arithmetisches Mittel
Spalte F	F2: = B2^2 ↪ „Herunterziehen" bis F41
F42	= Summe(F2:F41)
F43	= F42 / A41
F44	= F43 - B43^2 [*Varianz*]
F45	= Wurzel(E44) [*Standardabweichung*]

Außerdem lassen sich die Varianz und die Standardabweichung mit den Statistik-Funktionen **Varianzen** bzw. **Stabwn** berechnen.

Achtung: Die Funktionen **Varianz** und **Stabw** berechnen $\frac{1}{n-1}\sum_{i=1}^{n}(x_i - \overline{x})^2$ bzw. $\sqrt{\frac{1}{n-1}\sum_{i=1}^{n}(x_i - \overline{x})^2}$.

Mittlere absolute Abweichung vom Median (vgl. `miete_einzel.xls`: `Mittlere absolute Abweichung`)

B43	enthalte Median
Spalte C	C2: = ABS(B2 - $B$43) ↪ „Herunterziehen" bis C41
C42	= Summe(C2:C41)
C43	= C42 / A41 [*mittlere absolute Abweichung vom Median*]

2.4.2 Diskret klassierte Daten

Tabelle mit Merkmalswerten und absoluten Häufigkeiten

(vgl. `CDplayer.xls`: `diskrete Klassierung`)

Die Arbeitstabelle soll die tabellarische Darstellung der diskreten Klassierung wiedergeben. Speziell werden hier die diskret klassierten Daten aus dem Beispiel in Kapitel 0 (Preise eines Geräts in 10 Geschäften) in eine Excel-Tabelle eingegeben:

Spalte A	A1: j ↪ A2 bis A6: 1,...,5 [*Indexspalte j*]
Spalte B	B1: xi_j ↪ B2 bis B6: 1,...,5 oder 368,379,394,398,458 [*Merkmalswerte ξ_j*]
Spalte C	C1: n_j ↪ C2 bis C6: 1,3,1,3,2 [*absolute Häufigkeiten n_j*]

Relative Häufigkeiten

(vgl.`CDplayer.xls:` `rel.Häufigkeit,` `Verteilungsfkt.`)

C7   = Summe(C2:C6)   [*Anzahl der Daten* n]

Spalte D   D2 = C2 / \$C\$7 $\hookrightarrow$ „Herunterziehen" bis D6

          [*relative Häufigkeiten* f_j]

Säulen- und Kreisdiagramm

Mit Hilfe der unter dem Menüpunkt EINFÜGEN / DIAGRAMM / DIAGRAMM-ASSISTENT zur Vefügung stehenden Befehle lassen sich die diskret klassierten Daten als Säulen- und Kreisdiagramme darstellen. Bei den mit Excel erstellten Diagrammen kann man durch „Doppelklicken" auf das Diagramm (z.B. Graphik selbst, Hintergrund oder Achsen) das Layout nachträglich verändern.

Wenn die Merkmalsausprägungen Zahlen sind, müssen sie für das Erstellen dieser Diagrammtypen mit Excel durch Textausdrücke kodiert werden. Das Formatieren der Zellen als „Text" reicht nicht aus. Hier werden die Bezeichnungen `Preis1,Preis2,...,Preis5` gewählt. Die Tabelle wird daher wie folgt ergänzt (vgl. `CDplayer.xls:Diagramme`):

- Anklicken von C2 mit der Maus $\hookrightarrow$ EINFÜGEN / SPALTE   [*Spalte C und D werden zu Spalte D und E*]

- $C2^{neu}$ bis $C6^{neu}$: `Preis1,Preis2,...,Preis5`

Säulen- bzw. Kreisdiagramm (vgl. `CDplayer.xls:` `D Säulendiagramm`; `D Kreisdiagramm`)

- Markieren der Zellen C2:C6 und E2:E6

- EINFÜGEN / DIAGRAMM: Auswahl von SÄULE, UNTERTYP 1 bzw. KREIS, UNTERTYP 1

- Drücken von WEITER bis Abfrage ob neues Tabellenblatt $\hookrightarrow$ ENDE

Auf den Diagramm-Assistenten, der bereits wärend der Erstellung des Diagramms einige Formatierungen ermöglicht (z.B. die Eingabe eines Diagrammtitels), wird an dieser Stelle nicht weiter eingegangen.

Verteilungsfunktion

Berechnung der Verteilungsfunktion (vgl. `CDplayer.xls:` `rel.` `Häufigkeit,Verteilungsfkt.`)

Spalte E   E2: = D2 ↪ E3: = E2 + D3 ↪ „Herunterziehen" bis E6

Graphische Darstellung der Verteilungsfunktion (vgl. `Aufg2_7.xls`: textttVerteilungsfunktion) Excel bietet kein Diagramm der Verteilungsfunktion an. Mit einem kleinen Trick lässt sich dennoch ein solches erzeugen. Den folgenden Erläuterungen liegen die Daten aus Aufgabe A2.7 der Aufgabensammlung zugrunde.

- Markieren der Zellen B2:B8 und E2:E8

- EINFÜGEN / DIAGRAMM: Auswahl von PUNKT (XY), UNTERTYP 1

- Drücken von WEITER bis Abfrage ob neues Tabellenblatt ↪ ENDE

- „Doppelklicken" mit linker Maustaste auf das x-Achse: ACHSEN FOR-MATIEREN: SKALIERUNG: KLEINSTER WERT: -1   [*Um den Fall $x < 0$ im Diagramm zu berücksichtigen*]

- Hinzufügen der waagrechten Linien per Hand mit den Zeichenhilfsmitteln ANSICHT / SYMBOLLEISTEN / ZEICHNEN : $\boxed{\backslash}$ [*Linie*]

Arithmetisches Mittel

(vgl. `CDplayer.xls`: `Arith.Mittel`)

Spalte E   E2 = B2 * D2 ↪ „Herunterziehen" bis E6
E7   = Summe(E2:E6)
           [*arithmetisches Mittel (relative Häufigkeiten)*]

Varianz und Standardabweichung

(vgl. `CDplayer.xls`: `Varianz, Standardabweichung`)

mit zentrierten Summanden

E7   enthalte arithmetisches Mittel
Spalte F   F2: = (B2 - \$E\$7)^2 ↪ „Herunterziehen" bis F6
Spalte G   G2: = F2 * D2 ↪ „Herunterziehen" bis G6
G7   = Summe(G2:G6)   [*Varianz*]
G8   = Wurzel(G7)   [*Standardabweichung*]

mit nichtzentrierten Summanden

E7   enthalte arithmetisches Mittel

Spalte I   I2: = B2^2 * D2 $\hookrightarrow$ „Herunterziehen" bis I6

I7   = Summe(I2:I6)

I8   = I7 - E7^2   [*Varianz*]

I9   = Wurzel(I8)   [*Standardabweichung*]

2.4.3   Stetig klassierte Daten

Erstellung der Tabelle für eine stetige Klassierung

(vgl. miete_stetig.xls: stetige Klassierung)

Die Einzeldaten aus dem Beispiel seien stetig klassiert worden:

Aufwendungen	Anzahl Studierende
150 - 350	4
350 - 550	20
550 - 750	10
750 - 950	5
950 - 1150	1

Um die stetige Klassierung in Form einer Excel-Tabelle aufzubereiten, kann man wie folgt vorgehen:

Spalte A   A1: j $\hookrightarrow$ A2 bis A6: 1,...,5   [*Indexspalte j*]

Spalte B   B1: x_j^u $\hookrightarrow$ B2 bis B6: 150,350,550,750,950

            [*Klassenuntergrenzen x_j^u*]

Spalte C   C1: x_j^o $\hookrightarrow$ C2 bis C6: 350,550,750,950,1150

            [*Klassenobergrenzen x_j^o*]

Spalte D   D1: n_j $\hookrightarrow$ D2 bis D6: 4,20,10,5,1   [*Häufigkeiten n_j*]

Dieses Tabellenblatt wird in den folgenden Erläuterungen vorausgesetzt. Es liegt somit eine stetige Klassierung vor, bei der die Klassenmittelwerte unbekannt sind.

Zunächst wollen wir erklären, wie man mit Hilfe von Excel aus Einzeldaten eine stetige Klassierung erstellt

(vgl. miete_stetig.xls: stetige Klassierung mit Excel):

- Eingabe des Laufindizes j in D2 bis D6

- Eingabe der Klassenuntergrenzen 150,350,550,750,950 in E2 bis E6

- Eingabe der Klassenobergrenzen 350,550,750,950,1150 in F2 bis F6

- Markieren von G2:G6

- EINFÜGEN / FUNKTION / STATISTIK: Häufigkeit

- Feld DATEN: B2:B41, Feld KLASSEN: F2:F6

- hinter den in der Kommandozeile erscheinenden Befehl
  =Häufigkeit(B2:B41;F2:F6) mit der Maus „klicken"

- **gleichzeitig** Tastenkombination Strg + ⇑ + RETURN drücken

Die Funktion Häufigkeit ist eine sogenannte Matrizenfunktion. Daher ist es beispielsweise nicht möglich, die Zellen mit den absoluten Häufigkeiten einzeln zu löschen.

Relative Häufigkeiten

(vgl. miete_stetig.xls: relative Häufigkeiten)

D7   = SUMME(C2:C6)   [*Anzahl der Daten n*]

Spalte E   E2 = D2 / \$D\$7 ↪ „Herunterziehen" bis D6

         [*relative Häufigkeiten f_j*]

Empirische Dichte und Histogramm

Empirische Dichte (vgl. miete_stetig.xls: Histogramm)

Spalte F   F2 = E2/(C2 - B2) ↪ „Herunterziehen" bis F6

         [*empirische Dichte*]

Histogramm (vgl. miete_stetig.xls: Histogramm; D Histogramm)

- Markieren von B2:C6 und F2:F6

- EINFÜGEN / DIAGRAMM: Auswahl von SÄULE, UNTERTYP 1

- REIHE

  - DATENREIHE: Reihe 3   [*Entfernen von Reihe 1 und 2*]

- Feld Beschriftung der Rubrikenachse (X):
  =Histogramm!$B$2:$C$6   [*d.h. vor der Angabe der Felder mit den Klassengrenzen muss der Name des aktuellen Tabellenblattes (in diesem Beispiel Histogramm) eingegeben werden*]

- Drücken von Weiter bis Abfrage ob neues Tabellenblatt ↪ Ende

- „Doppelklicken" auf Diagrammbalken ↪ Optionen: Abstand: auf Null setzen [*Verbreitern der Balken, bis sie sich berühren*]

Achtung: Histogramme lassen sich mit Excel nur mit *gleichen Klassenbreiten* erstellen!

Verteilungsfunktion

Die Berechnung der Verteilungsfunktion (im Beispiel in Spalte G) jeweils an der oberen Klassengrenze erfolgt wie bei der diskreten Klassierung (vgl. miete_stetig.xls: Verteilungsfunktion).

Graphische Darstellung (vgl. miete_stetig.xls: D Verteilungsfunktion) Um die Verteilungsfunktion graphisch darzustellen, muss der Punkt $(x_1^u, F(x_1^u)) = (150, 0)$ in der Arbeitstabelle ergänzt werden:

- Einfügen von je einer Zelle über C2 und über F2: Zeile 2 markieren ↪ Einfügen / Zeilen: nach unten verschieben [*Zellen mit Klassenobergrenze und mit Verteilungsfunktion verschieben sich nach unten*]

- Ausfüllen der Zelle $C2^{neu}$ mit 150 und der Zelle $F2^{neu}$ mit 0

- Markieren von C2:C8 und F2:F8

- Einfügen / Diagramm: Auswahl von Punkt (XY), Untertyp 4

- Drücken von Weiter bis Abfrage ob neues Tabellenblatt ↪ Ende

Arithmetisches Mittel

(vgl. miete_stetig.xls: Arith. Mittel) Da im vorliegenden Beispiel die arithmetischen Mittel in den Klassen $\bar{x}_j$ nicht bekannt sind, ist eine Berechnung des arithmetischen Mittels nur approximativ möglich:

Spalte F   F2 = (B2 + C2) / 2 ↪ „Herunterziehen" bis F6
[*Klassenmittelpunkt ξ_j*]

Spalte G   G2 = F2 * E2 ↪ „Herunterziehen" bis G6

G7   = Summe(G2:G6) [$\approx$ *arithmetisches Mittel*]

Varianz und Standardabweichung

(vgl. `miete_stetig.xls`: Varianz, Standardabweichung)

Auch die Varianz und die Standardabweichung können nur näherungsweise bestimmt werden:

mit zentrierten Summanden

G7	enthält arithmetisches Mittel
Spalte I	I2: = (F2 - \$G\$7)^2 ↪ „Herunterziehen" bis I6
Spalte J	J2: = I2 * E2 ↪ „Herunterziehen" bis J6
J7	= Summe(J2:J6) [≈ *Varianz*]
J8	= Wurzel(J7) [≈ *Standardabweichung*]

mit nichtzentrierten Summanden

G7	enthält arithmetisches Mittel
Spalte L	L2: = F2^2 ↪ „Herunterziehen" bis L6
Spalte M	M2: = L2 * E2 ↪ „Herunterziehen" bis M6
M7	= Summe(M2:M6)
M8	M7 - G7^2 [≈ *Varianz*]
M9	= Wurzel(M8) [≈ *Standardabweichung*]

Literatur zur Verwendung von Excel und anderen Computerprogrammen

Eine allgemeine Einführung in das Tabellenkalkulationsprogramm Excel bieten die Broschüren RRZN (1999a) und RRZN (1999b).[5] Zwerenz (2001) stellt den Einsatz von Excel bei Aufgabenstellungen der gesamten beschreibenden Statistik dar. Das Buch enthält auch eine CD-Rom mit interaktiven Zahlenbeispielen und Simulationen. Hafner und Waldl (2001) und Monka und Voss (2005) behandeln die Lösung allgemeiner statistischer Probleme mit Excel bzw. dem Programmpaket SPSS. Toutenburg et al. (2004) ist ein Lehrbuch der beschreibenden Statistik, das Anleitungen und Übungsaufgaben zur Verwendung von SPSS enthält. Möglichkeiten der Auswertung von Daten mit dem Computer bieten auch interaktive Lernprogramme wie EMILeA-stat (Burkschat et al., 2004; Cramer et al., 2004), Teach/Me (Lohninger, 2001), MM*-Stat (Härdle et al., 2001) sowie die Software von Mittag und Stemann (2004) und die von Schaich und Münnich (2001).

---

[5]Näheres im Internet unter *www.uni-koeln.de/RRZK/dokumentation/handbuecher/*, „Die Handbücher des RRZ Niedersachsen (RRZN)".

Kapitel 3

Konzentrations- und Disparitätsmessung

In diesem Kapitel gehen wir von Daten eines Merkmals X aus, welches extensiv ist und keine negativen Werte annimmt. Das heißt, wir setzen voraus, dass alle Daten x_i größer oder gleich null sind und dass die Merkmalssumme $\sum_i x_i$ eine sinnvolle Interpretation zulässt. Im Mittelpunkt steht die Frage, wie sich die Merkmalssumme auf die einzelnen Merkmalsträger verteilt.

Im Abschnitt 3.1 werden die Begriffe der Disparität und der Konzentration eingeführt und verglichen. Es folgen in Abschnitt 3.2 Methoden der Konzentrationsmessung: zunächst die Konzentrationskurve, dann verschiedene Parameter zur Messung von Konzentration. Abschnitt 3.3 behandelt in ähnlicher Weise die Disparitätsmessung. Nach einer Anwendung der Begriffe auf das Problem der Einkommensbesteuerung (Abschnitt 3.3.3) werden im Abschnitt 3.4 die engen formalen Verbindungen aufgezeigt, die zwischen Konzentrationsmaßen und Disparitätsmaßen bestehen.

3.1 Disparität und Konzentration

Zwei Aspekte der Daten sollen im Folgenden untersucht werden:

Die erste Sichtweise betrifft die Gleichheit oder **Ungleichheit** (= **Disparität**) der Merkmalswerte. Sind die Merkmalswerte alle gleich, d.h. ist $x_1 = x_2 = \ldots = x_n$, so entfällt offensichtlich auf jeden Anteil der Merkmalsträger der gleiche Anteil der Merkmalssumme. **Disparität** liegt vor, wenn nicht alle

Merkmalswerte gleich sind. Dann gibt es einen **kleinen Anteil** der Merkmalsträger, auf den ein **großer Anteil** der Merkmalssumme entfällt. Zur Veranschaulichung dient das folgende Zahlenbeispiel.

Beispiel: Sei $n = 4$ und $x_1 = 0$, $x_2 = 5$, $x_3 = 7$, $x_4 = 8$. Die Merkmalssumme beträgt 20. Die Merkmalsträger sind bereits aufsteigend der Größe nach geordnet. Auf die beiden letzten (das ist die Hälfte der Merkmalsträger) entfallen insgesamt 15/20, also 75% der Merkmalssumme. Auf den letzten allein (entsprechend einem Viertel der Merkmalsträger) entfallen $8/20 = 40\%$ der Merkmalssumme. Wären dagegen die Merkmalswerte alle gleich, würden auf die beiden letzten zusammen 50% und auf den letzten allein 25% der Merkmalssumme entfallen.

Bei der Betrachtung der Ungleichheit oder Disparität einer Verteilung von Merkmalswerten werden Anteile miteinander verglichen: Anteile von Merkmalsträgern mit Anteilen der Merkmalssumme. Die Anzahl n der Merkmalsträger bleibt hier außer Betracht. Ein klassisches Anwendungsgebiet der Disparitätsmessung ist die Messung der Einkommens- oder Vermögensdisparität in einem Land.

Beispiel: Es seien $x_1, \ldots, x_n$ die Vermögen der Haushalte in einem Land. Ein hohes Maß an Disparität liegt etwa dann vor, wenn 70% des Gesamtvermögens im Land auf nur 15% der Haushalte entfallen. Die absolute Zahl der Haushalte spielt hierbei keine Rolle.

Die zweite Sichtweise bezieht zusätzlich die Anzahl n der Merkmalsträger mit ein, die sich die Merkmalssumme teilen. **Konzentration** liegt vor, wenn auf eine **kleine Anzahl** von Merkmalsträgern ein **großer Anteil** der Merkmalssumme entfällt.

Bei der Konzentrationsmessung wird ein Anteil mit einer Anzahl verglichen: Ein Anteil an der Merkmalssumme mit einer Anzahl von Merkmalsträgern. Das klassische Anwendungsgebiet der statistischen Konzentrationsmessung liegt in der Industrieökonomik: Untersuchungsmerkmal ist die Größe (etwa gemessen durch ihren Umsatz) von Unternehmen, die auf einem abgegrenzten Markt tätig sind.

Beispiel: Auf einem bestimmten Markt sind zehn Unternehmen aktiv. Konzentration liegt etwa dann vor, wenn die zwei größten Unternehmen 80% des Gesamtumsatzes auf sich vereinigen.

Ein Merkmal kann sowohl unter dem Aspekt der Disparität als auch unter dem der Konzentration untersucht werden. Dies sind jedoch verschiedene Fragestellungen.

Beispiel „Verteilung von Aktien": Grundgesamtheit seien die Aktionäre eines Unternehmens, Merkmal die Zahl der Aktien, die jeder von ihnen besitzt. Ist man am potenziellen Einfluss von Großaktionären interessiert, wird man die

Konzentration untersuchen. Ist dagegen nach der gleichmäßigen Verteilung (etwa bei der Zuteilung von überzeichneten neuen Aktien) gefragt, wird man die Disparität betrachten.

Hohe Disparität kann sowohl mit geringer als auch mit hoher Konzentration einhergehen, und umgekehrt, wie das folgende Tableau zeigt, das vier Beispiele enthält. In jedem der Beispiele ist eine Urliste $x_1, \ldots, x_n$ angegeben, deren Merkmalssumme 100 beträgt .

	Disparität hoch	*Disparität gering*
Konzentration	$x_1 = 80$	$x_1 = 34$
hoch	$x_2 = x_3 = 10$	$x_2 = x_3 = 33$
Konzentration	$x_1 = \ldots = x_{100} = 0,8$	$x_1 = \ldots = x_{100} = 0,34$
gering	$x_{101} = \ldots = x_{300} = 0,1$	$x_{101} = \ldots = x_{300} = 0,33$

Zur Sprechweise: Im Englischen sagt man **inequality** für die Ungleichheit und **concentration** für die Konzentration. In der deutschsprachigen Literatur wird die Ungleichheit (= Disparität) häufig auch als **relative Konzentration** bezeichnet, die Konzentration dagegen als **absolute Konzentration**.

3.2 Konzentrationsmessung

Bei der Konzentrationsmessung (= Messung der absoluten Konzentration) geht man davon aus, dass die Daten **absteigend geordnet** sind, d.h.

$$x_1 \geq x_2 \geq \ldots \geq x_n \geq 0,$$

und dass $\sum_{i=1}^{n} x_i > 0$ gilt. Sind die Ausgangsdaten noch nicht absteigend geordnet, so müssen sie zunächst entsprechend umgeordnet werden. Es bezeichne

$$h_r = \frac{x_r}{\sum\limits_{i=1}^{n} x_i} = \frac{x_r}{n\overline{x}}, \qquad r = 1, \ldots, n,$$

den **Merkmalsanteil** der r-ten Einheit. Wegen der Ordnung der Daten sind auch die Merkmalsanteile geordnet,

$$h_1 \geq h_2 \geq \ldots \geq h_n \geq 0.$$

3.2.1   Konzentrationsraten und Konzentrationskurve

Die Summe der i größten Merkmalsanteile,

$$CR(i) = \sum_{r=1}^{i} h_r = \frac{\sum\limits_{r=1}^{i} x_r}{\sum\limits_{r=1}^{n} x_r},$$

heißt **Konzentrationsrate** der Ordnung i. $CR(i)$ ist der Merkmalsanteil, der auf die i größten Merkmalsträger entfällt. Für $i = 0$ wird $CR(0) = 0$ gesetzt ($\hookrightarrow$ EXCEL).

Zeichnet man die Punkte $(i, CR(i))$, $i = 0, 1, 2, \ldots, n$, in der Ebene und verbindet sie durch einen Streckenzug, so entsteht die **Konzentrationskurve**. Sie beginnt im Punkt $(0, 0)$ und endet im Punkt $(n, 1)$; vgl. Abbildung 3.1. Konzentrationskurven können auch mithilfe von $\hookrightarrow$ EXCEL erstellt werden.

Beispiel „Fünf Unternehmen": Fünf Unternehmen teilen sich einen Markt. Die von ihnen getätigten Umsätze betragen in Mio. €:

$$x_1 = 330, \quad x_2 = 120, \quad x_3 = 90, \quad x_4 = 30, \quad x_5 = 30.$$

Man berechne sämtliche Konzentrationsraten und zeichne die Konzentrationskurve.
Die Daten sind bereits absteigend geordnet. Die Konzentrationsraten kann man mit Hilfe der folgenden Arbeitstabelle ermitteln:

i	x_i	h_i	$CR(i)$
1	330	$0,55$	$0,55$
2	120	$0,20$	$0,75$
3	90	$0,15$	$0,90$
4	30	$0,05$	$0,95$
5	30	$0,05$	1
Σ	600	1	

Die Koordinaten der relevanten Punkte der Konzentrationskurve lesen wir aus der ersten und der letzten Spalte der Tabelle ab:

Eigenschaften der Konzentrationskurve Eine Konzentrationskurve hat allgemein die folgenden Eigenschaften:

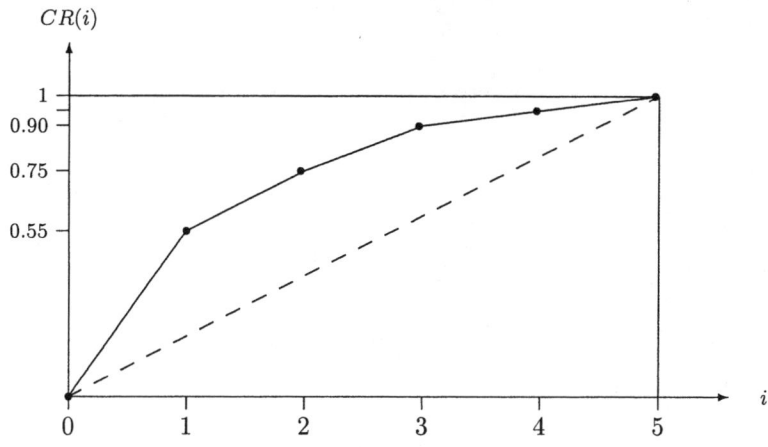

Abbildung 3.1: Konzentrationskurve

1. Die Konzentrationskurve ist der Graph einer Funktion, die das Intervall $[0, n]$ in das Intervall $[0, 1]$ abbildet. Die Funktion ist **stückweise linear**; sie **wächst strikt monoton**, ausgehend vom Wert 0, bis sie den Wert 1 erreicht. Die Steigung des r-ten Segments beträgt

$$\frac{CR(r) - CR(r-1)}{1} = h_r$$

für $r = 1, \dots, n$. Die Steigungen h_r nehmen mit wachsendem r ab, d.h. die Konzentrationskurve ist **konkav**.

2. Bei festem n betrachten wir den Fall maximaler und den Fall minimaler Konzentration:

   - **Maximale Konzentration:** Ein Merkmalsträger vereinigt die gesamte Merkmalssumme auf sich. Dann gilt (Abbildung 3.2)

     $$h_1 = 1, \quad h_2 = \dots = h_n = 0.$$

     Es folgt $CR(i) = 1$ für alle $i = 1, 2, \dots, n$ und $CR(0) = 0$.

   - **Minimale Konzentration** bei festem n: Jeder Merkmalsträger hat denselben Anteil $\frac{1}{n}$ an der Merkmalssumme. Man nennt diese Verteilung die **egalitäre Verteilung**. Dann gilt (Abbildung 3.3)

     $$h_1 = h_2 = \dots = h_n = \frac{1}{n}.$$

     Wir erhalten $CR(i) = \frac{i}{n}$, $i = 0, 1, \dots, n$. Die Konzentrationskurve verläuft als eine Gerade von $(0, 0)$ nach $(n, 1)$.

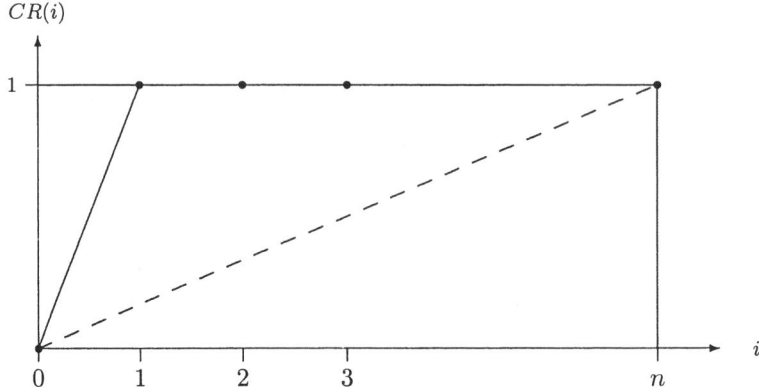

Abbildung 3.2: Kurve der maximalen Konzentration

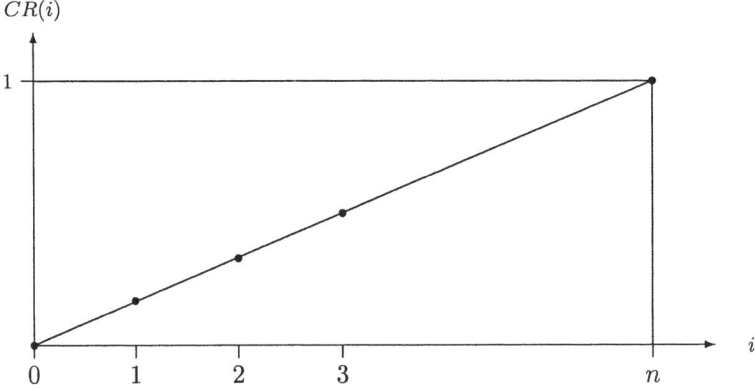

Abbildung 3.3: Kurve der minimalen Konzentration

Bei beliebigen Werten von $x_1, x_2, \ldots, x_n$ liegt die Konzentrationskurve zwischen diesen beiden Extremen.

3. **Berechnung mit abgeschnittenen Daten** Um die Konzentration der Daten zu beurteilen, ist offenbar der rechte obere Teil der Konzentrationskurve weniger relevant. Oft berechnet man deshalb die Konzentrationsraten und damit den Verlauf der Konzentrationskurve nur bis zu einer Ordnung r, $r < n$, und vernachlässigt den Rest. Um $CR(1), CR(2), \ldots, CR(r)$ zu bestimmen, benötigt man lediglich die r größten Anteile $h_1, h_2, \ldots, h_r$ oder, alternativ, die r größten Merkmalswerte $x_1, x_2, \ldots, x_r$ und zusätzlich die Merkmalssumme.

Beispiel „Halbleiter": Die folgende Tabelle enthält den Umsatz der weltweit 20 größten Hersteller von Halbleitern in Mrd. US-Dollar (Quelle: Süddeutsche Zeitung vom 26.4.1996).

Intel	10,1	*Philips*	2,9
NEC	8,0	*Matsushita*	2,9
Toshiba	7,6	*SGS-Thompson*	2,6
Motorola	7,2	*Sanyo*	2,3
Hitachi	6,6	*Sharp*	2,2
Texas Instruments	5,6	*AMD*	2,1
Samsung	4,8	*Siemens*	2,1
Fujitsu	3,9	*Nat. Semicond.*	2,0
Mitsubishi	3,8	*Sony*	1,9
IBM	3,0	*Goldstar*	1,7

Übung: Nehmen Sie an, dass der Gesamtumsatz auf dem Halbleitermarkt 83.3 Mrd. US-Dollar betrug, und zeichnen Sie die Konzentrationskurve bis zur Ordnung $r = 10$.

4. **Ordnung von Konzentrationskurven** Die Konzentrationsraten und die Konzentrationskurve kann man benutzen, um das Ausmaß der Konzentration auf zwei verschiedenen Märkten miteinander zu vergleichen. (Hier und im Folgenden sprechen wir bei der Konzentrationsmessung von Unternehmen und Märkten statt allgemein von Merkmalsträgern und Grundgesamtheiten.)

Seien $CR_I(i)$ und $CR_{II}(i)$, $i = 1, \ldots, n$, die Konzentrationsraten auf den Märkten I und II. Wenn

$$CR_I(i) \geq CR_{II}(i), \qquad i = 1, \ldots, n,$$

gilt, sind die **Konzentrationskurven geordnet**. Die Konzentrationskurve des Marktes I verläuft oberhalb der Konzentrationskurve des Marktes II. (Dabei dürfen sich die Kurven berühren.) Man sagt in diesem Fall, Markt I weise eine **gleichmäßig höhere Konzentration** als Markt II auf.

Die Ordnung zweier Konzentrationskurven ist auch möglich, wenn die Anzahl der Unternehmen auf beiden Märkten nicht übereinstimmt. Sei etwa n die Anzahl auf Markt I und m die auf Markt II, $n < m$. In diesem Fall ergänzt man den Markt I gedanklich um $m - n$ Unternehmen, deren Umsatz jeweils 0 beträgt, und erhält $CR_I(i) = 1$ für $i = n + 1, \ldots, m$.

Beispiel „Drei Märkte": Wir betrachten drei Märkte I, II und III, auf denen je fünf Unternehmen agieren. Die Umsätze auf den Märkten seien wie folgt gegeben.

38,	12,	106,	34,	10	*auf Markt I,*
25,	20,	39,	7,	9	*auf Markt II,*
60,	60,	60,	60,	60	*auf Markt III.*

Wir ordnen die Werte, bezeichnen die Umsätze auf Markt I mit x_i, die auf Markt II mit y_i und berechnen die Konzentrationsraten in der folgenden Tabelle:

i	x_i	$x_i/\sum_{r=1}^{5} x_r$	$CR_I(i)$	y_i	$y_i/\sum_{r=1}^{5} y_r$	$CR_{II}(i)$
1	106	0,53	0,53	39	0,39	0,39
2	38	0,19	0,72	25	0,25	0,64
3	34	0,17	0,89	20	0,20	0,84
4	12	0,06	0,95	9	0,09	0,93
5	10	0,05	1,00	7	0,07	1,00
Σ	200	1,00		100	1,00	

Die Konzentrationskurven der Märkte I und II sind in Abbildung 3.4 dargestellt. Markt I weist eine gleichmäßig höhere Konzentration als Markt II auf. Auf Markt III herrscht eine egalitäre Verteilung: Die Unternehmen teilen sich den Markt zu gleichen Anteilen. Die Konzentrationskurve des Marktes III ist deshalb die Diagonale des Rechtecks, liegt also unterhalb den anderen beiden Kurven.

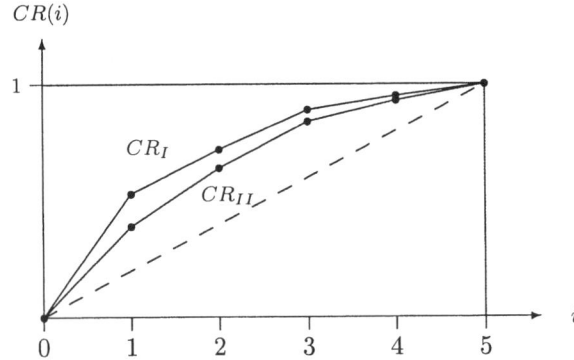

Abbildung 3.4: Ordnung von Konzentrationskurven

3.2.2 Konzentrationsindizes

Wir stellen uns nun die Aufgabe, die Konzentration zweier beliebiger Märkte zu vergleichen. Wenn die Konzentrationskurve des einen Marktes über der des anderen liegt, die Kurven also geordnet sind, ist der erste Markt jedenfalls stärker konzentriert als der zweite. Wenn die Konzentrationskurven sich jedoch schneiden, benötigen wir weitere Kriterien des Vergleichs.

Ein **Konzentrationsindex** misst die Konzentration eines Marktes durch eine Zahl. Im Folgenden behandeln wir die zwei gebräuchlichsten Konzentrationsindizes, den Rosenbluth-Index und den Herfindahl-Index.

Rosenbluth-Index Die Teilfläche des Rechtecks $[0, n] \times [0, 1]$, die oberhalb der Konzentrationskurve liegt, werde mit A bezeichnet. Der **Rosenbluth-Index** K_R ist als eins durch zweimal diese Fläche definiert,

$$\boxed{K_R = \frac{1}{2A}.}$$

Um eine Formel zur Berechnung von K_R zu erhalten, zerlegen wir A wie folgt (siehe Abbildung 3.5 für $n = 5$):

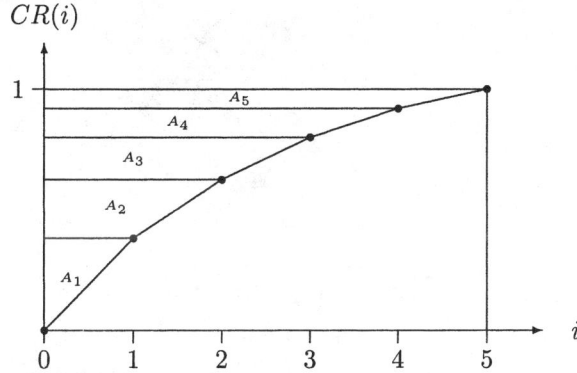

Abbildung 3.5: Zur Berechnung des Rosenbluth-Index

Wegen

$$A = \sum_{i=1}^{n} A_i$$

und

$$A_i = h_i \frac{(i-1)+i}{2}, \qquad i = 1, 2, \ldots, n,$$

ist

$$A = \sum_{i=1}^{n} h_i \frac{2i-1}{2} = \sum_{i=1}^{n} i \cdot h_i - \frac{1}{2}$$

und ($\hookrightarrow$ EXCEL)

$$K_R = \frac{1}{2A} = \frac{1}{\left(2 \sum_{i=1}^{n} i \cdot h_i\right) - 1}.$$

(Zur Erinnerung: Die Merkmalswerte x_i sind absteigend geordnet, d.h. $x_1 \geq x_2 \geq \ldots \geq x_n \geq 0$, und deshalb ist auch $h_1 \geq h_2 \geq \ldots \geq h_n$.)

Die folgenden Eigenschaften von K_R lassen sich aus der Formel bzw. aus der Skizze leicht ableiten:

$$K_R = 1 \iff h_1 = 1, \quad h_2 = h_3 = \ldots = h_n = 0$$

(maximale Konzentration),

$$K_R = \frac{1}{n} \iff h_1 = h_2 = \ldots = h_n = \frac{1}{n}$$

(minimale Konzentration bei festem n)

Letzteres ersieht man leicht aus

$$K_R = \frac{1}{2 \sum_{i=1}^{n} i \frac{1}{n} - 1} = \frac{1}{2 \frac{1}{n} \frac{n(n+1)}{2} - 1}$$

$$= \frac{1}{n+1-1} = \frac{1}{n}.$$

Insgesamt gilt:

$$\frac{1}{n} \leq K_R \leq 1.$$

Beispiel: Für die Daten des Beispiels „Fünf Unternehmen" nimmt der Rosenbluth-Index den Wert

$$K_R = \frac{1}{2 \cdot 1,8500 - 1} = 0,3704$$

an. Wegen $n = 5$ muss hier K_R mindestens gleich $\frac{1}{5} = 0,2$ sein.

Herfindahl-Index Die folgende Maßzahl ist ein besonders einfaches und daher häufig verwendetes Konzentrationsmaß. Die Summe der quadrierten Merkmalsanteile ($\hookrightarrow$ EXCEL)

$$K_H = \sum_{i=1}^{n} h_i^2$$

heißt **Herfindahl-Index**.

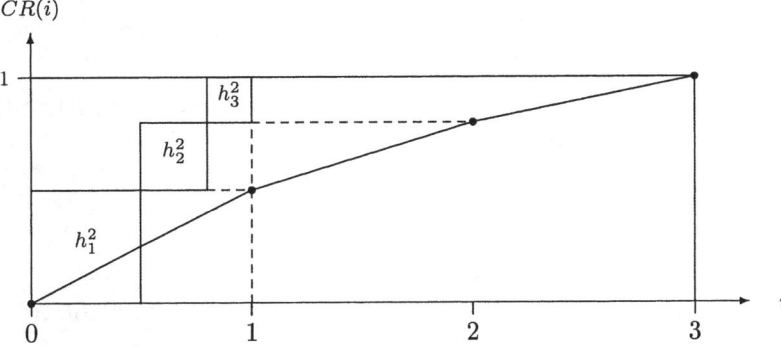

Abbildung 3.6: Zur Berechnung des Herfindahl-Index

Auch der Herfindahl-Index lässt sich an der Konzentrationskurve veranschaulichen; siehe Abbildung 3.6 mit $n = 3$. Man überlegt sich leicht, dass

$$\frac{1}{n} \leq K_H \leq 1,$$

$$K_H = 1 \iff h_1 = 1, \quad h_2 = h_3 = \ldots = h_n = 0$$
$$\text{(maximale Konzentration)},$$

$$K_H = \frac{1}{n} \iff h_1 = h_2 = \ldots = h_n = \frac{1}{n}$$
$$\text{(minimale Konzentration bei festem } n\text{)}.$$

Im Beispiel „Fünf Unternehmen" ergibt sich der Herfindahl-Index als

$$K_H = 0,55^2 + 0,20^2 + 0,15^2 + 0,05^2 + 0,05^2 = 0,37.$$

Praktische Probleme der Konzentrationsmessung im Produzierenden Gewerbe Die hier vorgestellten statistischen Methoden dienen der Messung der so genannten **horizontalen Konzentration** von Unternehmen in einem Markt. Bei der konkreten Messung horizontaler Konzentration sind eine Reihe von zum Teil schwierigen wirtschaftsstatistischen Problemen zu lösen. Die wichtigsten sind:

- die Abgrenzung des relevanten Marktes;

- die Wahl des Konzentrationsmerkmals (der „Unternehmensgröße"): In Frage kommen allgemein Umsatz, Absatz, Beschäftigte, Investitions-volumen, Börsenwert; bei speziellen Branchen auch Verkaufsfläche (im Einzelhandel), Versicherte Summe (bei Lebensversicherern), u.a.;

- die Bestimmung der Teile eines Unternehmens und ihrer Größe, die dem relevanten Markt zuzurechnen sind.

Literatur zu praktischen Problemen der Konzentrationsmessung ist am Schluss dieses Kapitels angegeben.

3.3 Disparitätsmessung

Bei der Disparitätsmessung geht man davon aus, dass die Daten **aufsteigend geordnet** sind, d.h.

$$0 \leq x_1 \leq x_2 \leq \ldots \leq x_n \,,$$

und dass $\sum_{i=1}^{n} x_i > 0$ gilt. Wenn dies noch nicht der Fall ist, so muss erst umgeordnet werden. Wie bei der Konzentrationsmessung bezeichne

$$h_r = \frac{x_r}{\sum\limits_{i=1}^{n} x_i}$$

den r-ten Merkmalsanteil. Allerdings sind die h_r hier – wie die Daten – auf-steigend geordnet, d.h.

$$0 \leq h_1 \leq h_2 \leq \ldots \leq h_n \,.$$

3.3.1 Lorenzkurve

Für $i = 1, 2, \ldots, n$ ist

$$\boxed{L\left(\frac{i}{n}\right) = \sum_{r=1}^{i} h_r}$$

der Merkmalsanteil der i kleinsten Merkmalsträger. Durch lineare Verbindung der Punkte

$$(0,0), \left(\frac{1}{n}, L\left(\frac{1}{n}\right)\right), \left(\frac{2}{n}, L\left(\frac{2}{n}\right)\right), \ldots, \left(\frac{n-1}{n}, L\left(\frac{n-1}{n}\right)\right), (1,1)$$

entsteht die **Lorenzkurve** (siehe Abbildung 3.7 für $n = 8$). ($\hookrightarrow$ EXCEL)

In einer Lorenzkurve wird dem Anteil $\frac{i}{n}$ der i kleinsten Merkmalsträger der zugehörige Merkmalsanteil $L\left(\frac{i}{n}\right)$ zugeordnet. Es werden also zwei Anteile gegeneinander abgetragen.

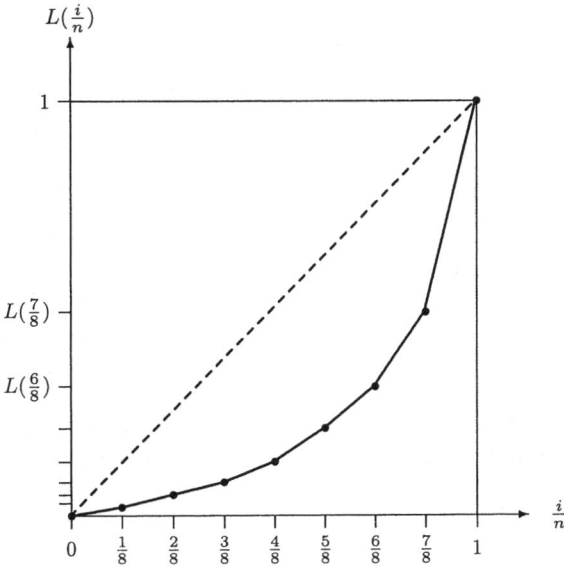

Abbildung 3.7: Lorenzkurve

Die **Eigenschaften einer Lorenzkurve** lassen sich so zusammenfassen:

1. Die Lorenzkurve ist der Graph einer Funktion L,

$$L : [0, 1] \to [0, 1],$$

   die wie folgt definiert ist. Es gilt $L(0) = 0$ und $L(1) = 1$. L ist **monoton wachsend** und stückweise linear. In jedem Intervall $]\frac{i-1}{n}, \frac{i}{n}[$ besitzt L die Steigung nh_i, $i = 1, 2, \ldots, n$. Da die Anteile h_i mit i anwachsen, gilt dies auch für die Steigung von L. Die Funktion L ist daher **konvex**.

2. Die Extremfälle einer Lorenzkurve (bei n Einheiten) lassen sich so charakterisieren:

   - **Minimale Disparität** Alle Merkmalswerte sind gleich (egalitäre Verteilung). Dann ist $x_1 = x_2 = \ldots = x_n$ und $h_1 = h_2 = \ldots = h_n$. Es folgt (Abbildung 3.8)

$$L\left(\frac{i}{n}\right) = \frac{i}{n} \qquad \text{für} \quad i = 0, 1, 2, \ldots, n \, .$$

Die Lorenzkurve ist in diesem Fall die Diagonale im Einheitsquadrat.

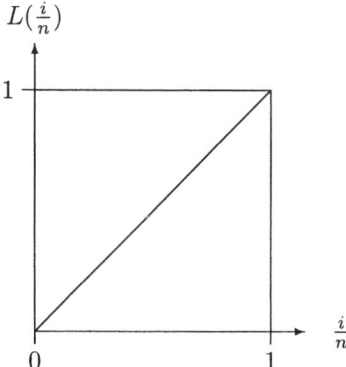

Abbildung 3.8: Lorenzkurve minimaler Disparität

- **Maximale Disparität** bei gegebenem n: Die gesamte Merkmalssumme entfällt auf einen (den größten) Merkmalsträger. Dann ist $x_n = \sum_{i=1}^{n} x_i$, $x_1 = x_2 = \ldots = x_{n-1} = 0$. Es folgt $h_n = 1$, $h_1 = h_2 = \ldots = h_{n-1} = 0$ und

$$L(1) = 1, \qquad L\left(\frac{i}{n}\right) = 0 \quad \text{für } i = 0, 1, \ldots, n-1.$$

Die Lorenzkurve maximaler Disparität von n Einheiten ist in Abbildung 3.9 dargestellt.

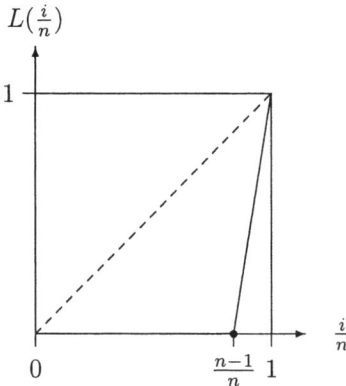

Abbildung 3.9: Lorenzkurve maximaler Disparität

Ordnung von Lorenzkurven Mittels ihrer Lorenzkurven lassen sich zwei Datenvektoren $x = (x_1, \ldots, x_n)$ und $y = (y_1, \ldots, y_m)$ in Bezug auf ihre Disparität vergleichen. Liegt die Lorenzkurve L_x über der Lorenzkurve L_y, so sagt man, x besitze **gleichmäßig geringere Disparität** (genauer: gleichmäßig nicht größere Disparität) als y. Dies ist die **Lorenzkurvenordnung** zwischen x und y, symbolisch $x \leq_L y$. Abbildung 3.10 stellt ein Beispiel mit $n = m = 5$ dar.

Zwei Lorenzkurven können auch dann geordnet sein, wenn die beiden Datenvektoren verschiedene Länge haben, $n \neq m$. Man beachte, dass die *unten* liegende Lorenzkurve die *größere* Disparität anzeigt, da sie weiter von der Diagonalen – der Lorenzkurve der egalitären Verteilung – entfernt ist.

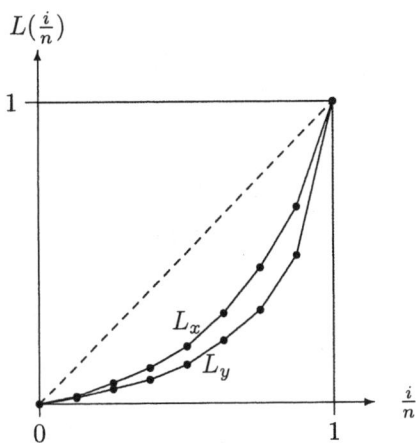

Abbildung 3.10: Ordnung von Lorenzkurven

3.3.2 Disparitätsindizes

Dass zwei Lorenzkurven geordnet sind, stellt bei realen Datenvektoren x und y eher die Ausnahme dar. In den meisten Fällen schneiden sich die beiden Lorenzkurven mindestens einmal. Dann benötigt man weitere Maße zum Vergleich der Disparität.

Ein **Disparitätsindex** D ist eine Maßzahl, die im Einklang mit der Lorenzordnung steht (und weitere Eigenschaften erfüllt, die unten in Abschnitt 3.4.3 diskutiert werden): Wenn zwei Datenvektoren x und y Lorenz-geordnet sind, $x \leq_L y$, dann soll auch D bei x die geringere Disparität anzeigen, $D(x) \leq D(y)$. Mit Hilfe eines Disparitätsindexes kann man je zwei gegebene Datenvektoren bezüglich ihrer Disparität vergleichen.

Gini-Koeffizient Der am meisten gebräuchliche Disparitätsindex hängt eng mit der Lorenzkurve zusammen. Der **Gini-Koeffizient** D_G ist definiert als zweimal die Fläche zwischen der Lorenzkurve und der Diagonalen. Sei B die Fläche *unterhalb* der Lorenzkurve im Einheitsquadrat. Dann ist

$$D_G = 2 \left(\frac{1}{2} - B \right).$$

Um eine Formel zur Berechnung von D_G zu erhalten, zerlegen wir B wie folgt (siehe Abbildung 3.11 für $n = 3$):

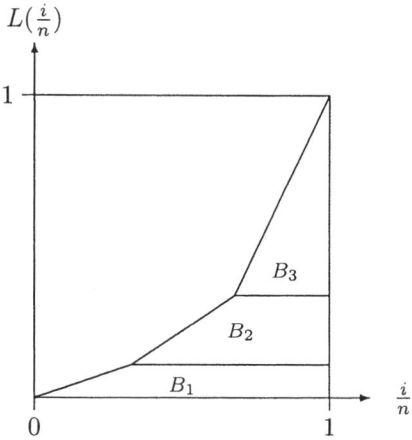

Abbildung 3.11: Zur Berechnung des Gini-Koeffizienten

$$
\begin{aligned}
B &= \sum_{i=1}^{n} B_i = \sum_{i=1}^{n} h_i \frac{\frac{(n-i+1)+(n-i)}{n}}{2} \\
&= \sum_{i=1}^{n} h_i \frac{2n - 2i + 1}{2n}.
\end{aligned}
$$

Es ist dann

$$D_G = 2 \left(\frac{1}{2} - B \right) = 1 - \sum_{i=1}^{n} h_i \frac{2n - 2i + 1}{n}$$

$$\boxed{D_G = \sum_{i=1}^{n} h_i \frac{2i - n - 1}{n},}$$

wobei $\sum_{i=1}^{n} h_i = 1$ verwendet wurde. ($\hookrightarrow$ EXCEL)

D_G lässt sich also als eine Art gewichtetes Mittel der aufsteigend geordneten Merkmalsanteile $h_1 \leq h_2 \leq \ldots \leq h_n$ schreiben. Die Gewichte sind hier allerdings (anders als in Abschnitt 2.3.2) zum Teil negativ, zum Teil positiv und ihre Summe ist null (statt eins!), denn

$$\sum_{i=1}^{n} \frac{2i - n - 1}{n} = \frac{1}{n} \left(2\frac{n(n+1)}{2} - n^2 - n \right) = 0 \,.$$

Wichtige Eigenschaften des Gini-Koeffizienten lassen sich hieraus direkt ableiten:

$$D_G = 0 \iff x_1 = x_2 = \ldots = x_n$$
$$\text{(minimale Disparität),}$$

$$D_G = 1 - \frac{1}{n} \iff x_1 = x_2 = \ldots = x_{n-1} = 0, x_n > 0$$
$$\text{(maximale Disparität).}$$

Die letztere Beziehung folgt aus

$$D_G = \sum_{i=1}^{n-1} 0 \cdot \frac{2i - n - 1}{n} + 1 \cdot \frac{2n - n - 1}{n} = 1 - \frac{1}{n} \,.$$

Für den Gini-Koeffizienten gilt immer

$$\boxed{0 \leq D_G \leq 1 - \frac{1}{n} \,.}$$

Man kann zeigen, dass der Gini-Koeffizient gleich der Hälfte von Ginis mittlerer Differenz geteilt durch das arithmetische Mittel ist,

$$\boxed{D_G = \frac{\Delta}{2\overline{x}} = \frac{1}{2\overline{x}} \frac{1}{n^2} \sum_{i=1}^{n} \sum_{j=1}^{n} |x_i - x_j| \,.}$$

Es gilt nämlich

$$
\begin{aligned}
\frac{\Delta}{2\overline{x}} &= \frac{1}{2\overline{x}} \frac{1}{n^2} \sum_{i=1}^{n} \sum_{j=1}^{n} |x_i - x_j| \\
&= \frac{1}{2n} \sum_{i=1}^{n} \sum_{j=1}^{n} | \underbrace{\frac{x_i}{n\overline{x}}}_{=h_i} - \underbrace{\frac{x_j}{n\overline{x}}}_{=h_j} | \\
&= \frac{1}{n} \sum_{i=1}^{n} \sum_{j=i+1}^{n} |h_i - h_j| = \frac{1}{n} \sum_{i=1}^{n} \sum_{j=i+1}^{n} (h_j - h_i) \\
&= \frac{1}{n} \sum_{i=1}^{n} \sum_{j=i+1}^{n} h_j - \frac{1}{n} \sum_{i=1}^{n} \sum_{j=i+1}^{n} h_i \,.
\end{aligned}
$$

Die zweite Doppelsumme beträgt $\frac{1}{n} \sum_{i=1}^{n} (n-i)h_i$, während man für die erste

Doppelsumme durch Umordnen der Summanden den Wert $\frac{1}{n} \sum_{i=1}^{n} (i-1)h_i$ erhält. Es folgt, dass

$$
\frac{\Delta}{2\bar{x}} = \frac{1}{n} \sum_{i=1}^{n} (i-1)\, h_i + \frac{1}{n} \sum_{i=1}^{n} (i-n)\, h_i
$$

$$
= \sum_{i=1}^{n} \frac{2i-n-1}{n}\, h_i \; - \; D_G
$$

ist, und damit die Behauptung. Der Gini-Koeffizient ist also (vom Faktor $\frac{1}{2}$ abgesehen) ein Quotient aus dem Streuungsmaß Δ und dem Lagemaß $\bar{x}$. Ein solches Maß nennt man ein **relatives Streuungsmaß**.

Beispiel: Für die Daten des Beispiels „Fünf Unternehmen" im Abschnitt 3.2.1 sollen die Lorenzkurve und der Gini-Koeffizient berechnet werden. Die Daten sind nunmehr aufsteigend zu ordnen.

i	x_i	h_i	$L\left(\frac{i}{5}\right) = \sum_{r=1}^{i} h_r$	$\frac{2i-5-1}{5}$	$\frac{2i-5-1}{5} h_i$
1	30	0,05	0,05	$-\frac{4}{5}$	$-0,04$
2	30	0,05	0,10	$-\frac{2}{5}$	$-0,02$
3	90	0,15	0,25	0	0
4	120	0,20	0,45	$\frac{2}{5}$	0,08
5	330	0,55	1,00	$\frac{4}{5}$	0,44
Σ	600	1,00		0	$0,46 = D_G$

Abbildung 3.12 zeigt die Lorenzkurve der fünf Unternehmen.

Variationskoeffizient Ein weiterer Disparitätsindex, der besonders einfach ist und deshalb häufig verwendet wird, ist der **Variationskoeffizient** v ($\hookrightarrow$ EXCEL),

$$
v = \frac{s}{\bar{x}}.
$$

(Man beachte, dass nach Voraussetzung alle $x_i \geq 0$ sind und $\bar{x} > 0$ gilt.) Der Variationskoeffizient ist der Quotient aus dem Streuungsmaß s und dem Lagemaß $\bar{x}$, also – wie auch der Gini-Koeffizient – ein relatives Streuungsmaß.

Beispiel: Für die obigen Daten ergibt sich

$$
s = \sqrt{12240} = 110,6345\,, \qquad \bar{x} = 120\,,
$$

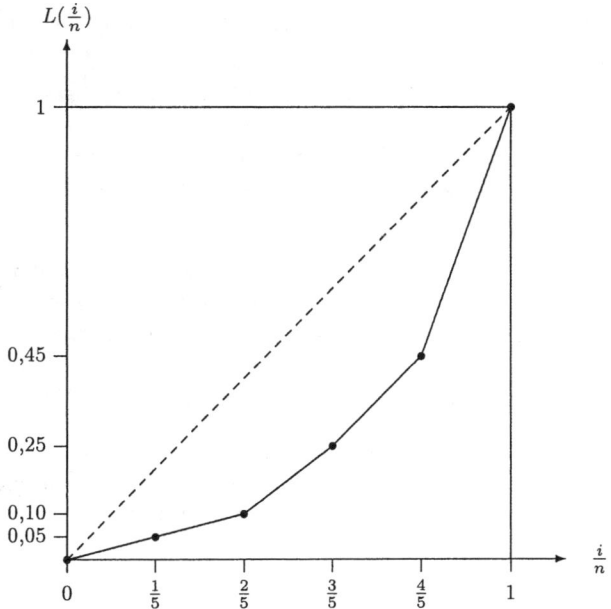

Abbildung 3.12: Lorenzkurve zum Beispiel „Fünf Unternehmen"

d.h.

$$v = \frac{\sqrt{12240}}{120} = 0,9220\,.$$

Offenbar ist v nicht durch Eins nach oben beschränkt. (Der Leser mache sich dies an einem Beispiel klar!) Allgemein gilt jedoch

$$\boxed{0 \le v \le \sqrt{n-1}\,,}$$

$$v = 0 \iff x_1 = x_2 = \ldots = x_n (\text{minimale Disparität}),$$
$$v = \sqrt{n-1} \iff x_1 = x_2 = \ldots = x_{n-1} = 0,\ x_n > 0$$
$$(\text{maximale Disparität}).$$

Dies erschwert die Interpretation des Wertes von v. Demgegenüber ist der Wert des Gini-Koeffizienten leichter zu interpretieren, da D_G immer im Intervall $[0, 1 - 1/n]$ liegt, wobei er den Wert 0 im Fall vollständiger Gleichheit und den Wert $1 - 1/n$ im Fall maximaler Disparität annimmt.

3.3.3   Einkommensungleichheit und Steuertarif

Ein erklärtes Ziel der Einkommensbesteuerung in Deutschland ist es, die Ungleichheit der Einkommen zu verringern. Im Folgenden wollen wir den Einfluss der Besteuerung auf die Einkommensungleichheit untersuchen. Wie muss ein Steuertarif beschaffen sein, damit das Einkommen nach Steuern weniger ungleich verteilt ist als das Einkommen vor Steuern?

Ein **Steuertarif** T ist eine Vorschrift, die für jedes zu versteuernde Einkommen die zu entrichtende Steuer angibt. Das Einkommen bezeichnen wir mit x, die zugehörige Steuer mit $T(x)$. T heißt auch **Steuerfunktion**. Eine natürliche Forderung an jeden Steuertarif besteht darin, dass die Steuer nicht höher als das Einkommen sein darf, d.h. $T(x) \leq x$ für alle Einkommen x gilt.

Seien nun $x_1, x_2, \ldots, x_n$ die Einkommen von n steuerpflichtigen Personen vor Steuern. Die Einkommen seien nicht alle gleich und sie seien bereits aufsteigend geordnet, $0 \leq x_1 \leq x_2 \leq \ldots \leq x_n$. Dann sind durch

$$y_i = x_i - T(x_i) \qquad \text{für } i = 1, \ldots, n$$

die Einkommen nach Steuern gegeben. Gemäß der obigen Forderung sind alle $y_i \geq 0$. Zu vergleichen ist die Disparität der Einkommen $y_1, y_2, \ldots, y_n$ nach Steuern mit der Disparität der Einkommen $x_1, x_2, \ldots, x_n$ vor Steuern. Nach dem Kriterium der Lorenzkurvenordnung bedeutet geringere Ungleichheit nach Steuern, dass die Lorenzkurve der $y_1, y_2, \ldots, y_n$ über der Lorenzkurve der $x_1, x_2, \ldots, x_n$ zu liegen kommt.

Wir betrachten zunächst eine so genannte **Proportionalsteuer**, bei der auf alle Einkommen ein konstanter Steuersatz angewandt wird. Bezeichne a den Steuersatz, $0 \leq a \leq 1$. Es gilt dann $T(x) = ax$ für alle x. Wegen

$$y_i = x_i - ax_i = (1 - a)x_i \qquad \text{für } i = 1, \ldots, n$$

unterscheidet sich y_i von x_i jeweils um den Faktor $1 - a$. Da die Lorenzkurve nur von den Anteilen an der Merkmalssumme abhängt, folgt, dass die Einkommen vor und nach Steuern die gleiche Lorenzkurve besitzen. Eine Proportionalsteuer ändert also nichts an der Ungleichheit der Einkommen.

Als Nächstes betrachten wir eine so genannte **Kopfsteuer**, bei der jeder Steuerpflichtige unabhängig von seinem Einkommen einen festen Betrag c als Steuer zu entrichten hat. Bei einer solchen Kopfsteuer gilt $T(x) = c$ für alle x, also

$$y_i = x_i - c \qquad \text{für } i = 1, \ldots, n.$$

Es ist leicht zu sehen, dass die Lorenzkurve der Einkommen nach Steuern nun *unterhalb* der Lorenzkurve der Einkommen vor Steuern liegt, denn für

$i = 1, \ldots, n - 1$ erhält man

$$\frac{\sum\limits_{j=1}^{i} x_j}{\sum\limits_{j=1}^{n} x_j} > \frac{\sum\limits_{j=1}^{i} (x_j - c)}{\sum\limits_{j=1}^{n} (x_j - c)} = \frac{\sum\limits_{j=1}^{i} y_j}{\sum\limits_{j=1}^{n} y_j}.$$

Eine Kopfsteuer erhöht demnach die Einkommensungleichheit.

Wie muss nun die Steuerfunktion T beschaffen sein, damit für beliebig gegebene Einkommen x_i vor Steuern die Einkommen $y_i = x_i - T(x_i)$ nach Steuern eine geringere Ungleichheit aufweisen? Allgemein ist dies dann der Fall, wenn T den folgenden Bedingungen genügt:

1. $T(x) < x$ für alle x. („Positives Einkommen nach Steuern")

2. $T(x)/x$ wächst monoton und ist nicht für alle x konstant. („Steigende relative Belastung". Dies schließt die Proportionalsteuer aus.)

3. $x - T(x)$ wächst monoton. („Steigendes Einkommen nach Steuern ")

Beispiel „Dreistufiger Steuertarif": Ein Politiker schlägt den folgenden dreistufigen Einkommenssteuertarif vor: Bis zu einem Jahreseinkommen von € 10 000 wird keine Steuer erhoben. Zwischen € 10 000 und € 25 000 beträgt der marginale Steuersatz 10%, zwischen € 25 000 und € 50 000 beträgt er 20%, und jenseits € 50 000 beträgt er 30%. Ist dieser Tarif geeignet, die Ungleichheit der Einkommensverteilung zu verringern?

Aus den Angaben ergibt sich in Abhängigkeit von x (in Tausend €) die Steuerfunktion T,

$$T(x) = \begin{cases} 0 & \text{für } 0 \leq x \leq 10, \\ 0,1\,(x - 10) & \text{für } 10 < x \leq 25, \\ 0,2\,(x - 25) + 1,5 & \text{für } 25 < x \leq 50, \\ 0,3\,(x - 50) + 6,5 & \text{für } x > 50. \end{cases}$$

Anhand der Abbildung 3.13 prüft man leicht nach, dass die drei Bedingungen erfüllt sind und deshalb der vorschlagene Tarif die Ungleichheit im Sinne der Lorenzkurvenordnung reduziert.

3.3.4 Disparität und Konzentration bei klassierten Daten

Bei der Bestimmung der Lorenzkurve und der Berechnung der Disparitätsindizes wurde bisher davon ausgegangen, dass die Merkmalswerte $x_1, \ldots, x_n$ als

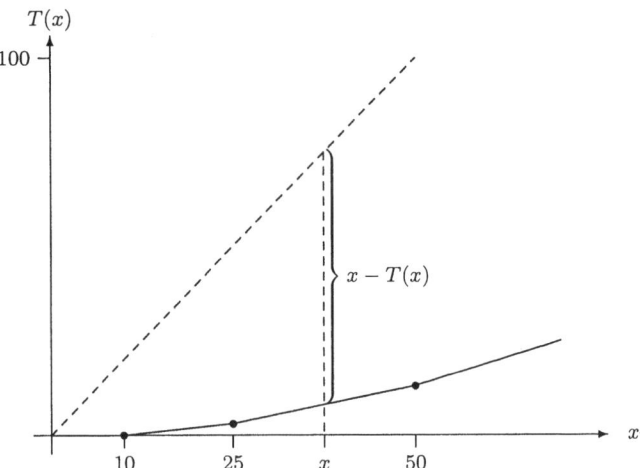

Abbildung 3.13: Steuerfunktion im Beispiel „Dreistufiger Steuertarif"

Einzeldaten verfügbar sind. Hauptanwendungsgebiet der Disparitätsmessung ist die Erfassung der Einkommens- und Vermögensdisparität von Individuen oder Haushalten einer Bevölkerung. Hier stehen die Daten jedoch häufig nur aggregiert zur Verfügung, und zwar in stetig klassierter Form. Im Folgenden werden wir zeigen, wie man aus solchen stetig klassierten Daten die Lorenzkurve, den Gini-Koeffizient und den Rosenbluth-Index näherungsweise bestimmt.

Wie bisher bezeichne $f_j = \frac{n_j}{n}$ den Anteil der Merkmalsträger der j-ten Klasse ($j = 1, \ldots, J$). Mit h_j bezeichnen wir den Merkmalsanteil, der auf die j-te Klasse entfällt. Wir setzen

$$F_0 = 0,$$
$$F_j = F(x_j^o) = \sum_{r=1}^{j} f_r, \quad j = 1, \ldots, J-1,$$
$$F_J = F(x_J^o) = 1$$

sowie

$$L_0 = L(0) = 0,$$
$$L_j = L(F_j) = \sum_{r=1}^{j} h_r, \quad j = 1, \ldots, J-1,$$
$$L_J = L(1) = 1.$$

Die Lorenzkurve ist dann durch die lineare Verbindung der Punkte ($\hookrightarrow$ EX-

CEL)
$$(0,0) = (F_0, L_0), (F_1, L_1), \ldots, (F_J, L_J) = (1,1)$$
gegeben. Der Wert des Gini-Koeffizienten ist wieder ($\hookrightarrow$ EXCEL)
$$D_G = 2 \left(\frac{1}{2} - B \right),$$

wobei B die Fläche unterhalb der Lorenzkurve im Einheitsquadrat ist. Es ist

$$B = \sum_{j=1}^{J} f_j \cdot \frac{L_{j-1} + L_j}{2}$$

und deshalb

$$D_G = 1 - \sum_{j=1}^{J} f_j \cdot (L_{j-1} + L_j).$$

Man beachte, dass sowohl die Lorenzkurve als auch der Wert des Gini-Koeffizienten nur Approximationen an die tatsächliche Lorenzkurve bzw. den tatsächlichen Gini-Koeffizienten, wie sie sich aus den Daten der Urliste ergeben, sind. Den Approximationen liegt die fiktive Annahme zugrunde, dass innerhalb einer Klasse alle Merkmalswerte gleich sind, d.h. dass es innerhalb einer Klasse keine Disparität gibt; die Approximationen zeigen deshalb regelmäßig eine zu geringe Disparität an.

Beispiel „Vermögen": In einem Land mögen auf die „ärmsten" 50% der Bevölkerung nur 10% des Gesamtvermögens entfallen. Auf die nächsten 40% entfallen 30% des Vermögens. Man bestimme eine Lorenzkurve, die mit diesen Daten verträglich ist und berechne den Wert des Gini-Koeffizienten.

Aus den Daten ergibt sich

j	f_j	F_j	h_j	L_j	$f_j \cdot (L_{j-1} + L_j)$
1	$0,5$	$0,5$	$0,1$	$0,1$	$0,05$
2	$0,4$	$0,9$	$0,3$	$0,4$	$0,20$
3	$0,1$	1	$0,6$	1	$0,14$
Σ	1		1		$0,39$

und die in Abbildung 3.14 dargestellte Lorenzkurve. Es ist

$$\begin{aligned} D_G &= 1 - \sum_{j=1}^{3} f_j \cdot (L_{j-1} + L_j) \\ &= 1 - 0,39 \\ &= 0,61. \end{aligned}$$

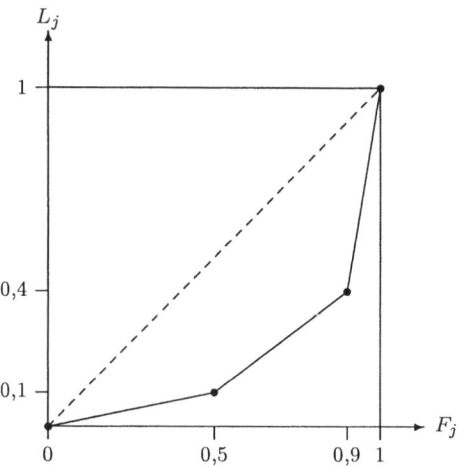

Abbildung 3.14: Lorenzkurve aus klassierten Daten

Beim ersten Beispiel konnten die h_j direkt aus den Angaben entnommen werden. In dem nachfolgenden, zweiten Beispiel müssen auch die h_j zunächst bestimmt werden. Man setzt als Merkmalsanteil der j-ten Klasse

$$h_j = \frac{\overline{x}_j n_j}{\overline{x} n},$$

falls $\overline{x}_j$ für $j = 1, \dots J$ bekannt ist. Falls die $\overline{x}_j$ nicht bekannt sind, approximiert man durch

$$h_j \approx \frac{\xi_j n_j}{\overline{x} n},$$

wobei ξ_j ein geeigneter Stellvertreter für $\overline{x}_j$ ist, z.B. die Klassenmitte

$$\xi_j = \frac{x_j^o + x_j^u}{2}.$$

Beispiel: Wir betrachten das Beispiel „Studierende" aus Abschnitt 2.3.6, in dem die Monatseinkommen von $n = 5000$ Studierenden untersucht wurden, und bestimmen die Lorenzkurve und den Wert des Gini-Koeffizienten.

j	Einkommensklasse	n_j	f_j	F_j	ξ_j
1	0 bis 250	300	0,06	0,06	125
2	250 bis 500	1000	0,20	0,26	375
3	500 bis 750	2000	0,40	0,66	625
4	750 bis 1000	1000	0,20	0,86	875
5	1000 bis 1500	700	0,14	1,00	1250
Σ		5000	1,00		

j	Einkommensklasse	$n_j \xi_j$	h_j	L_j	$(L_{j-1} + L_j) f_j$
1	0 bis 250	37500	0,011	0,011	0,00066
2	250 bis 500	375000	0,110	0,121	0,02640
3	500 bis 750	1250000	0,366	0,487	0,24320
4	750 bis 1000	875000	0,256	0,743	0,24600
5	1000 bis 1500	875000	0,256	0,999	0,24388
Σ		3412500	1,00		0,76014

Die Lorenzkurve ergibt sich durch lineare Interpolation der Punkte $(0,0)$ und (F_j, L_j), $j = 1, \ldots, 5$. Für D_G erhalten wir

$$D_G = 1 - 0,76 = 0,24.$$

Das dritte Beispiel betrifft die Konzentrationsmessung aus klassierten Daten.

Beispiel „Makler": 301 Maklerunternehmen wurden nach ihrem Umsatz im Jahre 1999 befragt. In klassierter Form sind die Daten der folgenden Tabelle zu entnehmen (Quelle: Mitteilungen des Instituts für Handelsforschung, Universität zu Köln, 10/2000). Man bestimme approximativ den Rosenbluth-Index.

j	Umsatz in 1000 DM	n_j	ξ_j	$n_j \cdot \xi_j$	h_j	L_j
1	[0, 200]	69	100	6900	0,0402	0,0402
2	] 200, 400]	86	300	25800	0,1503	0,1904
3	] 400, 600]	54	500	27000	0,1573	0,3477
4	] 600, 800]	19	700	13300	0,0775	0,4252
5	] 800,1000]	18	900	16200	0,0944	0,5195
6	] 1000,2000]	55	1500	82500	0,4805	1,0000
Σ		301		171700		

j	n_j	f_j	F_j	$(L_{j-1} + L_j) \cdot f_j$
1	69	0,2292	0,2292	0,0092
2	86	0,2857	0,5150	0,0659
3	54	0,1794	0,6944	0,0965
4	19	0,0631	0,7575	0,0488
5	18	0,0598	0,8173	0,0565
6	55	0,1827	1,0000	0,2777
Σ	301			0,5546

Es folgt für den Gini-Koeffizienten

$$D_G = 1 - 0,5546 = 0,4454$$

sowie für den Rosenbluth-Index (siehe Abschnitt 3.4.2)

$$K_R = \frac{1}{n(1 - D_G)} = \frac{1}{301 \cdot 0,5546} = 0,0060.$$

3.4 Beziehungen zwischen Konzentration und Disparität

Zwischen der statistischen Messung von Konzentration und der von Disparität bestehen enge formale Verbindungen.

3.4.1 Konzentrationskurve und Lorenzkurve

Die Konzentrationskurve und die Lorenzkurve lassen sich durch einfache geometrische Operationen ineinander überführen:

Wir betrachten die Konzentrationskurve der Daten $x_1, \ldots, x_n$ und reskalieren ihre Abszisse mit dem Faktor $1/n$. Dann ergibt sich eine Kurve im Einheitsquadrat, bei der zu jedem i/n auf der Abszisse der Wert $CR(i)$, das ist die Summe der i *größten* Anteile, auf der Ordinate abgetragen wird, $i = 0, 1, \ldots, n$. Bei der Lorenzkurve der gleichen Daten $x_1, \ldots, x_n$ wird hingegen jeweils zur Summe der i *kleinsten* Anteile auf der Abszisse der Wert i/n auf der Ordinate abgetragen.

Aus der Konzentrationskurve der Daten $x_1, \ldots, x_n$ lässt sich durch einfache geometrische Operationen die Lorenzkurve derselben Daten gewinnen. Dies ist in Abbildung 3.15 dargestellt. Wenn man die Konzentrationskurve (a) erst reskaliert (b) und danach zweimal spiegelt – zunächst an der Hauptdiagonalen des Einheitsquadrats (c) und dann an der anderen Diagonalen (d) – erhält man die Lorenzkurve. Umgekehrt erhält man die reskalierte Konzentrationskurve durch zweifache Spiegelung der Lorenzkurve.

Für die Ordnung von Lorenzkurven und die Ordnung von Konzentrationskurven folgt aus dieser geometrischen Überlegung, dass, wenn man Datensätze gleicher Länge n vergleicht, beide Ordnungen äquivalent sind. Die Lorenzkurve der Daten $x_1, \ldots, x_n$ liegt nämlich dann und nur dann *unterhalb* der Lorenzkurve der Daten $y_1, \ldots, y_n$, wenn die Konzentrationskurve von $x_1, \ldots, x_n$ *oberhalb* der Konzentrationskurve von $y_1, \ldots, y_n$ liegt. Mit anderen Worten, die Daten $x_1, \ldots, x_n$ besitzen genau dann eine gleichmässig höhere Disparität als die Daten $y_1, \ldots, y_n$, wenn sie eine gleichmässig höhere Konzentration besitzen.

3.4.2 Beziehungen zwischen den Indizes

Aus der Beziehung zwischen Lorenzkurve und Konzentrationskurve lassen sich einfache Formeln herleiten, die es erlauben, den **Gini-Koeffizienten** aus dem **Rosenbluth-Index** zu berechnen und umgekehrt. Es gilt:

$$K_R = \frac{1}{n\,(1 - D_G)},$$

$$D_G = 1 - \frac{1}{nK_R}.$$

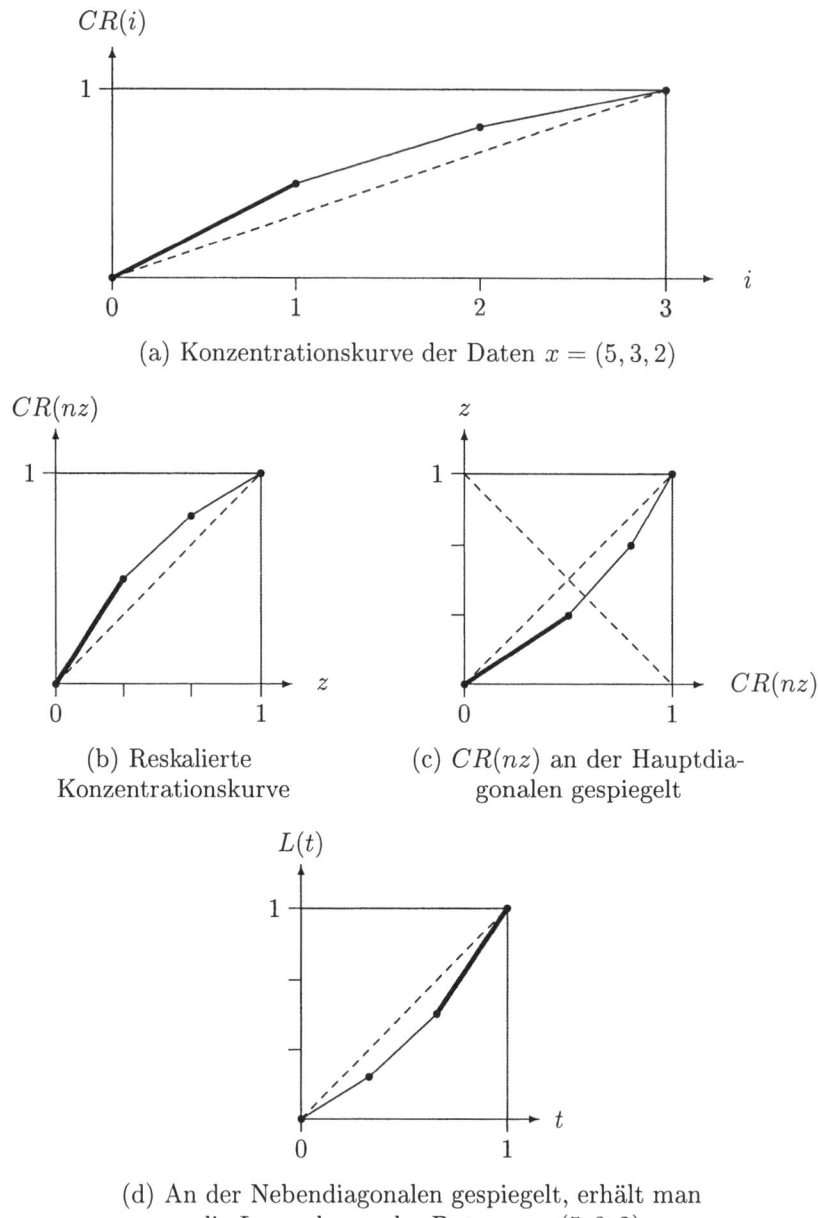

(a) Konzentrationskurve der Daten $x = (5, 3, 2)$

(b) Reskalierte Konzentrationskurve

(c) $CR(nz)$ an der Hauptdiagonalen gespiegelt

(d) An der Nebendiagonalen gespiegelt, erhält man die Lorenzkurve der Daten $x = (5, 3, 2)$

Abbildung 3.15: Überführung der Konzentrationskurve in die Lorenzkurve

Wir beweisen die erste Formel; die zweite folgt dann sofort. Wie bisher bezeichne A die Fläche oberhalb der Konzentrationskurve, B die Fläche unterhalb der Lorenzkurve. Offenbar ist B gleich der Fläche oberhalb der reskalierten Konzentrationskurve. Letztere ist wegen der Reskalierung der Abszisse um den Faktor $\frac{1}{n}$ gleich $\frac{1}{n}A$; es gilt also $B = \frac{1}{n}A$. Nach Definition des Gini-Koeffizienten haben wir $D_G = 1 - 2B$, d.h. $2B = 1 - D_G$. Es folgt

$$K_R = \frac{1}{2A} = \frac{1}{2nB} = \frac{1}{n(1 - D_G)}.$$

Zwischen dem **Herfindahl-Index** und dem **Variationskoeffizienten** bestehen ebenfalls einfache rechnerische Beziehungen. Es ist

$$\boxed{K_H = \frac{v^2 + 1}{n},} \quad \text{und} \quad \boxed{v^2 = nK_H - 1.}$$

Diese Formeln lassen sich leicht direkt beweisen. Wir zeigen die erste:

$$\frac{v^2 + 1}{n} = \frac{1}{n}\left(\frac{s^2 + \overline{x}^2}{\overline{x}^2}\right) = \frac{1}{n}\left(\frac{\frac{1}{n}\sum_{i=1}^{n} x_i^2}{\overline{x}^2}\right)$$

$$= \frac{\sum_{i=1}^{n} x_i^2}{\left(\sum_{i=1}^{n} x_i\right)^2} = \sum_{i=1}^{n}\left(\frac{x_i}{\sum_{i=1}^{n} x_i}\right)^2 = \sum_{i=1}^{n} h_i^2 = K_H.$$

Die Formeln zeigen, dass mit wachsender Zahl n der Merkmalsträger die Konzentration, gemessen durch den Herfindahl-Index, mit dem Faktor $\frac{1}{n}$ fällt, wenn die Disparität, gemessen durch den Variationskoeffizienten, gleich bleibt. Demgegenüber steigt, bei festgehaltenem n, die Konzentration mit der Disparität (und umgekehrt). Die gleichen Beziehungen gelten, wenn man die Konzentration durch den Rosenbluth-Index und die Disparität durch den Gini-Koeffizienten misst.

3.4.3 Allgemeine Forderungen an die Indizes

Wie schon in früheren Abschnitten stellt sich auch bei der Konzentrations- und Disparitätsmessung die Frage: Welche Eigenschaften muss eine Maßzahl haben, dass man sie zurecht als Konzentrationsindex oder Disparitätsindex bezeichnen kann? Wir erwähnen hier nur kurz und informell einige Gemeinsamkeiten und Unterschiede von Disparitäts- und Konzentrationsmaßen und verweisen im übrigen auf die Literatur am Schluss dieses Kapitels.

Den Konzentrations- und Disparitätsindizes gemeinsam sind drei Prinzipien:

- **Prinzip der Anonymität**, d.h. die Zuordnung der Merkmalswerte zu den Merkmalsträgern geht in die Maße nicht mit ein, da ein Konzentrations- (oder Disparitätsmaß) nur von den absteigend (oder aufsteigend) geordneten Merkmalswerten abhängt.

- **Prinzip der Skaleninvarianz**, d.h. die Einheit, in der das Merkmal gemessen wird, spielt keine Rolle, da die Konzentrations- und Disparitätsindizes nur von Anteilen abhängen und sich die Einheit herauskürzt. Die Maße sind dimensionslos, d.h. sie haben keine Benennung.

- **Prinzip der egalisierenden Transfers**, d.h. falls ein Merkmalsträger mit hohem Merkmalswert einem anderen Merkmalsträger mit geringerem Merkmalswert einen kleinen Merkmalsbetrag transferiert (aber so, dass die Rangordnung erhalten bleibt), dann reduzieren sich sowohl Konzentration als auch Disparität. Ein Maß, das dem Prinzip des egalisierenden Transfers folgt, ist monoton fallend bezüglich der Ordnung von Lorenzkurven (oder – was dasselbe bedeutet – der Ordnung von Konzentrationskurven).

Konzentrations- und Disparitätsindizes unterscheiden sich jedoch in zweierlei Hinsicht, nämlich bezüglich Nullergänzungen und Replikationen der Daten, die wie folgt definiert sind.

- **Nullergänzung** Sind $x_1, \ldots, x_n$ die Daten und fügt man m Nullen hinzu, so verändern sich weder die Konzentrationskurve noch die Werte der Konzentrationsmaße. Demgegenüber verlagert sich die Lorenzkurve nach unten und die Werte der Disparitätsindizes werden größer.

- **Replikation der Daten** Geht man von den Daten $x_1, \ldots, x_n$ zu den Daten $x_1, x_1, x_2, x_2, \ldots, x_n, x_n$ über, das heißt, erweitert man die Daten um ihr identisches Abbild, so verändern sich weder die Lorenzkurve noch die Werte der Disparitätsindizes. Demgegenüber verschiebt sich die Konzentrationskurve nach unten, und die Werte der Konzentrationsmaße werden kleiner. Rosenbluth- und Herfindahl-Index halbieren sich bei einer einmaligen Replikation. Bei einer m-fachen Replikation reduzieren sich Rosenbluth- und Herfindahlindex auf den m-ten Teil des Ausgangswertes.

Ergänzende Literatur zu Kapitel 3:

Die umfassende Monographie von Piesch (1975) behandelt – vornehmlich aus theoretischer Sicht – eine Vielzahl von Konzentrations- und Disparitätsmaßen. Laux (1983) stellt allgemein die Entwicklung und die Methoden der Konzentrationsmessung in der amtlichen Statistik dar. Stock und Opfermann (2000) befassen sich mit praktischen Problemen der Erhebung von Daten zur Konzentrationsmessung. In Abteilung 9 des Statistischen Jahrbuchs für die Bundesrepublik Deutschland werden jedes Jahr die Konzentrationsraten zur horizontalen Konzentration im Produzierenden Gewerbe veröffentlicht. Darüber hinaus publiziert das Statistische Bundesamt in seiner Veröffentlichungsreihe 4.2.3 regelmäßig weitere ausgewählte Indizes der Konzentration, u.a. den Herfindahl-Index. Die etwa alle zwei Jahre erscheinenden Hauptgutachten der Monopolkommission bieten ausführliche Darstellungen verschiedener Aspekte der industriellen Konzentration sowie reichhaltiges Datenmaterial.

Empfehlenswerte Lehrbücher der Ungleichheitsmessung sind Cowell (1995) und Lambert (2002). Die Einkommens- und Geldvermögensverteilung der privaten Haushalte in Deutschland wird u.a. von Münnich (2000, 2001) untersucht; dort wird die statistische Praxis und die Ergebnisse der Auswertung auf Basis der Einkommens- und Verbrauchsstichprobe von 1998 beschrieben.

3.5 Anhang zu Kapitel 3: Verwendung von Excel

Auch bei der Konzentrations- und Disparitätmessung lässt sich Excel für Berechnungen nutzen. Einige Anwendungen sollen im Folgenden kurz erläutert werden.

Die zugehörigen Beispieltabellen `konzentration.xls`, `disparitaet.xls` und `disparitaet_stetig.xls` sind im Internet unter *www.uni-koeln.de/wiso-fak /wisostatsem/buecher/beschr_ stat* in Excel 97 und Excel 5.0 verfügbar.

3.5.1 Konzentrationsmessung

Die Daten stammen aus Abschnitt 3.2.1 (Umsatz der weltweit 20 größten Hersteller von Halbleitern in Mrd. US-Dollar) und sind bereits absteigend geordnet. Sollte dies bei einem Datensatz nicht der Fall sein, müssen die Beobachtungen zunächst absteigend sortiert werden, beispielsweise durch Gebrauch des Schalters $\boxed{{}^{Z}_{A}\downarrow}$ im Menü (vgl. auch Anhang zu Kapitel 2, Quantile bei Einzeldaten).

Konzentrationsraten (vgl. `konzentration.xls`: Konzentrationsrate)

B 22   = Summe(B2:B21)

Spalte C   C2 = B2 / \$B\$22 $\hookrightarrow$ „Herunterziehen" bis C21 $[h_i]$

Spalte D   D2 = C2 $\hookrightarrow$ D3 = D2 + C3 $\hookrightarrow$ „Herunterziehen" bis D21

[*Konzentrationsraten*]

Konzentrationskurve (vgl. `konzentration.xls`: Konzentrationskurve)

Um die Konzentrationskurve zu erstellen, muss zunächst der Punkt $(0,0)$ in der Arbeitstabelle in der Spalte A und der Spalte D ergänzt werden.

- Zeile 2 markieren $\hookrightarrow$ Einfügen / Zeilen: nach unten verschieben $\hookrightarrow$ Ausfüllen von A2^{neu} und D2^{neu} mit 0

- Markieren von A2:A22 und D2:D22

- Einfügen / Diagramm: Auswahl von Punkt (XY), Untertyp 4

- Drücken von Weiter bis Abfrage ob neues Tabellenblatt $\hookrightarrow$ Ende

- „Doppelklicken" mit linker Maustaste auf x-Achse: ACHSEN FORMATIE-REN: SKALIERUNG: HÖCHSTWERT: 20

- „Doppelklicken" mit linker Maustaste auf y-Achse: ACHSEN FORMATIE-REN: SKALIERUNG: HÖCHSTWERT: 1

Konzentrationsindizes

Rosenbluth-Index (vgl. `konzentration.xls: Rosenbluth`)

Spalte D   D2 = A2 * C2   ↪ „Herunterziehen" bis D21 $[ih_i]$

D 22   = Summe(D2:D21)

D23   = 2 * D22 - 1

D24   = 1/D23   [*Rosenbluth-Index*]

Herfindahl-Index (vgl. `konzentration.xls: Herfindahl`)

Spalte D   D2 = C2^2   ↪ „Herunterziehen" bis D21 $[h_i^2]$

D22   = Summe(D2:D21)   [*Herfindahl-Index*]

3.5.2 Disparitätsmessung

Es liegt das obige Beispiel aus der Konzentrationsmessung zugrunde. Die Daten waren dort absteigend geordnet. Sie müssen nun erst aufsteigend sortiert werden. Dies geschieht mit Hilfe des Buttons $\boxed{\begin{smallmatrix}A\\Z\end{smallmatrix}\downarrow}$ im Menü (vgl. auch Anhang zu Kapitel 2, Quantile bei Einzeldaten).

Einzeldaten:

Lorenzkurve (vgl. `disparitaet.xls: Daten; Lorenzkurve`)

B 22   = Summe(B2:B21)

Spalte C   C2 = B2 / \$B\$22   ↪ „Herunterziehen" bis C21 $[h_i]$

Spalte D   D2 = C2   ↪ D3 = D2 + C3   ↪ „Herunterziehen" bis D21
$[L(\frac{i}{n})]$

Erstellen der Lorenzkurve Das Vorgehen ist ähnlich wie bei der Konzentrationskurve. Insbesondere muss der Punkt $(0,0)$ in der Arbeitstabelle ergänzt werden.

- Spalte E   E2 = A2 / \$A\$21   ↪ „Herunterziehen" bis E21 $[i/n]$

- Einfügen einer neuen Zeile 2 $\hookrightarrow$ setzen von 0 in A2^{neu} und D2^{neu}

- Markieren von E2:E22 und D2:D22   [*Reihenfolge wichtig!*]

- EINFÜGEN / DIAGRAMM: Auswahl von PUNKT (XY), UNTERTYP 4

- Drücken von WEITER bis Abfrage ob neues Tabellenblatt $\hookrightarrow$ ENDE

- „Doppelklicken" mit linker Maustaste auf x-Achse: ACHSEN FORMATIE-REN: SKALIERUNG: HÖCHSTWERT: 1

- „Doppelklicken" mit linker Maustaste auf y-Achse: ACHSEN FORMATIE-REN: SKALIERUNG: HÖCHSTWERT: 1

Disparitätsindizes

Gini-Index (vgl. disparitaet.xls: Gini)

Spalte D   D2 = (2 * A2 - \$A\$21 -1)/\$A\$21 $\hookrightarrow$ „Herunterziehen" bis D21

Spalte E   E2 = D2 * C2 $\hookrightarrow$ „Herunterziehen" bis E21

E22   = = Summe(E2:E21)   [*Gini-Index*]

Variationskoeffizient (vgl. disparitaet.xls: Variation)

Zur Berechnung von $\bar{x}$ und s vgl. Anhang 1, Einzeldaten.

C24   = C23 / B23   [*Variationskoeffizient*]

Klassierte Daten:

Das Vorgehen im Fall von klassierten Daten soll am Beispiel einer stetigen Klassierung (vgl. das Beispiel aus Abschnitt 2.3.6 Monatseinkommen von $n = 5000$ Studierenden) erläutert werden.

Lorenzkurve (vgl. disparitaet_stetig.xls: L_j,F_j; Lorenzkurve)

Spalte E   enthält relative Häufigkeiten

Spalte F   enthält empirische Verteilungsfunktion F_j

Spalte G   G2 = (B2 + C2) / 2 $\hookrightarrow$ „Herunterziehen" bis G6

           [*Klassenmittelpunkt ξ_j*]

Spalte H   H2 = G2 * D2 $\hookrightarrow$ „Herunterziehen" bis H6

H7   = Summe(H2:H6)

Spalte I   I2 = H2 / \$H\$7 $\hookrightarrow$ „Herunterziehen" bis I6

Spalte J   J2 = I2 $\hookrightarrow$ J3 = J2 + I3 $\hookrightarrow$ „Herunterziehen" bis J6   [L_j]

Erstellen der Lorenzkurve erfolgt wie im Fall von Einzeldaten (Achtung: Hier erst F2:F7, dann J2:J7 markieren!).

Disparitätsindizes

Gini-Index (vgl. disparitaet.xls: Gini)

Spalte J $J2 = I2 \hookrightarrow J3 = I2 + I3 \hookrightarrow$ „Herunterziehen" bis J6

Spalte K $K2 = J2 * E2 \hookrightarrow$ „Herunterziehen" bis K6

K7 $= Summe(K2:K6)$

K8 $= 1 - K7$ [$\approx$ *Gini-Koeffizient*]

Variationskoeffizient (vgl. disparitaet.xls: Variation)

Zur Berechnung von $\bar{x}$ und s vgl. den Anhang zu Kapitel 2 über stetig klassierte Daten.

I9 $= I8 / G7$ [$\approx$ *Variationskoeffizient*]

Kapitel 4

Verhältniszahlen, Messzahlen und Indexzahlen

Die in diesem Kapitel behandelten Maßzahlen sind grundlegend für die Wirtschaftsstatistik. Als Erstes diskutieren wir so genannte Verhältniszahlen, das sind einfache Quotienten von statistischen Größen. Ihre Berechnung und Interpretation wirft keine besonderen Probleme auf. Mit den im Folgenden behandelten Indizes sind dagegen erhebliche Probleme verbunden, und zwar sowohl in formal-methodischer als auch in inhaltlich-ökonomischer und praktisch-statistischer Hinsicht. Im Rahmen dieser Einführung geben wir zunächst die wichtigsten Formeln für Preis-, Mengen- und Wertindizes an und erläutern sie an Beispielen. Näher betrachten wir dann den Preisindex für die Lebenshaltung der privaten Haushalte in Deutschland und die internationalen Verbrauchergeldparitäten.

4.1 Verhältniszahlen

Eine **Verhältniszahl** ist allgemein der Quotient von zwei statistischen Größen. Die den beiden Größen zugrunde liegenden Gesamtheiten können identisch oder verschieden sein. Als spezielle Verhältniszahlen unterscheidet man Gliederungszahlen, Beziehungszahlen und Messzahlen.

Eine **Gliederungszahl** sagt etwas über die Struktur einer Grundgesamtheit bezüglich eines Merkmals aus. Man geht dabei von einer Grundgesamtheit G aus, die in mehrere Teilgesamtheiten $G_1, G_2, \ldots, G_J$ zerfällt, und betrachtet ein extensives Merkmal U auf G. Bezeichne u_j die Merkmalssumme (man sagt auch: den „Wert") von U auf der Teilgesamtheit G_j, $j = 1, 2, \ldots, J$. Dann stellt $u = \sum_{j=1}^{J} u_j$ die Merkmalssumme auf ganz G dar. Die Zahlen

$$g_j = \frac{u_j}{u} = \frac{u_j}{\sum\limits_{r=1}^{J} u_r} \,, \quad j = 1, \ldots, J,$$

nennt man Gliederungszahlen für U in G. Offensichtlich sind die g_j Anteile, also dimensionslos; es gilt $g_j \geq 0$ und $\sum_{j=1}^{J} g_j = 1$.

Beispiele:

- *Anteile der Studierenden der verschiedenen Studiengänge an den Studierenden der Wirtschafts- und Sozialwissenschaftlichen Fakultät,*

- *Anteile der Handwerksbetriebe nach bestimmten Größenklassen an den Handwerksbetrieben in Nordrhein-Westfalen,*

- *Anteile von Bund, Ländern und Gemeinden an der Verschuldung der öffentlichen Hand in Deutschland.*

Häufig, wie in den ersten beiden Beispielen, beschreibt die Gliederungszahl g_j den relativen Umfang der Teilgesamtheit G_j; in diesen Fällen ist U lediglich eine Zählvariable. Im dritten Beispiel verhält es sich anders; hier beschreibt U die Höhe der Verschuldung der Gebietskörperschaften.

Eine **Beziehungszahl** beschreibt die Struktur einer Grundgesamtheit in Bezug auf zwei Merkmale. Sei G wieder eine Grundgesamtheit, die aus den J Teilgesamtheiten $G_1, \ldots, G_J$ besteht. U und V seien extensive Merkmale, die in einer sinnvollen sachlichen Verbindung zueinander stehen. Ihre Merkmalssummen („Werte") in $G_1, \ldots, G_J$ bezeichnen wir mit $u_1, \ldots, u_J$ bzw. $v_1, \ldots, v_J$. Die Merkmalssummen von U und V in G betragen dann $u = \sum_{j=1}^{J} u_j$ bzw. $v = \sum_{j=1}^{J} v_j$. Die Quotienten

$$b = \frac{u}{v} \quad \text{und} \quad b_j = \frac{u_j}{v_j}, \quad j = 1, \ldots, J,$$

heißen Beziehungszahlen für U und V in G.

Beispiele:

- *Bevölkerungsdichte (= Einwohner pro Fläche) in Deutschland und den einzelnen Bundesländern,*

- *Pro-Kopf-Einkommen (= Bruttoinlandsprodukt (BIP) pro Einwohner) in Deutschland und den einzelnen Bundesländern,*

- *Arbeitslosenquote (= Arbeitslose pro Erwerbsperson) in einem Bundesland und dessen Arbeitsamtbezirken,*

- *Staatsverschuldungsquote (= Schulden der öffentlichen Hände bezogen auf das BIP) der EU und ihrer Mitgliedsstaaten.*

Beziehungszahlen haben offensichtlich eine Benennung, nämlich

$$\frac{\text{Benennung Zähler}}{\text{Benennung Nenner}} .$$

Beispiel „Bundesländer": Die amtliche Statistik der Bundesrepublik Deutschland weist die Bevölkerung, die Fläche und das Bruttoinlandsprodukt (BIP) nach den einzelnen Bundesländern wie folgt aus (Zahlen von 2004):

Bundesland	Einw. in 1000	Fläche in km²	BIP in Mrd. €
Baden-Württemberg	10717	35752	319,43
Bayern	12444	70549	385,16
Berlin	3388	892	77,86
Brandenburg	2568	29477	45,02
Bremen	663	404	23,58
Hamburg	1735	755	78,79
Hessen	6098	21115	195,17
Mecklenburg-Vorp.	1720	23174	29,78
Niedersachsen	8001	47618	184,92
Nordrhein-Westfalen	18075	34084	481,42
Rheinland-Pfalz	4061	19847	95,39
Saarland	1056	2569	26,05
Sachsen	4296	18414	79,84
Sachsen-Anhalt	2494	20445	45,81
Schleswig-Holstein	2829	15763	66,51
Thüringen	2355	16172	42,27
Summe	82501	357030	2177,00

Aus diesen Daten berechnen wir für die 16 deutschen Bundesländer die

- *Gliederungszahlen „Bevölkerungsanteil", „Flächenanteil", „Anteil am BIP" sowie die*

- *Beziehungszahlen „Bevölkerungsdichte" und „BIP pro Kopf".*

Bundesland	Bevölkerungsanteil	Flächenanteil	Anteil am BIP
Baden-Württemberg	0,1299	0,1001	0,1467
Bayern	0,1508	0,1976	0,1769
Berlin	0,0411	0,0025	0,0358
Brandenburg	0,0311	0,0826	0,0207
Bremen	0,0080	0,0011	0,0108
Hamburg	0,0210	0,0021	0,0362
Hessen	0,0739	0,0591	0,0897
Mecklenburg-Vorp.	0,0208	0,0649	0,0137
Niedersachsen	0,0970	0,1334	0,0849
Nordrhein-Westfalen	0,2191	0,0955	0,2211
Rheinland-Pfalz	0,0492	0,0556	0,0438
Saarland	0,0128	0,0072	0,0120
Sachsen	0,0521	0,0516	0,0367
Sachsen-Anhalt	0,0302	0,0573	0,0210
Schleswig-Holstein	0,0343	0,0442	0,0306
Thüringen	0,0285	0,0453	0,0194
Summe	1	1	1

Zwischen $b = \dfrac{u}{v}$ und $b_j = \dfrac{u_j}{v_j}$, $\quad j = 1, \ldots, J$, bestehen die Beziehungen

$$b = \frac{u}{v} = \frac{\displaystyle\sum_{j=1}^{J} u_j}{v} = \sum_{j=1}^{J} \frac{v_j}{v} \frac{u_j}{v_j} = \sum_{j=1}^{J} h_j \frac{u_j}{v_j},$$

$$\boxed{b = \sum_{j=1}^{J} h_j \, b_j}$$

Man kann deshalb die Beziehungszahl $\frac{u}{v}$ als gewichtetes arithmetisches Mittel der Beziehungszahlen $\frac{u_j}{v_j}$ berechnen, wobei die Gewichte durch die Gliederungszahlen $h_j = \frac{v_j}{v}$ des Merkmals V in $G_1, \ldots, G_J$ gegeben sind.

Bundesland	Bevölkerungsdichte Einwohner pro km²	BIP pro Kopf in €
Baden-Württemberg	300	29806
Bayern	176	30951
Berlin	3798	22981
Brandenburg	87	17531
Bremen	1641	35566
Hamburg	2298	45412
Hessen	289	32006
Mecklenburg-Vorp.	74	17314
Niedersachsen	168	23112
Nordrhein-Westfalen	530	26635
Rheinland-Pfalz	205	23489
Saarland	411	24669
Sachsen	233	18585
Sachsen-Anhalt	122	18368
Schleswig-Holstein	179	23510
Thüringen	146	17949
Deutschland insgesamt	231	26388

Ferner gilt:

$$b = \left(\frac{v}{u}\right)^{-1} = \left(\frac{\sum\limits_{j=1}^{J} v_j}{u}\right)^{-1} = \left(\sum\limits_{j=1}^{J} \frac{u_j}{u} \cdot \frac{v_j}{u_j}\right)^{-1} = \left(\sum\limits_{j=1}^{J} g_j \left(\frac{u_j}{v_j}\right)^{-1}\right)^{-1}$$

$$\boxed{b = \frac{1}{\sum\limits_{j=1}^{J} g_j \frac{1}{b_j}}}$$

Daher kann die Beziehungszahl $\frac{u}{v}$ durch ein gewichtetes harmonisches Mittel der $\frac{u_j}{v_j}$ berechnet werden, wobei die Gewichte durch die Gliederungszahlen $g_j = \frac{u_j}{u}$ des Merkmals U in $G_1, \ldots, G_J$ gegeben sind.

Man beachte, dass sich $b = \frac{u}{v}$ nicht ohne weiteres aus den Werten $b_1, b_2, \ldots,$ b_J berechnen lässt. Man benötigt als Zusatzinformation entweder die Gliederungszahlen h_j von V oder die Gliederungszahlen g_j von U, jeweils für $j = 1, \ldots, J$.

Eine **Messzahl** ist der Quotient von zwei sachlich aufeinander bezogenen Maßzahlen für zwei statistische Massen. Man spricht von einer Messzahl des sachlichen, räumlichen oder zeitlichen Vergleichs je nach der Abgrenzung der statistischen Masse. Messzahlen haben keine Benennung.

Beispiele: Das

$$Geschlechterverhältnis = \frac{Männer\ in\ Deutschland\ am\ 1.1.2003}{Frauen\ in\ Deutschland\ am\ 1.1.2003}$$

ist eine Messzahl des sachlichen Vergleichs. Die

$$Einwohnerrelation = \frac{Einwohner\ von\ Deutschland\ am\ 1.1.2003}{Einwohner\ von\ Frankreich\ am\ 1.1.2003}$$

ist eine Messzahl des räumlichen Vergleichs. Der Quotient

$$\frac{Einwohner\ von\ Deutschland\ am\ 1.1.2003}{Einwohner\ von\ Deutschland\ am\ 1.1.1999}$$

ist eine Messzahl des zeitlichen Vergleichs.

4.2 Messzahlen des zeitlichen Vergleichs

Unter den Messzahlen kommt denjenigen des zeitlichen Vergleichs eine besondere Bedeutung zu. Ausgangspunkt ist die zeitlich geordnete Folge von Werten $x_{t_0}, x_{t_1}, \ldots, x_{t_T}$ (kurz x_t, $t = t_0, t_1, \ldots, t_T$) eines mindestens verhältnisskalierten Merkmals X in einer Gesamtheit. Eine solche Folge nennt man eine **Zeitreihe**. Der Index t bezeichnet die **Zeit**. Bei Bestandsgrößen ist die Zeit ein **Zeitpunkt**, bei Bewegungsgrößen ein **Zeitraum**.

Beispiele für Zeitreihen:

- *Bruttoinlandsprodukt in Deutschland im Jahre t*

- *Arbeitslosenzahl in Deutschland am Ende des Monats t*

- *Preis eines bestimmten Gutes zur Mitte des Monats t*

Wenn aufeinander folgende Zeitpunkte jeweils den gleichen Abstand besitzen bzw. (im Fall von Bewegungsgrößen) aufeinander folgende Zeiträume gleich lang sind, nennt man die **Zeiten äquidistant** und schreibt einfach $t = 0, 1, \ldots, T$ statt $t = t_0, t_1, \ldots, t_T$.

Wir betrachten zunächst **Messzahlen mit fester Basiszeit**. Sei s eine bestimmte Basiszeit, $s \in \{t_0, t_1, \ldots, t_T\}$. Die Messzahl für die Berichtszeit t, $t = t_0, t_1, \ldots, t_T$, zur Basiszeit s ist definiert als

$$m_{s,t} = \frac{x_t}{x_s} \,.$$

Als Basiszeit wählt man häufig $s = t_0$. Für beliebige Zeiten s und t gilt

$$m_{t,t} = 1\,,$$
$$m_{s,t} = \frac{1}{m_{t,s}}\,.$$

4.2.1 Umbasierung und Verkettung von Messzahlen

Unter **Umbasierung** versteht man den Übergang von einer Messzahl mit Basiszeit s zu einer Messzahl mit anderer Basiszeit $r \in \{t_0, t_1, \ldots, t_T\}$. Es ist

$$m_{r,t} = \frac{x_t}{x_r} = \frac{\frac{x_t}{x_s}}{\frac{x_r}{x_s}} = \frac{m_{s,t}}{m_{s,r}}\,, \quad t = t_0, t_1, \ldots, t_T\,.$$

Hieraus folgt unmittelbar die Formel für die **Zirkularität** von Messzahlen

$$m_{s,t} = m_{s,r} \cdot m_{r,t} \,.$$

Mit diesen Formeln lässt sich leicht das folgende **Verkettungsproblem** lösen. Für eine Zeitreihe mit äquidistanten Zeiten, $x_0, x_1, \ldots, x_T$, seien zwei Folgen von Messzahlen zur Basiszeit 0 bzw. zur Basiszeit s gegeben:

$$m_{0,t} \quad \text{für } t = 0, 1, \ldots, s$$
$$m_{s,t} \quad \text{für } t = s, s+1, \ldots, T$$

Gesucht ist *eine* durchgehende Folge von Messzahlen zur Basiszeit 0 und eine ebensolche zur Basiszeit s. Für die Basiszeit 0 erhält man

$$m_{0,t} = \begin{cases} m_{0,t}\,, & t = 0, 1, \ldots, s\,, \\ m_{0,s} \cdot m_{s,t}\,, & t = s+1, s+2, \ldots, T\,, \end{cases}$$

und für die Basiszeit s

$$m_{s,t} = \begin{cases} \frac{m_{0,t}}{m_{0,s}}\,, & t = 0, 1, \ldots, s-1\,, \\ m_{s,t}\,, & t = s, s+1, \ldots, T\,. \end{cases}$$

Zahlenbeispiel für die Verkettung zweier Folgen von Messzahlen: Für eine Zeitreihe sind die Messzahlen

$$m_{0,t} \quad \text{für } t = 0, 1, 2, 3$$

und

$$m_{3,t} \quad \text{für } t = 3, 4, 5, 6$$

wie folgt gegeben:

t	0	1	2	3	4	5	6
$m_{0,t}$	1	1,4	1,3	1,7			
$m_{3,t}$				1	0,8	0,9	1,1

Durch Verkettung der Messzahlen lässt sich die Tabelle wie folgt vervollständigen:

t	0	1	2	3	4	5	6
$m_{0,t}$	1	1,4	1,3	1,7	*1,36*	*1,53*	*1,87*
$m_{3,t}$	*0,59*	*0,82*	*0,76*	1	0,8	0,9	1,1

4.2.2   Zuwachsraten und Zuwachsfaktoren

Im Folgenden nehmen wir an, dass die Zeiten äquidistant sind und betrachten eine Zeitreihe der Form

$$x_t, \quad t = 0, 1, \ldots, T.$$

Die Messzahlen des zeitlichen Vergleichs von einer Zeit s auf eine Zeit t,

$$\boxed{m_{s,t} = \frac{x_t}{x_s},}$$

heißen auch **Zuwachsfaktoren**. Die absolute Änderung $x_t - x_s$ bezogen auf den Wert zur Zeit s,

$$\boxed{w_{s,t} = \frac{x_t - x_s}{x_s} = m_{s,t} - 1,}$$

bezeichnet man als **Zuwachsrate**.

Beim Vergleich zwischen benachbarten Perioden kann man die etwas umständliche Notation mit zweifachen Indizes vermeiden, indem man kurz

$$m_t = m_{t-1,t} \quad \text{und} \quad w_t = w_{t-1,t}$$

schreibt. Zuwachsfaktoren und Zuwachsraten werden auch **Wachstumsfaktoren** bzw. **Wachstumsraten** genannt. Sie werden häufig in Prozent angegeben. Es gilt

$$x_t = m_{t-1,t} \cdot x_{t-1},$$
$$x_t - x_{t-1} = w_{t-1,t} \cdot x_{t-1}.$$

Der Wachstumsfaktor ist also die Zahl, mit der man einen Merkmalswert multipliziert, um den nächsten Merkmalswert zu erhalten, während die zugehörige Wachstumsrate den relativen Zuwachs angibt.

Beispiel „Bargeldumlauf": Der Bargeldumlauf in Deutschland in den Jahren 1992 bis 2001 ist der folgenden Tabelle zu entnehmen. Berechnet wurden die einjährigen Zuwachsfaktoren und Zuwachsraten:

Jahr	Bargeldumlauf in Mio. DM	Zuwachsfaktor	Zuwachsrate in %
1992	227285		
1993	238641	1,04996	4,996
1994	250907	1,05140	5,140
1995	263510	1,05023	5,023
1996	275744	1,04643	4,643
1997	276242	1,00181	0,181
1998	270981	0,98096	−1,904
1999	289972	1,07008	7,008
2000	278143	0,95921	−4,079
2001	162205	0,58317	−41,683

Quelle: Geschäftsberichte der Deutschen Bundesbank.

Die Zuwachsrate im Jahr 2001 war stark negativ. Offenbar wurden in Erwartung des Euro Bargeldbestände abgebaut.

Als **durchschnittlichen Zuwachsfaktor** von der Zeit 0 bis zur Zeit T bezeichnet man das geometrische Mittel der einperiodigen Zuwachsfaktoren,

$$\overline{m}_G = \sqrt[T]{m_{0,1} \cdot m_{1,2} \cdot \ldots \cdot m_{T-1,T}} = \sqrt[T]{\prod_{t=1}^{T} m_{t-1,t}} \cdot$$

Es gilt

$$\overline{m}_G = \sqrt[T]{\prod_{t=1}^{T} \frac{x_t}{x_{t-1}}} = \sqrt[T]{\frac{x_T}{x_0}}.$$

Man sieht, dass der durchschnittliche Zuwachsfaktor $\overline{m}_G$ nur von x_0 und x_T abhängt, nicht jedoch von den zeitlich dazwischen liegenden Werten $x_1, \ldots,$ x_{T-1}. Der durchschnittliche Zuwachsfaktor hat die folgende Eigenschaft: Wenn x_0 mit der durchschnittlichen Zuwachsrate wächst, so ergibt sich nach T Perioden der Wert x_T, also:

$$
\begin{aligned}
t &= 0 & x_0 \\
t &= 1 & x_0\,\overline{m}_G \\
t &= 2 & x_0\,\overline{m}_G{}^2 \\
&\vdots & \vdots \\
t &= T-1 & x_0\,\overline{m}_G{}^{T-1} \\
t &= T & x_0\,\overline{m}_G{}^T = x_0 \left(\sqrt[T]{\frac{x_T}{x_0}} \right)^T = x_0\,\frac{x_T}{x_0} = x_T
\end{aligned}
$$

Durchschnittliche Zuwachsrate von der Zeit 0 bis zur Zeit T nennt man den um eins verminderten durchschnittlichen Zuwachsfaktor,

$$\overline{w} = \overline{m}_G - 1 = \sqrt[T]{\frac{x_T}{x_0}} - 1.$$

Beispiel „Kapitalkonto": Ein Kapitalkonto werde T Jahre lang jährlich verzinst, und zwar zu unterschiedlichen Zinssätzen (in Prozent) von $p_1, p_2, \ldots,$ p_T. Dann ist $w_{t-1,t} = \frac{p_t}{100}$ und $100\overline{w}$ gleich dem durchschnittlichen Zinssatz in Prozent.

Beispiel „Bevölkerung USA": Die Bevölkerung der Vereinigten Staaten von Amerika hat sich in den Jahren 1960 bis 2000 wie folgt entwickelt:

Jahr	Bevölkerung in Tausend	Durchschnittlicher Zuwachsfaktor im 10-Jahreszeitraum	Durchschnittliche Zuwachsrate in %
1960	180 671		
1970	205 052	1,0127	1,27
1980	227 757	1,0106	1,06
1990	249 924	1,0093	0,93
2000	281 422	1,0119	1,19

Die durchschnittliche jährliche Zuwachsrate von 1960 bis 2000 beträgt in Prozent

$$\left(\sqrt[40]{\frac{281\,422}{180\,671}} - 1 \right) \cdot 100\% = 1,1141\%.$$

Sie lässt sich auch aus den in der Tabelle gegebenen Zehnjahres-Zuwachsfaktoren berechnen, denn für den durchschnittlichen jährlichen Zuwachsfaktor von 1960 bis 2000 gilt

$$
\begin{aligned}
\overline{m}_{G,1960\text{ bis }2000} &= \sqrt[40]{1,0127^{10} \cdot 1,0106^{10} \cdot 1,0093^{10} \cdot 1,0119^{10}} \\
&= 1,011141.
\end{aligned}
$$

Hieraus erhält man die durchschnittliche jährliche Zuwachsrate als

$$(\overline{m}_{G,1960\text{ bis }2000} - 1) \cdot 100\% = 1,1141\%.$$

4.2.3 Logarithmische Zuwachsraten

Bei manchen Anwendungen, etwa bei der Analyse von Aktienkursen, wird statt der Zuwachsrate $w_{s,t}$ die logarithmische Zuwachsrate

$$\boxed{r_{s,t} = \ln\left(\frac{x_t}{x_s}\right) = \ln x_t - \ln x_s}$$

betrachtet. Es gilt dann

$$x_t = x_s e^{r_{s,t}}.$$

Wenn die Differenz zwischen x_s und x_t gering ist, kann $w_{s,t}$ approximativ anstelle von $r_{s,t}$ verwendet werden. Es gilt nämlich in erster Näherung

$$r_{s,t} = \ln\left(\frac{x_t}{x_s}\right) \approx \frac{x_t - x_s}{x_s} = w_{s,t}.$$

Der Hauptvorteil der logarithmischen Zuwachsraten besteht darin, dass sie sich über mehrere Perioden addieren lassen. Sind für die Perioden $1, 2, \ldots, T$ die einperiodigen logarithmischen Zuwachsraten $r_{0,1}, r_{1,2}, \ldots, r_{T-1,T}$ bekannt, so erhält man die logarithmische Zuwachsrate von 0 bis T wie folgt:

$$r_{0,T} = \ln x_T - \ln x_0 = \sum_{t=1}^{T} (\ln x_t - \ln x_{t-1}) = \sum_{t=1}^{T} r_{t-1,t}$$

Die logarithmische Zuwachsrate $r_{0,T}$ ist also die Summe der einperiodigen Zuwachsraten $r_t, t = 1, \ldots, T$. Die durchschnittliche logarithmische Zuwachsrate $\overline{r}$ für den Zeitraum von 0 bis T ergibt sich als arithmetisches Mittel,

$$\overline{r} = \frac{1}{T} \sum_{t=1}^{T} r_t = \frac{1}{T} r_{0,T}.$$

Mit logarithmischen Zuwachsraten lässt sich offenbar bequemer rechnen als mit gewöhnlichen Zuwachsraten. Für die einperiodige logarithmische Zuwachsrate gilt die Gleichung

$$x_t = x_{t-1} \, e^{r_{t-1,t}}.$$

In der Finanzmathematik lässt sie sich als stetige Verzinsung eines Kapitals interpretieren: Das Anfangskapital x_{t-1} zum Zeitpunkt $t-1$ wird bis zum Zeitpunkt t stetig mit der Rate $r_{t-1,t}$ verzinst. Demgegenüber gilt für die gewöhnliche Zuwachsrate die Gleichung

$$x_t = x_{t-1} \cdot w_{t-1,t}.$$

Sie beschreibt eine diskrete Verzinsung. Ist die gewöhnliche Zuwachsrate $w_{t-1,t}$ für alle Perioden t konstant, so wächst x_t mit konstantem Faktor, d.h. linear. Ist die logarithmische Zuwachsrate $r_{t-1,t}$ für alle Perioden t konstant, so wächst x_t exponentiell. Lineares und exponentielles Wachstum einer Zeitreihe werden wir im Kapitel 6 näher untersuchen.

Beispiel „Börsenkurs": Während einer Woche (fünf Börsentage) wurde der Kurs einer bestimmten Aktie notiert. Die folgende Tabelle enthält den Kurs x_t, $t = 0, \ldots, 4$, sowie die daraus berechneten gewöhnlichen und logarithmischen Zuwachsraten.

Börsentag t	Kurs x_t in €	$w_{t-1,t}$	$r_{t-1,t}$
Mo $\quad t = 0$	33		
Di $\quad t = 1$	40	0,2121	0,1924
Mi $\quad t = 2$	51	0,2750	0,2429
Do $\quad t = 3$	55	0,0784	0,0755
Fr $\quad t = 4$	35	-0,3636	-0,4520

Von Montag auf Freitag ergibt sich aus der Tabelle die logarithmische Zuwachsrate $r_{0,4} = 0,0588$. Als durchschnittliche logarithmische Zuwachsrate pro Tag erhält man $\bar{r} = 0,0147$, d.h. 1,47 Prozent. Demgegenüber beträgt die gewöhnliche Zuwachsrate von Montag auf Freitag

$$w_{0,4} = \frac{35}{33} - 1 = 0,0606 \, ;$$

die durchschnittliche Zuwachsrate ist

$$\overline{w} = \sqrt[4]{\frac{35}{33}} - 1 = 0,0148 \, ,$$

das sind 1,48 Prozent.

4.3 Indexzahlen

Mit Messzahlen lässt sich die zeitliche Veränderung einer bestimmten ökonomischen Größe darstellen. Häufig stellt sich jedoch die Aufgabe, die zeitliche Veränderung mehrerer Größen zugleich zu beschreiben. Zum Beispiel soll gemessen werden, wie sich die Preise für Güter des privaten Konsums von einem Jahr auf das folgende entwickelt haben. Nun besteht der private Konsum aus einer Vielzahl von Waren und Dienstleistungen, die durchaus unterschiedliche Preisänderungen erfahren. Während etwa die Preise für elektronische Geräte eher sinken, steigen die Preise für manche Lebensmittel und Dienstleistungen von Jahr zu Jahr an. Für jedes Gut, das konsumiert wird, wird die Preisänderung im betrachteten Zeitraum durch eine eigene Messzahl beschrieben. Das Problem besteht darin, diese **Messzahlen** zu einer einzigen Zahl, einer so genannten **Indexzahl**, zu **aggregieren**. Es liegt nahe, die Indexzahl als gewichteten Mittelwert der einzelnen Messzahlen anzusetzen. Im Fall der Konsumgüterpreise werden die Gewichte nach den wertmäßigen Anteilen der einzelnen Güter am Konsum bemessen.

Allgemein interessiert man sich nicht nur für die Änderung der Preise verschiedener Güter nach ihrer wertmäßigen Bedeutung, sondern auch für die Änderung von zu bestimmten Preisen gehandelten Gütermengen sowie für die Änderung von den sich als Produkt aus Preis und Menge ergebenden Werten.

Im Folgenden betrachten wir einen so genannten **Warenkorb**, das ist eine Kollektion von bestimmten Gütern, und setzen voraus, dass für jedes dieser Güter ein Preis und eine Menge gegeben sind, und zwar zu mindestens zwei verschiedenen Zeiten. Bezeichne n die Anzahl der Güter im Warenkorb,

$$p_t(i) \qquad \text{den Preis des Gutes } i \text{ zur Zeit } t,$$
$$q_t(i) \qquad \text{die Menge des Gutes } i \text{ zur Zeit } t,$$
$$v_t(i) = p_t(i) \cdot q_t(i) \quad \text{den Wert des Gutes } i \text{ zur Zeit } t,$$

für $i = 1, \ldots, n$ und die gegebenen Zeiten t. Die drei Größen sind jeweils benannt: Die Preise haben die Benennung $\frac{\text{Geldeinheit}}{\text{Mengeneinheit}}$, die Mengen die Benennung Mengeneinheit, die Werte die Benennung Geldeinheit.

Betrachtet werden zwei Zeitpunkte (oder -perioden), die **Berichtszeit** und **Basiszeit** genannt werden. Der Einfachheit halber wird die Basiszeit mit 0, die Berichtszeit mit t bezeichnet. Wir wollen die Änderungen der Preise, der Mengen und der Werte für den gesamten Warenkorb beschreiben, die sich zur Berichtszeit gegenüber der Basiszeit ergeben haben. Für jedes einzelne

Gut i werden diese Änderungen durch drei Messzahlen beschrieben,

$$\frac{p_t(i)}{p_0(i)} \qquad \text{Preismesszahl für das Gut } i\,,$$

$$\frac{q_t(i)}{q_0(i)} \qquad \text{Mengenmesszahl für das Gut } i\,,$$

$$\frac{v_t(i)}{v_0(i)} \qquad \text{Wertmesszahl für das Gut } i\,.$$

Offenbar ist die Wertmesszahl das Produkt der Preis- und der Mengenmesszahl:

$$\frac{v_t(i)}{v_0(i)} = \frac{p_t(i)\,q_t(i)}{p_0(i)\,q_0(i)} = \underbrace{\frac{p_t(i)}{p_0(i)}}_{\text{Preismesszahl}} \cdot \underbrace{\frac{q_t(i)}{q_0(i)}}_{\text{Mengenmesszahl}}$$

Die Änderungen für die Güter des Warenkorbs werden also durch insgesamt $3 \cdot n$ Messzahlen dargestellt. Da diese Darstellung jedoch zu unübersichtlich und unpraktikabel ist, sucht man die gesamte Änderung der Preise, Mengen und Werte jeweils durch eine einzige Zahl zu charakterisieren. Im Folgenden wollen wir die Preis-, Mengen- und Wertveränderung des gesamten Warenkorbs mit Hilfe geeigneter **Indexzahlen** messen. Eine solche Indexzahl, auch kurz **Index** genannt, ist ein spezieller Mittelwert von Messzahlen.

4.3.1 Preisindizes

In diesem Abschnitt werden Indexzahlen zur Messung der Preisentwicklung (von der Basiszeit 0 zur Berichtszeit t) dargestellt. Sie beziehen sich auf die Güter eines festgelegten Warenkorbs.

- **Preisindex vom Typ Laspeyres** (Etienne Laspeyres, 1864):

$$I^p_{La;0,t} = \sum_{i=1}^{n} \frac{p_t(i)}{p_0(i)} \cdot \frac{p_0(i)q_0(i)}{\sum\limits_{j=1}^{n} p_0(j)q_0(j)}$$

Dies ist die so genannte **Mittelwertform** des Preisindexes von Laspeyres. $I^p_{La;0,t}$ ist ein gewichtetes arithmetisches Mittel der Preismesszahlen

$$\frac{p_t(i)}{p_0(i)}\,, \qquad i = 1, \dots, n\,,$$

wobei die Gewichte durch die Ausgabenanteile in der Basiszeit 0

$$\frac{p_0(i)q_0(i)}{\sum\limits_{j=1}^{n} p_0(j)q_0(j)}\,, \qquad i = 1, \dots, n\,,$$

der Güter gegeben sind. Die Gewichte nennt man auch das **Wägungs-schema** des Indexes. Wenn Basiszeit und Berichtszeit feststehen, schreibt man statt $I^p_{La;0,t}$ kürzer I^p_{La}.

Aus der Mittelwertform ergibt sich durch Kürzen von $p_0(i)$ die **Aggregatform** des Indexes. Es ist

$$I^p_{La;0,t} = \frac{\sum\limits_{i=1}^{n} p_t(i)q_0(i)}{\sum\limits_{i=1}^{n} p_0(i)q_0(i)}.$$

Beim Preisindex nach Laspeyres werden die Preise der Basis- und der Berichtszeit mit den Mengen der Basiszeit gewichtet. Man sagt auch, das **Mengenschema** stamme aus der **Basiszeit**. Im Nenner steht eine echte Wertgröße, nämlich die Ausgaben für die Güter des Warenkorbs zur Basiszeit. Im Zähler steht eine fiktive Wertgröße, nämlich die Ausgaben für den Warenkorb mit Preisen der Berichtszeit und Mengen der Basiszeit. I^p_{La} ist ohne Benennung, da sich die Benennungen des Zählers und des Nenners herauskürzen.

- **Preisindex vom Typ Paasche** (Hermann Paasche, 1871):

$$I^p_{Pa;0,t} = \frac{1}{\sum\limits_{i=1}^{n} \frac{1}{\frac{p_t(i)}{p_0(i)}} \cdot \frac{p_t(i)q_t(i)}{\sum\limits_{j=1}^{n} p_t(j)q_t(j)}}$$

lautet der Preisindex nach Paasche für die Basiszeit 0 und die Berichtszeit t. (Wenn Basiszeit und Berichtszeit feststehen, schreibt man auch kurz I^p_{Pa}.) Dies ist die Mittelwertform des Paasche-Indexes. Sie stellt ein gewichtetes harmonisches Mittel der Preismesszahlen

$$\frac{p_t(i)}{p_0(i)}, \qquad i = 1,\ldots,n,$$

der verschiedenen Güter dar, wobei die Gewichte durch die Ausgabenanteile

$$\frac{p_t(i)q_t(i)}{\sum\limits_{j=1}^{n} p_t(j)q_t(j)}, \qquad i = 1,\ldots,n,$$

der Güter in der Berichtszeit gegeben sind. Aus der Mittelwertform folgt durch Kürzen und Umformen des Doppelbruchs die Aggregatform des Indexes:

$$I^p_{Pa;0,t} = \frac{\sum\limits_{i=1}^{n} p_t(i)q_t(i)}{\sum\limits_{i=1}^{n} p_0(i)q_t(i)}$$

Beim Preisindex nach Paasche werden die Preise der Basis- und Berichtszeit mit den Mengen der Berichtszeit gewichtet. Das **Mengenschema** stammt also aus der **Berichtszeit**. Im Zähler steht eine echte Wertgröße, nämlich die Ausgaben für den Warenkorb zur Berichtszeit. Im Nenner steht eine fiktive Wertgröße, da die Preise der Basiszeit mit den Mengen der Berichtszeit gewichtet werden. Ebenso wie der Index nach Laspeyres hat der Paasche-Index deshalb keine Benennung.

Beispiel „Preisindex": Die Preise (in GE) und Mengen (in ME) eines Warenkorbes mit $n = 3$ Gütern zur Basiszeit $t = 0$ und Berichtszeit $t = 1$ entnehme man der folgenden Tabelle:

Gut	*Basiszeit $t = 0$*		*Berichtszeit $t = 1$*	
i	$p_0(i)$	$q_0(i)$	$p_1(i)$	$q_1(i)$
1	14,30	2,20	14,70	1,80
2	1,19	8,00	1,05	18,00
3	0,94	18,00	0,99	14,00

Die Preisindexzahlen nach Laspeyres und Paasche lassen sich hieraus am einfachsten in der Aggregatform berechnen. Arbeitstabelle:

i	$p_1(i)q_0(i)$	$p_0(i)q_0(i)$	$p_1(i)q_1(i)$	$p_0(i)q_1(i)$
1	32,3400	31,4600	26,4600	25,7400
2	8,4000	9,5200	18,9000	21,4200
3	17,8200	16,9200	13,8600	13,1600
Σ	58,5600	57,9000	59,2200	60,3200

Es ergibt sich

$$I^p_{La;0,1} = \frac{58,5600}{57,9000} = 1,0114\,.$$

Der Preisindex nach Laspeyres zeigt eine Preiserhöhung von $1,14\%$ an; die Preise für die drei Güter des Warenkorbs sind demnach um durchschnittlich

1,14% gestiegen. Weiter ist

$$I^p_{Pa;0,1} = \frac{59,2200}{60,3200} = 0,9818 \,.$$

Der Preisindex nach Paasche weist eine Preisveränderung von $-1,82\%$ *aus, das ist eine Preissenkung von* $1,82\%$.

Wie dieses Zahlenbeispiel zeigt, können die Indizes nach Laspeyres und Paasche – je nach der Art der Veränderung von Preisen und Mengen der Güter – die Preisveränderung des Warenkorbes sehr unterschiedlich anzeigen. Die Frage, wann $I^p_{Pa;0,t} < I^p_{La;0,t}$ gilt und wann das Umgekehrte, lässt sich mit etwas Mathematik analysieren. Man kann zeigen, dass $I^p_{Pa;0,t} < I^p_{La;0,t}$ genau dann gilt, wenn

die Folge der Preismesszahlen $\dfrac{p_t(i)}{p_0(i)}$ für $i = 1, \ldots, n$,

und

die Folge der Mengenmesszahlen $\dfrac{q_t(i)}{q_0(i)}$ für $i = 1, \ldots, n$,

„negativ korreliert" sind, d.h. wenn den Preissteigerungen überwiegend Mengenreduktionen entsprechen und den Preisreduktionen überwiegend Mengensteigerungen. Zum Begriff der Korrelation siehe Kapitel 5.

Unser Beispiel „Preisindex" stellt gerade einen Fall negativ korrelierter Preise und Mengen dar: Bei den Gütern 1 und 3 sind die Preismesszahlen größer als eins, die Mengenmesszahlen kleiner als eins. Bei Gut 2 ist die Preismesszahl kleiner als eins, die Mengenmesszahl größer eins.

- **Preisindex vom Typ Fisher** (Irving Fisher, 1922):

  Neben den Preisindizes nach Laspeyres und Paasche ist vor allem der Preisindex nach Fisher von Interesse. Seine Definition lautet

$$\boxed{\; I^p_{Fi;0,t} = \sqrt{I^p_{La;0,t} \cdot I^p_{Pa;0,t}} \; \cdot}$$

Der Preisindex nach Fisher ist das geometrische Mittel aus den Preisindizes nach Laspeyres und Paasche. Offensichtlich ist

$$\min\left\{ I^p_{La;0,t}, I^p_{Pa;0,t} \right\} \leq I^p_{Fi;0,t} \leq \max\left\{ I^p_{La;0,t}, I^p_{Pa;0,t} \right\} \,.$$

Im obigen Zahlenbeispiel „Preisindex" gilt

$$I^p_{Fi;0,1} = \sqrt{1,0114 \cdot 0,9818} = 0,9965 \,.$$

Der Preisindex von Fischer weist hier eine Reduktion der Preise der Güter des Warenkorbs um $0,35\%$ *aus.*

4.3.2 Mengenindizes

In diesem Abschnitt sollen Indexzahlen zur Messung der Mengenentwicklung der Güter eines Warenkorbs vorgestellt werden. Die Basiszeit ist wiederum 0, die Berichtszeit t.

- **Mengenindex vom Typ Laspeyres**

  Es sind

$$I_{La;\,0,t}^{q} = \sum_{i=1}^{n} \frac{q_t\,(i)}{q_0\,(i)} \cdot \frac{p_0\,(i)\,q_0\,(i)}{\displaystyle\sum_{j=1}^{n} p_0\,(j)\,q_0\,(j)}$$

und

$$I_{La;\,0,t}^{q} = \frac{\displaystyle\sum_{i=1}^{n} q_t\,(i)\,p_0\,(i)}{\displaystyle\sum_{i=1}^{n} q_0\,(i)\,p_0\,(i)}$$

die Mittelwert- bzw. Aggregatform des Mengenindexes nach Laspeyres, wobei

$$\frac{q_t\,(i)}{q_0\,(i)}, \qquad i = 1, \ldots, n\,,$$

die Mengenmesszahl und

$$\frac{p_0\,(i)\,q_0\,(i)}{\displaystyle\sum_{j=1}^{n} p_0\,(j)\,q_0\,(j)}, \qquad i = 1, \ldots, n\,,$$

den Ausgabenanteil des i-ten Gutes zur Basiszeit bezeichnet. Diese Formeln sind denen des Laspeyres-Preisindexes sehr ähnlich. Formal erhält man aus einem Laspeyres-Preisindex einen Laspeyres-Mengenindex, indem man die Rollen der Preise p und Mengen q vertauscht; umgekehrt gilt das Gleiche. Die beiden Formen des Indexes lassen sich analog denen des Preisindexes vom Typ Laspeyres interpretieren.

- **Mengenindex vom Typ Paasche**

  Es sind

$$I_{Pa;0,t}^{q} = \frac{1}{\displaystyle\sum_{i=1}^{n} \frac{1}{\frac{q_t(i)}{q_0(i)}} \cdot \frac{p_t(i)q_t(i)}{\displaystyle\sum_{j=1}^{n} p_t(j)q_t(j)}}$$

und

$$I_{Pa;0,t}^{q} = \frac{\sum\limits_{i=1}^{n} q_t(i)p_t(i)}{\sum\limits_{i=1}^{n} q_0(i)p_t(i)}$$

die Mittelwert- bzw. Aggregatform des Mengenindexes nach Paasche.

- **Mengenindex vom Typ Fisher**

  Es ist

  $$I_{Fi;0,t}^{q} = \sqrt{I_{La;0,t}^{q} \cdot I_{Pa;0,t}^{q}} \cdot$$

Im Zahlenbeispiel „Preisindex" ergibt sich :

$$
\begin{aligned}
I_{La;0,1}^{q} &= \frac{1,80 \cdot 14,30 + 18,00 \cdot 1,19 + 14,00 \cdot 0,94}{2,20 \cdot 14,30 + 8,00 \cdot 1,19 + 18,00 \cdot 0,94} = \frac{60,32}{57,90} = 1,0418 , \\
I_{Pa;0,1}^{q} &= \frac{59,22}{58,56} = 1,0113 , \\
I_{Fi;0,1}^{q} &= \sqrt{1,0418 \cdot 1,0113} = 1,0264 .
\end{aligned}
$$

4.3.3 Wertindizes

Während die Definition von Preis-und Mengenindizes viele formale und inhaltliche Fragen aufwirft, ist die Definition eines Wertindexes vergleichsweise unproblematisch. Offensichtlich ist

$$\sum_{i=1}^{n} v_0(i) = \sum_{i=1}^{n} p_0(i)q_0(i),$$

bzw.

$$\sum_{i=1}^{n} v_t(i) = \sum_{i=1}^{n} p_t(i)q_t(i)$$

der Wert des gesamten Warenkorbs zur Basis- bzw. zur Berichtszeit. Ein geeigneter Wertindex ist deshalb

$$I_{0,t}^{v} = \frac{\sum\limits_{i=1}^{n} v_t(i)}{\sum\limits_{i=1}^{n} v_0(i)} = \frac{\sum\limits_{i=1}^{n} p_t(i)q_t(i)}{\sum\limits_{i=1}^{n} p_0(i)q_0(i)} ,$$

der auch als Messzahl der beiden oben definierten Wertgrößen aufgefasst werden kann.

Wertindizes vom Typ Laspeyres, Paasche oder Fisher bringen demgegenüber nichts Neues, denn für

$$I_{La;0,t}^v = \sum_{i=1}^n \frac{v_t(i)}{v_0(i)} \cdot \frac{v_0(i)}{\sum\limits_{j=1}^n v_0(j)}$$

bzw.

$$I_{Pa;0,t}^v = \frac{1}{\sum\limits_{i=1}^n \frac{1}{\frac{v_t(i)}{v_0(i)}} \cdot \frac{v_t(i)}{\sum\limits_{j=1}^n v_t(j)}}$$

gilt

$$I_{La;0,t}^v = I_{Pa;0,t}^v = I_{Fi;0,t}^v = I_{0,t}^v \ .$$

Im Zahlenbeispiel „Preisindex" erhält man

$$I_{0,1}^v = \frac{14,70 \cdot 1,80 + 1,05 \cdot 18,00 + 0,99 \cdot 14,00}{14,30 \cdot 2,20 + 1,19 \cdot 8,00 + 0,94 \cdot 18,00} = \frac{59,22}{57,90} = 1,0228 \ .$$

Wie man aus

$$\begin{aligned} I_{0,t}^v &= \frac{\sum\limits_{i=1}^n p_t(i)\, q_t(i)}{\sum\limits_{i=1}^n p_0(i)\, q_0(i)} \\[2mm] &= \frac{\sum\limits_{i=1}^n p_t(i)\, q_t(i)}{\sum\limits_{i=1}^n p_0(i)\, q_t(i)} \cdot \frac{\sum\limits_{i=1}^n p_0(i)\, q_t(i)}{\sum\limits_{i=1}^n p_0(i)\, q_0(i)} \\[2mm] &= I_{Pa;\, 0,t}^p \cdot I_{La;\, 0,t}^q \end{aligned}$$

ersieht, lässt sich der Wertindex als Produkt eines Preisindexes vom Typ Paasche und eines Mengenindexes vom Typ Laspeyres schreiben. Analog kann man zeigen, dass auch

$$I_{0,t}^v = I_{La;\, 0,t}^p \cdot I_{Pa;0,t}^q$$

gilt. Aus diesen Beziehungen folgt sofort

$$I_{0,t}^v = I_{Fi;\, 0,t}^p \cdot I_{Fi;\, 0,t}^q \ .$$

Beispiel „privater Haushalt": Aus den Wirtschaftsrechnungen eines privaten Haushalts seien folgende Daten über Konsumausgaben (in Euro) und konsumierte Mengen (in Mengeneinheiten) für zwei Warengruppen bekannt:

	Ware	Ausgaben		Mengen	
		1998	2001	1998	2001
Gruppe 1	A	75	90	5	9
	B	120	140	10	7
Gruppe 2	C	85	75	•	•
	D	20	15	•	•

Außerdem sei für die Warengruppe 2 für 2001 bekannt, dass der Preisindex nach Laspeyres gegenüber dem Basisjahr 1998 um 20 Prozent gestiegen ist. Im Folgenden sei die Berichtszeit das Jahr 2001, die Basiszeit 1998.

Wir wollen zunächst die verschiedenen Preisindizes der Warengruppe 1 berechnen. In obiger Tabelle sind Ausgaben angegeben, daraus berechnen wir die Preise durch $p_t^{(1)}(1) = \frac{90}{9} = 10$ *und* $p_t^{(1)}(2) = \frac{140}{7} = 20$. *Daraus ergibt sich*

$$I_{La;0,t}^{p(1)} = \frac{10 \cdot 5 + 20 \cdot 10}{75 + 120} = \frac{250}{195} = 1,2821.$$

Der Preisindex vom Typ Paasche berechnet sich wegen $p_0^{(1)}(1) = \frac{75}{5} = 15$ *und* $p_0^{(1)}(2) = \frac{120}{10} = 12$ *zu*

$$I_{Pa;0,t}^{p(1)} = \frac{90 + 140}{15 \cdot 9 + 12 \cdot 7} = \frac{230}{219} = 1,0502.$$

Somit erhält man für den Preisindex vom Typ Fisher der Warengruppe 1

$$I_{Fi;0,t}^{p(1)} = \sqrt{1,2821 \cdot 1,0502} = 1,1604.$$

4.3.4 Aggregation von Subindizes

Ein Warenkorb, der n Güter enthält, werde in J Teilwarenkörbe zerlegt. Wir bezeichnen die Güter des gesamten Warenkorbs mit ihren Nummern $1, 2, \ldots, n$, den Warenkorb mit $T = \{1, 2, \ldots, n\}$ und die Teilwarenkörbe mit T_j, $j = 1, 2, \ldots, J$. Dann stellt $T_1, T_2, \ldots, T_J$ eine Zerlegung von T dar.

Wie hängen nun bestimmte Indizes, die für die Teilwarenkörbe berechnet wurden (so genannte **Subindizes**), mit dem Index zusammen, der für den gesamten Warenkorb berechnet wurde?

Bei den diesbezüglichen Formeln muss lediglich danach unterschieden werden, ob es sich um einen Index vom Typ Laspeyres oder Paasche handelt. Ansonsten gelten die Formeln in gleicher Weise für Preis-, Mengen- und Wertindizes. Es seien

$$I_{La;0,t}^{(1)}, I_{La;0,t}^{(2)}, \ldots, I_{La;0,t}^{(J)}$$

und

$$I_{Pa;0,t}^{(1)}, I_{Pa;0,t}^{(2)}, \ldots, I_{Pa;0,t}^{(J)}$$

Subindizes und $I_{La;0,t}$ bzw. $I_{Pa;0,t}$ der Gesamtindex (jeweils vom Typ Laspeyres bzw. Paasche) zur Basiszeit 0 und Berichtszeit t. Weiterhin seien

$$v_0^{(j)} = \sum_{i \epsilon T_j} p_0(i) q_0(i), \qquad j = 1, \ldots, J,$$

und

$$v_t^{(j)} = \sum_{i \epsilon T_j} p_t(i) q_t(i), \qquad j = 1, \ldots, J,$$

die Werte der Teilwarenkörbe zur Basiszeit 0 bzw. zur Berichtszeit t. Für die Gesamtindizes vom Typ Laspeyres und Paasche gilt dann

$$\boxed{I_{La} = \sum_{j=1}^{J} I_{La}^{(j)} \frac{v_0^{(j)}}{\sum\limits_{r=1}^{J} v_0^{(r)}}}$$

bzw.

$$\boxed{I_{Pa} = \frac{1}{\sum\limits_{j=1}^{J} \frac{1}{I_{Pa}^{(j)}} \frac{v_t^{(j)}}{\sum\limits_{r=1}^{J} v_t^{(r)}}} \cdot}$$

Dies sind die zur Aggregation von Preis- und Mengenindizes (nach Laspeyres oder Paasche) anwendbaren Formeln. Für die Aggregation von Wertindizes gelten ebenfalls beide Formeln.

Wir wollen die erste Formel für einen Spezialfall herleiten, nämlich für einen Preisindex vom Typ Laspeyres. Es ist

$$
\begin{aligned}
I_{La;0,t}^p &= \sum_{i=1}^{n} \frac{p_t(i)}{p_0(i)} \cdot \frac{p_0(i)q_0(i)}{\sum\limits_{r=1}^{n} p_0(r)q_0(r)} \\
&= \sum_{j=1}^{J} \underbrace{\sum_{i \in T_j} \frac{p_t(i)}{p_0(i)} \cdot \frac{p_0(i)q_0(i)}{\sum\limits_{r \in T_j} p_0(r)q_0(r)} \cdot \frac{\sum\limits_{r \in T_j} p_0(r)q_0(r)}{\sum\limits_{r=1}^{n} p_0(r)q_0(r)}}_{=I_{La;0,t}^{p(j)}} \\
&= \sum_{j=1}^{J} I_{La;0,t}^{p(j)} \frac{v_0^{(j)}}{\sum\limits_{r=1}^{J} v_0^{(r)}}.
\end{aligned}
$$

Für die anderen Indizes nach Laspeyres und Paasche kann man die Aggregationsformeln entsprechend herleiten. Man beachte, dass es für die Indizes nach Fisher keine analogen Formeln gibt.

Im Beispiel „privater Haushalt" wollen wir nun noch den Mengenindex nach Paasche für beide Gruppen gemeinsam berechnen. Wir wissen, dass $I_{Pa;0,t}^q = \frac{I_{0,t}^v}{I_{La;0,t}^p}$. Der Wertindex für beide Warengruppen zusammen berechnet sich zu

$$
I_{0,t}^v = \frac{\sum\limits_{i=1}^{4} v_t(i)}{\sum\limits_{i=1}^{4} v_0(i)} = \frac{90 + 140 + 75 + 15}{75 + 120 + 85 + 20} = \frac{320}{300} = 1,0667.
$$

Nun müssen wir noch den Preisindex nach Laspeyres für beide Gruppen zusammen berechnen. Dieser wird aus den Subindizes $I_{La;0,t}^{p(1)} = 1,2821$ (s.o.) und $I_{La;0,t}^{p(2)} = 1,2$ (gegeben) berechnet:

$$
I_{La;0,t}^p = \sum_{r=1}^{2} I_{La;0,t}^{(r)} \frac{v_0^{(r)}}{\sum\limits_{s=1}^{2} v_0^{(s)}}
$$

mit

$$
v_0^{(r)} = \sum_{i \in T_r} p_0(i)q_0(i),
$$

also

$$
I_{La;0,t}^p = 1,2821 \cdot \frac{75 + 120}{75 + 120 + 85 + 20} + 1,2 \cdot \frac{85 + 20}{300} = 1,2533.
$$

Daraus folgt für den Mengenindex nach Paasche beider Warengruppen zusammen

$$I^q_{Pa;0,t} = \frac{I^v_{0,t}}{I^p_{La;0,t}} = \frac{1,0667}{1,2533} = 0,8511.$$

Beispiel „Handelskette": Eine Einzelhandelskette vertreibt Nahrungsmittel und Haushaltsartikel. Es sei 1995 die Basiszeit, 1998 die Berichtszeit.

Bereich j	Preisindex Laspeyres	Mengenindex Paasche	Umsatz 1995 in Mio. DM
Nahrungsmittel j=1	1,04	0,98	500
Haushaltsartikel j=2	1,15	1,10	400
Σ			900

Man bestimme für die beiden Bereiche der Einzelhandelskette zusammen den Preisindex nach Laspeyres, den Mengenindex nach Paasche und den Umsatzindex.

Der Preisindex nach Laspeyres für beide Bereiche zusammen ergibt sich gemäß

$$\begin{aligned} I^p_{La;95,98} &= I^{p(1)}_{La;95,98} \cdot \frac{500}{900} + I^{p(2)}_{La;95,98} \cdot \frac{400}{900} \\ &= 1,04 \cdot \frac{5}{9} + 1,15 \cdot \frac{4}{9} = 1,0889. \end{aligned}$$

Um den Mengenindex nach Paasche für beide Bereiche zusammen zu berechnen, können wir so vorgehen: Wir berechnen zunächst die Umsatzindizes

$$\begin{aligned} I^{v(1)}_{95,98} &= I^{p(1)}_{La;95,98} \cdot I^{q(1)}_{Pa;95,98} = 1,04 \cdot 0,98 = 1,0192, \\ I^{v(2)}_{95,98} &= I^{p(2)}_{La;95,98} \cdot I^{q(2)}_{Pa;95,98} = 1,15 \cdot 1,10 = 1,2650, \end{aligned}$$

und hieraus

$$I^v_{95,98} = 1,0192 \cdot \frac{5}{9} + 1,2650 \cdot \frac{4}{9} = 1,1284.$$

Den Mengenindex nach Paasche erhält man als Quotienten aus dem Wertindex und dem Preisindex nach Laspeyres,

$$I^q_{Pa;95,98} = \frac{I^v_{95,98}}{I^p_{La;95,98}} = \frac{1,1284}{1,0889} = 1,0363.$$

4.3.5   Umbasierung und Verkettung von Indizes

Im Abschnitt 4.2 wurde gezeigt, wie man Messzahlen umbasiert und zeitlich verkettet. Die dabei entstehenden Zahlen sind die gleichen Messzahlen, die sich aus den Originalwerten der Zeitreihe ergeben hätten.

Auch für Indexzahlen (d.h. Preis-, Mengen- und Wertindizes) besteht häufig die Notwendigkeit einer Umbasierung oder Verkettung: Eine Folge von Indizes wird umbasiert, um sie auf eine andere Basiszeit zu beziehen. Zwei und mehr Folgen von Indizes werden verkettet, um eine lange, durchgehende Folge von Indizes zu erhalten.

In der statistischen Praxis verwendet man bei der Umbasierung und Verkettung von Indexzahlen die gleichen Formeln wie bei der Umbasierung und Verkettung von Messzahlen.

Umbasierung Hat man eine Folge von Indizes zur Basiszeit s,

$$I^*_{s,t}, \quad t = t_0, t_1, \ldots t_T,$$

benötigt aber eine Folge von Indizes $I_{r,t}$ zu einer anderen Basiszeit r, $r \in \{t_0, t_1, \ldots, t_T\}$, so setzt man einfach

$$I_{r,t} = \frac{I^*_{s,t}}{I^*_{s,r}}, \qquad t = t_0, t_1, \ldots, t_T.$$

Verkettung Gegeben seien zwei Folgen von Indizes zu äquidistanten Zeiten,

$$I^*_{0,t} \quad \text{für } t = 0, 1, \ldots, s,$$
$$I^{**}_{s,t} \quad \text{für } t = s, s+1, \ldots, T.$$

Als verkettete Folge zur Basiszeit 0 verwendet man

$$I_{0,t} = \begin{cases} I^*_{0,t} & \text{für } t = 0, 1, \ldots, s, \\ I^*_{0,s} \cdot I^{**}_{s,t} & \text{für } t = s+1, \ldots, T. \end{cases}$$

Durch Umbasierung der Indizes $I^*_{0,t}$ erhält man eine verkettete Folge zur Basiszeit s,

$$I_{s,t} = \begin{cases} \dfrac{I^*_{0,t}}{I^*_{0,s}}, & t = 0, 1, \ldots, s-1, \\ I^{**}_{s,t}, & t = s, s+1, \ldots, T. \end{cases}$$

Beispiel „Umbasieren eines Index": Gegeben seien die in der Tabelle aufrecht gedruckten Preisindizes nach Laspeyres zu den Basiszeiten 1991 und 1995.

Jahr	1991	1992	1993	1994	1995	1996	1997	1998
Basis 91	100	105,1	109,8	112,8	114,8	*116,4*	*118,6*	*119,7*
Basis 95	*87,1*	*91,6*	*95,6*	*98,3*	100	101,4	103,3	104,3

Die schräg gesetzten Werte wurden durch Verkettung berechnet.

Im Unterschied zu umbasierten und verketteten Messzahlen sind die durch Umbasieren oder Verketten von Indizes entstehenden Zahlen selbst keine Indizes vom Typ der Ausgangsindizes. Wird zum Beispiel ein Laspeyres-Preisindex $I^p_{La;91,t}$ vom Basisjahr 91 auf das Basisjahr 95 umbasiert, so erhält man für das Berichtsjahr 96 den „Index"

$$
I_{95,96} \;=\; \frac{I^p_{La;91,96}}{I^p_{La;91,95}} \;=\; \frac{\dfrac{\sum\limits_{i=1}^{n} p_{96}(i)q_{91}(i)}{\sum\limits_{i=1}^{n} p_{91}(i)q_{91}(i)}}{\dfrac{\sum\limits_{i=1}^{n} p_{95}(i)q_{91}(i)}{\sum\limits_{i=1}^{n} p_{91}(i)q_{91}(i)}}
$$

$$
=\; \frac{\sum\limits_{i=1}^{n} p_{96}(i)q_{91}(i)}{\sum\limits_{i=1}^{n} p_{95}(i)q_{91}(i)} \;\underset{\text{i. Allg.}}{\neq}\; \frac{\sum\limits_{i=1}^{n} p_{96}(i)q_{95}(i)}{\sum\limits_{i=1}^{n} p_{95}(i)q_{95}(i)} \;=\; I^p_{La;95,96}\,.
$$

Man sieht, dass die durch Umbasierung entstandene Größe $I_{95,96}$ ein Konstrukt ist, das weder einen Laspeyres- noch einen Paasche-Index darstellt.

Das eben beschriebene Problem tritt auch auf, wenn man aus einer vorhandenen Reihe von Preisindizes zur Basiszeit t_0 (also etwa $I^p_{La;t_0,t}$ für $t = t_0, t_0 + 1, \ldots, T$) jährliche Inflationsraten berechnen möchte. Hierzu benötigt man für jedes Jahr t einen einjährigen Preisindex $I^p_{La;t-1,t}$. Wenn diese nicht gesondert zur Verfügung stehen, behilft man sich mit den umbasierten Indizes

$$
I_{t-1,t} = \frac{I^p_{La;t_0,t}}{I^p_{La;t_0,t-1}} = \frac{\sum\limits_{i=1}^{n} p_t(i)q_{t_0}(i)}{\sum\limits_{i=1}^{n} p_{t-1}(i)q_{t_0}(i)}\;.
$$

Jedoch gilt im Allgemeinen $I_{t-1,t} \neq I^p_{La;t-1,t}$. Die durch Umbasieren berechnete Größe stimmt nicht mit dem einjährigen Laspeyres-Index überein, vgl. oben das Beispiel „Umbasieren eines Index" mit $t_0 = 91$ und $t = 95$.

Beispiel „Inflationsrate":

Jahr	2000	2001	2002	2003	2004
Preisindex $I^p_{La;2000,t}$	100	102,0	103,4	104,5	106,2
$I_{t-1,t}$		1,0200	1,0137	1,0106	1,0163
Inflationsrate in %		2,00%	1,37%	1,06%	1,63%

Ein Problem, auf das wir nicht näher eingehen können, besteht darin, welchen Fehler man bei dieser Art der Berechnung der Inflationsrate in Kauf nimmt, d.h. wie groß die Abweichung zwischen dem verfügbaren Konstrukt $I_{t-1,t}$ und dem gewünschten, aber nicht verfügbaren Index $I^p_{La;t-1,t}$ ist.

4.3.6 Formale Indexkriterien (Fisher-Proben)

Die Frage, was einen „vernünftigen" Index auszeichnet, hat neben inhaltlichen Aspekten auch eine messtheoretische Seite, die anhand formaler Kriterien diskutiert werden kann. In diesem Abschnitt stellen wir sieben formale Postulate dar, die ein Index erfüllen sollte. Sie wurden von Irving Fisher aufgestellt und heißen deshalb Fisher-Proben; siehe Fisher (1922).

Laut Fisher sollen für einen gegebenen Index $I_{s,t}$ (zur Basiszeit s und Berichtszeit t) und beliebige Zeiten $0, t, t_1, \ldots, t_n$ die folgenden Postulate erfüllt sein:

- **Identitätsprobe**
$$I_{t,t} = 1,$$

- **Zeitumkehrprobe**
$$I_{t,0} = \frac{1}{I_{0,t}},$$

- **Rundprobe**
$$I_{t_1,t_n} = I_{t_1,t_2} \cdot I_{t_2,t_3} \cdots \cdots I_{t_{n-1},t_n},$$

- **Faktorumkehrprobe**
$$I^v_{0,t} = I^p_{0,t} \cdot I^q_{0,t},$$

- **Proportionalitätsprobe**
$$I^p_{0,t} = 1 + \alpha,$$

wenn alle Preise um $\alpha \cdot 100\%$ steigen,

- **Dimensionswechselprobe**
Der Wert der Indizes hängt nicht davon ab, in welchen Einheiten Preise und Mengen gemessen werden.

- **Bestimmtheitsprobe**

  Der Index soll auch dann bestimmt sein, wenn einzelne Preise oder
  Mengen gleich null sind.

Die folgende Tabelle gibt für die Preisindizes nach Laspeyres, Paasche und
Fisher an, ob die einzelnen Fisher-Proben erfüllt (+) oder nicht erfüllt (-)
werden. (Der Leser mache sich dies im Einzelnen als Übung klar!)

	Laspeyres	Paasche	Fisher
Identitätsprobe	+	+	+
Zeitumkehrprobe	−	−	+
Rundprobe	−	−	−
Faktorumkehrprobe	−	−	+
Proportionalitätsprobe	+	+	+
Dimensionswechselprobe	+	+	+
Bestimmtheitsprobe	+	+	+

Wie man sieht, erfüllt der Fisher-Index jede der Proben, die der Laspeyres-
oder der Paasche-Index erfüllt, und noch zwei weitere. Die Rundprobe erfüllt
jedoch auch der Fisher-Index nicht.

4.3.7 Der Verbraucherpreisindex für Deutschland

In diesem Abschnitt soll der Verbraucherpreisindex für Deutschland (VPI)
des Statistischen Bundesamtes näher beschrieben werden. Dabei handelt es
sich um den traditionsreichen deutschen **Preisindex für die Lebenshaltung aller privaten Haushalte**, der seit der Umstellung auf das Basisjahr
2000 unter dieser neuen Bezeichnung fortgeführt wird.

Ein **Verbraucherpreisindex** soll anzeigen, wie sich die Preise eines typi-
schen Gütersortiments im Zeitablauf entwickeln, das von privaten Haushalten laufend für Konsumzwecke gekauft wird. Der Index betrifft alle privaten
Haushalte. Häufig wird er daher als Indikator für die Geldwertstabilität an-
gesehen.

Dieser Verbraucherpreisindex misst die isolierte Preisentwicklung, ist also
kein Index für die *Kosten* der Lebenshaltung. Ein Index der Lebenshaltungs-
kosten unterscheidet sich von einem *reinen* Verbraucherpreisindex darin, dass
in ihm auch Veränderungen der Verbrauchergewohnheiten, also auch Mengenänderungen, berücksichtigt werden.

Das Statistische Bundesamt berechnet den Preisindex für die Lebenshaltung auf der Grundlage konstanter Verbrauchsstrukturen eines Basisjahres nach der Indexformel von Laspeyres, und zwar in der Mittelwertform als gewichtetes arithmetisches Mittel von Preismesszahlen. Diese Indexkonstruktion wirft Probleme auf, deren Lösung den Aussagegehalt der laufend berechneten Werte des Preisindexes berührt.

- Warenkorb und Wägungsschema

  Die Verbrauchsstruktur der unterschiedlichen privaten Haushalte des Basisjahres (z.B. Haushalte von Rentnern, Familien mit Kindern, Alleinerziehenden, Alleinstehenden) wird modellhaft durch einen **Warenkorb** abgebildet, das ist eine Kollektion von gegenwärtig ca. 750 ausgewählten, nach Art, Menge und Qualität genau spezifizierten Waren und Dienstleistungen, die als **Preisrepräsentanten** bezeichnet werden. Sie sollen den gesamten privaten Verbrauch hinreichend genau repräsentieren.

  Das **Wägungsschema** legt die Gewichte fest, mit denen die Preisrepräsentanten in den Gesamtindex eingehen. Entsprechend der Mittelwertform des Indexes handelt es sich bei den Gewichten um Ausgabenanteile der einzelnen Güter an den gesamten Verbrauchsausgaben für den Warenkorb. Die Datenbasis liefern umfangreiche und intensive, periodisch wiederkehrende Haushaltsbefragungen auf Stichprobenbasis. Hierzu gehören die **Einkommens- und Verbrauchsstichprobe** sowie die **Laufenden Wirtschaftsrechnungen**; siehe Kapitel 1.

- Gliederung

  Mit der Umstellung des VPI auf das neue Basisjahr 2000 entfällt der früher übliche Nachweis eigenständiger Indizes für spezielle Haushaltstypen sowie für das frühere Bundesgebiet und für die neuen Bundesländer einschließlich Berlin-Ost. Seitdem wird nur noch auf der Grundlage eines einheitlichen Wägungsschemas der Verbraucherpreisindex für *ganz* Deutschland laufend veröffentlicht. Allerdings bleiben regionale Untergliederungen weiterhin verfügbar.

  Die einzelnen Waren und Dienstleistungen des Warenkorbs werden im Hinblick auf unterschiedliche Zielsetzungen zu Gütergruppen zusammengefasst. Am bekanntesten ist die Gliederung nach dem Verwendungszweck in der Abgrenzung des internationalen „Classification of Individual Consumption by Purpose" zu zwölf Abteilungen (siehe Tabelle 4.1).

- Verbraucherpreiserhebungen

  Die aktuellen Preise für die ausgewählten Güter werden jeweils zur Monatsmitte auf Grund von nichtzufälligen Stichproben ermittelt. Gegenwärtig werden für die 750 Preisrepräsentanten insgesamt ca. 350 000 einzelne Preisreihen in 190 Berichtsgemeinden, die über das gesamte Bundesgebiet verteilt sind, durch Preisermittler bei 40 000 so genannten Berichtsstellen (überwiegend Verkaufsstellen) erhoben. Problematisch ist insbesondere die Berücksichtigung von Qualitätsänderungen und der Austausch von „veralteten" gegen neue Güter.

Zur Qualitätsbereinigung werden neuerdings Verfahren herangezogen, die versuchen, mit Hilfe der Regressionsrechnung „reine" Preisveränderungen von Preisveränderungen zu trennen, die auf Qualiätsänderungen beruhen; siehe hierzu Linz und Eckert (2002).

- Basisjahr und Indexumstellung

  Da ein Laspeyres-Index mit festem Wägungsschema Veränderungen in den Verbrauchsgewohnheiten und im Güterangebot kurzfristig nicht abbilden kann, veraltet er im Zeitablauf und wird daher in Abständen von ca. fünf Jahren „umgestellt". Diese Neuberechnung umfasst die Auswahl der Güter, die Fixierung des Wägungsschemas und eine Neufestsetzung des Basisjahres. In der Regel wird gleichzeitig der alte Index umbasiert.

  Als Basisjahr für den VPI dient derzeit das Jahr 2000. Die Veränderung des Wägungsschemas von 2000 gegenüber denen von 1995 und 1991 kann man der Tabelle 4.1 entnehmen.

In der statistischen Praxis wird der VPI in Stufen berechnet. Dabei wird zunächst für jede der 750 Güterarten, getrennt nach Bundesländern, ein Teilindex ermittelt. Anschließend wird dann für jede Güterart aus den 16 Landesergebnissen das Bundesergebnis als gewichtetes Mittel berechnet, wobei die Gewichte die Länderanteile der privaten Verbraucher am gesamten privaten Verbrauch in Deutschland darstellen.

Der VPI wird vom Statistischen Bundesamt zeitnah veröffentlicht, endgültige Monatswerte liegen ca. zwei Wochen nach Abschluß des Berichtsmonats vor.

Bei der Interpretation der Werte der Preisindizes ist Vorsicht angebracht. Die Messung der Preisentwicklung der von privaten Haushalten gekauften Güter beruht auf einem modellhaften Warenkorb. Eine Übertragung auf die Lebenshaltung in real existierenden Haushalten ist nicht ohne weiteres möglich, da jeder private Haushalt individuell ausgeprägte Verbrauchsgewohnheiten hat, die seinen Warenkorb und das Wägungsschema festlegen. Der VPI kann deshalb nur als Anhalts- und Vergleichspunkt für die realen Haushalte dienen. Dennoch spielt der Preisindex in privatrechtlichen Verträgen, die eine Wertsicherungsklausel enthalten, eine wesentliche Rolle.

Beispiel: In einem Scheidungsvertrag wird festgelegt, dass die monatlichen Unterhaltszahlungen an die geschiedene Ehefrau gemäß dem Verbraucherpreisindex für Deutschland jährlich zum 1. Januar angepasst werden.

Der VPI ist, wie erwähnt, ein Index vom Typ Laspeyres. Das Wägungs-schema stammt also aus der Basiszeit und bleibt damit für einige Jahre fest. Aus praktisch-statistischer Sicht ist es vorteilhaft, das Wägungsschema nicht jedes Jahr neu erheben zu müssen. Letzteres wäre aufwändig und teuer. Andererseits bildet der Laspeyres-Index kurzfristige Mengenänderungen der Haushalte nicht ab. Reagieren Haushalte kurzfristig auf Preiserhöhungen ei-niger Güter mit Mengenreduktion und auf Preissenkungen anderer Güter mit Mengenerhöhungen, so bringt dies der Laspeyres-Preisindex für die Lebens-haltung nicht zum Ausdruck. Ein Paasche-Index mit dem Wägungsschema der Berichtsperiode würde diesen Effekt sehr wohl zum Ausdruck bringen und einen geringeren Wert anzeigen. Bei rationalem Verhalten der Konsumenten – insbesondere fallenden Nachfragefunktionen – weist ein Laspeyres-Index prinzipiell die Veränderungen des Preisniveaus zu hoch aus. Deshalb wird gelegentlich die Berechnung und Publikation von Paasche-Preisindizes gefor-dert.

Sind die Unterschiede zwischen einem Laspeyres- und einem Paasche-Preis-index für die Lebenshaltung wirklich gravierend? Das Statistische Bundesamt hat mehrfach darauf hingewiesen, dass für Deutschland die Unterschiede ver-nachlässigbar klein sind. In einer Untersuchung für 1990 bis 1995 ergibt sich sogar, dass der Unterschied zwischen den beiden Indizes unterhalb der Nach-weisgrenze ist. Der interessierte Leser sei auf den Aufsatz von Elbel (1999) verwiesen, der die Berechnung der Wägungsschemata behandelt.

4.3.8 Europäische Verbraucherpreisindizes

Um Änderungen der Verbraucherpreise international vergleichen zu können, werden für die Staaten der EU sowie für Norwegen und Island neben den nationalen Verbraucherpreisindizes weitere Preisindizes berechnet.

Im **Harmonisierten Verbraucherpreisindex (HVPI)** werden die unter-schiedlich konzipierten Länderindizes vereinheitlicht. Dabei werden die dem HVPI zugrunde gelegten Waren und Dienstleistungen in der Gliederung der modifizierten „Classification of Individual Consumption by Purpose" für al-le Länder einheitlich festgelegt, ohne jedoch einen gemeinsamen Warenkorb vorzuschreiben. Der Erfassungsbereich wird dabei im Zuge der Harmonisie-rung schrittweise erweitert. Der Erfassungsbereich des deutschen HVPI ent-spricht mittlerweile mit Ausnahme des selbstgenutzten Wohneigentums dem des deutschen VPI. Die Abweichungen der jahresdurchschnittlichen Verän-derungsraten zwischen beiden Indizes betrugen zuletzt nicht mehr als 0,1 Prozentpunkte.

EUROSTAT, das Statistische Amt der EU in Luxemburg, berechnet seit 1997 aus den nationalen HVPI aggregierte europäische Verbraucherpreisindizes:

- den **Europäischen Verbraucherpreisindex (EVPI)** für die 25 Mitgliedsstaaten der EU,

- den **Verbraucherpreisindex der Europäischen Währungsunion (VPI-EWU)** für die Staaten der Europäischen Währungsunion und

- den **Verbraucherpreisindex für den Europäischen Wirtschaftsraum (VPI-EWR)**, der zusätzlich Norwegen und Island umfasst.

Diese Indizes werden als gewichtete Mittel aus den HVPI der einzelnen Staaten gebildet. Die Ländergewichte sind die Anteile der Ausgaben für den Privaten Verbrauch aus der Volkswirtschaftlichen Gesamtrechnung des jeweiligen Landes an der Gesamtheit dieser Ausgaben.

Die europäischen Indizes dienen insbesondere dem Inflationsvergleich zwischen den Ländern, etwa bei der Umsetzung des Maastrichter Konvergenzkriteriums der Preisstabilität. Für die Europäische Zentralbank ist der VPI-EWU Maßstab für die Geldwertstabilität des Euro.

4.3.9 Internationaler Preisvergleich (Verbrauchergeldparitäten)

Die bisher behandelten Preisindizes dienen dem zeitlichen Vergleich von Preisen. Leicht modifiziert können sie auch für den räumlichen Vergleich von Preisen zwischen verschiedenen Regionen herangezogen werden. Im Folgenden bezeichnen A und B zwei Länder oder Regionen. Weiterhin sei eine für beide Länder gemeinsame Kollektion von Gütern (ein Warenkorb) gegeben. Für jedes Gut $i = 1, ..., n$ ist

$$p_A(i) \quad \text{der Preis des Gutes } i \text{ im Lande } A$$
$$q_A(i) \quad \text{die Menge des Gutes } i \text{ im Lande } A.$$

Entsprechend sind $p_B(i)$ und $q_B(i)$ definiert. Als ersten Preisindex des räumlichen Vergleichs definiert man den Index

$$
\begin{aligned}
I^p_{La,;B,A} &= \sum_{i=1}^{n} \frac{p_A(i)}{p_B(i)} \cdot \frac{p_B(i)q_B(i)}{\sum\limits_{j=1}^{n} p_B(j)q_B(j)} \\
&= \frac{\sum\limits_{i=1}^{n} p_A(i)q_B(i)}{\sum\limits_{i=1}^{n} p_B(i)q_B(i)} \left[\frac{\text{Währung des Landes } A}{\text{Währung des Landes } B} \right].
\end{aligned}
$$

Dies ist ein Index des Typ Laspeyres; sein Wägungsschema bezieht sich auf die Mengen im Lande B. (Man beachte, dass der Index jetzt eine Benennung besitzt, falls sich die Währungen beider Länder unterscheiden.)

Analog definiert man gemäß Paasche einen zweiten Preisindex des räumlichen Vergleichs,

$$
I^p_{Pa;B,A} = \cfrac{1}{\sum\limits_{n=1}^{n} \frac{1}{\frac{p_A(i)}{p_B(i)}} \cdot \frac{p_A(i)q_A(i)}{\sum\limits_{j=1}^{n} p_A(j)q_A(i)}}
$$

$$
= \frac{\sum\limits_{i=1}^{n} p_A(i)q_A(i)}{\sum\limits_{i=1}^{n} p_B(i)q_A(i)} \quad \left[\frac{\text{Währung des Landes } A}{\text{Währung des Landes } B} \right].
$$

Sein Wägungsschema entspricht dem Mengengerüst im Lande A.

Verbrauchergeldparitäten Handelt es sich beim Warenkorb um Güter der Lebenshaltung von Haushalten und bei den Mengen um typischerweise konsumierte Mengen, so nennt man Indizes dieser Art Verbrauchergeldparitäten, in Zeichen $VGP_{B,A}$. Sie geben an, wie viele Währungseinheiten (WE) des Landes A einer Währungseinheit des Landes B kaufkraftmäßig entsprechen, und zwar beim Laspeyres-Index aus Sicht eines Konsumenten im Lande B, beim Paasche-Index aus Sicht eines Konsumenten im Lande A.

Am Devisenmarkt werden Währungen gehandelt. Bezeichne $W_{B,A}$ den Preis, der für eine Einheit der B-Währung in Einheiten der A-Währung gezahlt wird. Wenn beispielsweise B die Bundesrepublik Deutschland ist und A die Vereinigten Staaten von Amerika, gibt $W_{B,A}$ den Preis eines Euro in Dollar an. Im Folgenden bezeichnet B die Bundesrepublik Deutschland und A ein Ausland.

Verbraucherpreisniveau und Kaufkraftindex Ist die Verbrauchergeldparität $VGP_{B,A}$ größer als der Wechselkurs $W_{B,A}$, so ist das Land A teurer als die Bundesrepublik. Mittels

$$
VPN_{B,A} = \frac{VGP_{B,A}}{W_{B,A}} \cdot 100
$$

lässt sich ein Index für das Verbraucherpreisniveau des Landes A definieren (Bundesrepublik = 100) und mittels

$$KK_{B,A} = \frac{W_{B,A}}{VGP_{B,A}} \cdot 100$$

ein Index für die Kaufkraft des Euro im Land A (Bundesrepublik = 100). Der Kaufkraftgewinn bzw. -verlust (in %) ist dann durch

$$KKG_{B,A} = \left(\frac{W_{B,A}}{VGP_{B,A}} - 1 \right) \cdot 100$$

gegeben.

Beispiel: Werden Mitarbeiter deutscher Unternehmen im Ausland eingesetzt, so kann diesen ein Kaufkraftverlust entstehen. Zum Ausgleich des Kaufkraftverlustes lässt sich mit Hilfe des entsprechenden Index für das Verbraucherpreisniveau ein angemessener Zuschlag (in %) auf die Gehaltszahlung bestimmen. Dieser ergibt sich gemäß

$$\left(\frac{VGP_{B,A}}{W_{B,A}} - 1 \right) \cdot 100 \,.$$

Das Statistische Bundesamt berechnet für ausgewählte Länder (bzw. für deren Hauptstädte) Verbrauchergeldparitäten mit deutschem Wägungsschema. Zugrunde liegt ein Warenkorb aus Gütern und Dienstleistungen der privaten Lebenshaltung (ohne Wohnungsmieten), der ca. 220 Einzelpositionen umfasst.

Für April 2006 ergaben sich unter anderem die Werte der folgenden Tabelle. Sie enthält die Verbrauchergeldparitäten $VGP_{B,A}$ für die Berichtsorte (=Hauptstädte) von fünf ausgewählten Ländern, die Wechselkurse $W_{B,A}$ und den Kaufkraftgewinn bzw. -verlust.

Land A (Berichtsort)	Währung	$VGP_{B,A}$ 1 €= ...ausl. WE	$W_{B,A}$ 1 €= ...ausl. WE	$KKG_{B,A}$ in %
Japan (Tokio)	YEN	$205,2631$	$143,5900$	$-30,0$
England (London)	GBP	$0,8266$	$0,6946$	$-16,0$
USA (Washington D.C.)	USD	$1,3228$	$1,2271$	$-\,7,2$
Spanien (Madrid)	EUR	$1,0279$	$1,0000$	$-\,2,7$
Südafrika (Pretoria)	ZAR	$6,4567$	$7,4656$	$15,6$

Tabelle 4.1: Wägungsschema für den Preisindex für die Lebenshaltung aller privaten Haushalte bzw. den Verbraucherpreisindex, Angaben in Promille

	Bezeichnung	1991	1995	2000
01	Nahrungsmittel und alkoholfreie Getränke	144,81	131,26	103,35
02	Alkoholische Getränke und Tabakwaren	45,19	41,67	36,73
03	Bekleidung und Schuhe	76,89	68,76	55,09
04	Wohnung, Wasser, Strom, Gas und andere Brennstoffe	240,46	274,77	302,66
05	Einrichtungsgegenstände usw. für den Haushalt	72,87	70,56	68,54
06	Gesundheitspflege	30,56	34,39	35,46
07	Verkehr	156,77	138,82	138,65
08	Nachrichtenübermittl.	17,92	22,66	25,21
09	Freizeit, Unterhaltung und Kultur	99,59	103,57	110,85
10	Bildungswesen	5,42	6,51	6,66
11	Beherbergungs- und Gaststättendienstleist.	58,44	46,08	46,57
12	Andere Waren und Dienstleistungen	51,08	60,95	70,23
	Insgesamt	1000,00	1000,00	1000,00

Tabelle 4.2: Verbraucherpreisindex für Deutschland, Basisjahr 2000

Monat	1995	1996	1997	1998	1999	2000	2001	2002	2003	2004	2005	2006
Januar	93,2	94,5	96,4	97,6	97,8	99,4	100,8	102,9	104,0	105,2	106,9	109,1
Februar	93,7	95,0	96,7	97,8	98,0	99,6	101,4	103,2	104,5	105,4	107,3	109,5
März	93,7	95,1	96,6	97,7	98,1	99,6	101,4	103,4	104,6	105,7	107,6	109,5
April	93,8	95,1	96,4	97,8	98,5	99,6	101,8	103,3	104,3	106,0	107,7	109,9
Mai	93,9	95,3	96,8	98,1	98,5	99,5	102,2	103,4	104,1	106,2	108,0	
Juni	94,0	95,4	96,9	98,2	98,6	99,9	102,4	103,4	104,4	106,2	108,1	
Juli	94,2	95,5	97,6	98,5	99,0	100,3	102,5	103,7	104,6	106,5	108,6	
August	94,2	95,5	97,7	98,3	98,9	100,1	102,3	103,5	104,6	106,7	108,7	
September	94,2	95,5	97,5	98,1	98,7	100,3	102,3	103,4	104,5	106,4	109,1	
Oktober	94,0	95,5	97,4	97,9	98,6	100,2	102,0	103,3	104,5	106,6	109,1	
November	94,0	95,4	97,4	97,9	98,8	100,3	101,8	103,0	104,3	106,2	108,6	
Dezember	94,3	95,7	97,6	98,0	99,1	101,2	102,8	104,0	105,1	107,3	109,6	
Jahresdurchschnitt	93,9	95,3	97,1	98,0	98,6	100,0	102,0	103,4	104,5	106,2	108,3	

Ergänzende Literatur zu Kapitel 4

Wer sich vertieft mit der Theorie und Praxis von Indexzahlen, insbesondere von Preisindexzahlen beschäftigen möchte, sei auf folgenden Monographien und Lehrbücher verwiesen: Neubauer (1996), von der Lippe (1996) und von der Lippe (2001). Für weitere Einzelheiten zur Berechnung des Verbraucherpreisindexes sei auf Egner (2003) und Buchwald (2004) verwiesen. Hinweise zur Berechnung und Verwendung von Verbrauchergeldparitäten finden sich in Ströhl (2001), sowie in den Heften der Fachserie 17, Reihe 10, des Statistischen Bundesamtes. Zum HVPI siehe Eurostat (2004).

Kapitel 5

Auswertung von mehrdimensionalen Daten

In den bisherigen Kapiteln wurden Methoden für die Auswertung von Daten über ein einzelnes Merkmal dargestellt. Kapitel 2 und 3 behandelten Maße der Lage, Streuung, Schiefe, Konzentration und Disparität von univariaten Daten. Im Kapitel 4 ging es zunächst um Messzahlen für den zeitlichen Vergleich der Werte eines Merkmals. Deren Aggregation zu Indexzahlen betraf dann bereits mehrere Merkmale, nämlich die Preise und Mengen der verschiedenen Güter im Warenkorb.

In diesem Kapitel 5 werden nun allgemeine Methoden zur Auswertung von Daten über mehrere Merkmale vorgestellt. Solche Daten nennt man mehrdimensional oder multivariat. Es geht um die simultane Beschreibung der Daten durch Tabellen und Graphiken, um die mehrdimensionale Messung ihrer Lage und Streuung, sowie – und das ist das Wichtigste – um das Aufdecken von Beziehungen zwischen den Merkmalen. Dabei beschränken wir uns im Wesentlichen auf die Auswertung zweidimensionaler (d.h. bivariater) Daten und insbesondere auf die Messung der Abhängigkeit zwischen zwei Merkmalen.

5.1 Grundbegriffe

Wir gehen davon aus, dass die Werte zweier Merkmale X und Y in einer Grundgesamtheit $G = \{e_1, e_2, \ldots, e_n\}$ gegeben sind. Im Folgenden sprechen wir auch von den **Variablen** X und Y. Sei (x_i, y_i) der Wert der beiden

Variablen bei der Einheit e_i. Die Urliste lautet dann $(x_1, y_1), (x_2, y_2), \ldots,$ (x_n, y_n) oder, als $n \times 2$ Matrix geschrieben,

$$
\begin{bmatrix}
x_1 & y_1 \\
x_2 & y_2 \\
\vdots & \vdots \\
x_n & y_n
\end{bmatrix}.
$$

Beispiel „Obsthändler": Ein Obsthändler notiert an zehn aufeinander folgenden Tagen den Preis (in Euro pro kg) einer bestimmten Erdbeersorte und die verkaufte Tagesmenge (in kg):

X Preis in €/kg	Y Menge in kg
4,70	70
4,30	75
3,80	80
4,50	75
5,40	50
5,00	60
4,10	70
4,30	65
3,90	75
4,00	85

Wenn X und Y – wie in diesem Beispiel – metrisch skaliert sind, veranschaulicht man die Daten in einem **Streudiagramm**($\hookrightarrow$ EXCEL). Es besteht aus einem Achsenkreuz und den n Punkten $(x_1, y_1), (x_2, y_2), \ldots, (x_n, y_n)$ in der Zeichenebene.

Das zum Beispiel „Obsthändler" gehörige Streudiagramm ist in Abbildung 5.1 zu sehen.

Werden allgemein $p \geq 2$ Merkmale betrachtet, so bezeichnet man diese mit $X_1, X_2, \ldots, X_p$. Es ist dann $(x_{i1}, x_{i2}, \ldots, x_{ip})$ die Ausprägung von $X_1, X_2, \ldots, X_p$ bei der Einheit e_i. Die Urliste hat die Form

$$(x_{11}, \ldots, x_{1p}), (x_{21}, \ldots, x_{2p}), \ldots, (x_{n1}, \ldots, x_{np})$$

oder, als Datenmatrix,

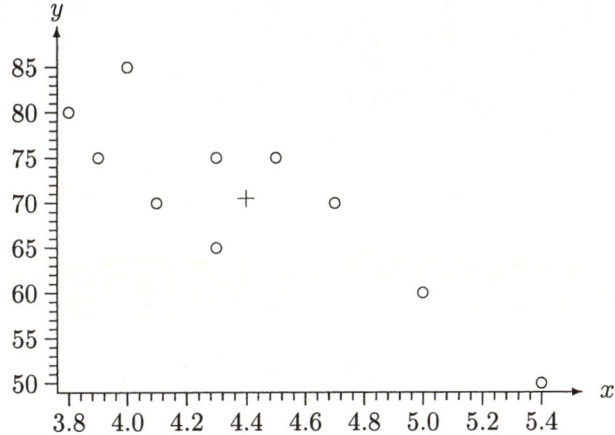

Abbildung 5.1: Streudiagramm „Obsthändler" (Das Zeichen „+" bezeichnet dén Schwerpunkt $(\overline{x}, \overline{y})$ der Daten.)

$$\begin{bmatrix} x_{11} & x_{12} & \cdots & x_{1p} \\ x_{21} & x_{22} & \cdots & x_{2p} \\ \vdots & \vdots & \cdots & \vdots \\ x_{n1} & x_{n2} & \cdots & x_{np} \end{bmatrix}.$$

Der erste Index (der Zeilenindex) gibt die Untersuchungseinheit an, der zweite Index (der Spaltenindex) die Variable, zu der der Wert gehört.

Die meisten Aussagen dieses Kapitels beziehen sich auf den Fall von zwei Variablen X und Y. Eine Verallgemeinerung auf den Fall von p Variablen (insbesondere $p = 3$ und $p = 4$) erfolgt anhand eines Beispiels.

5.1.1 Kontingenztafel und Häufigkeiten

Sei eine $n \times 2$ Datenmatrix, d.h. n Zahlenpaare (x_i, y_i) als Werte zweier Merkmale X und Y, gegeben. X und Y mögen beliebig skaliert sein. Als Erstes bilden wir Tabellen der absoluten und der relativen Häufigkeiten. Bezeichne $\xi_1, \xi_2, \ldots, \xi_J$ die möglichen Werte von X und $\eta_1, \eta_2, \ldots, \eta_K$ die möglichen Werte von Y. Für jedes $j = 1, 2, \ldots, J$ und $k = 1, 2, \ldots, K$ ist

- $n_{jk} =$ Anzahl der Datenpaare (x_i, y_i) mit $x_i = \xi_j$ und $y_i = \eta_k$

  die **gemeinsame absolute Häufigkeit** von ξ_j und η_k,

- $n_{j.} = \sum\limits_{k=1}^{K} n_{jk}$ bzw. $n_{.k} = \sum\limits_{j=1}^{J} n_{jk}$

die **absolute Randhäufigkeit** von ξ_j bzw. η_k.

Offenbar gilt

$$\sum_{j=1}^{J}\sum_{k=1}^{K} n_{jk} = \sum_{j=1}^{J} n_{j.} = \sum_{k=1}^{K} n_{.k} = n.$$

Die gemeinsamen absoluten Häufigkeiten stellt man zusammen mit den absoluten Randhäufigkeiten in einer **Häufigkeitstabelle** dar:

		$Y =$			
		η_1	η_2	$\cdots$	η_K	Σ
	ξ_1	n_{11}	n_{12}	$\cdots$	n_{1K}	$n_{1.}$
	ξ_2	n_{21}	n_{22}	$\cdots$	n_{2K}	$n_{2.}$
$X =$	$\vdots$	$\vdots$	$\vdots$		$\vdots$	$\vdots$
	ξ_J	n_{J1}	n_{J2}	$\cdots$	n_{JK}	$n_{J.}$
Σ		$n_{.1}$	$n_{.2}$	$\cdots$	$n_{.K}$	n

Die Häufigkeitstabelle wird auch **Kontingenztafel** oder **Kontingenztabelle** genannt.

Beispiel „Beruf und Sport": Bei $n = 1000$ Erwerbspersonen wurden die Berufszugehörigkeit X und das Ausmaß der sportlichen Betätigung Y erhoben. Es ergab sich:

	Y sportl. Betätigung			
X Berufszugehörigkeit	nie	gelegentlich	regelmäßig	Σ
Arbeiter	240	120	70	430
Angestellte	160	90	90	340
Beamte	30	30	30	90
Landwirte	37	7	6	50
sonstige	40	32	18	90
Σ	507	279	214	1000

Die Randhäufigkeiten $n_{1.}, n_{2.}, \ldots, n_{J.}$ beziehen sich auf die Variable X allein. Ebenso beziehen sich $n_{.1}, n_{.2}, \ldots, n_{.K}$ nur auf Y. Aus den gemeinsamen

Häufigkeiten kann man die Randhäufigkeiten bestimmen. Man beachte, dass das Umgekehrte nicht gilt: Ohne weitere Annahmen lassen sich die gemeinsamen Häufigkeiten aus den Randhäufigkeiten nicht eindeutig bestimmen. Es gibt im Allgemeinen mehrere Häufigkeitstabellen, die mit vorgegebenen Rändern verträglich sind. Die gemeinsamen Häufigkeiten enthalten offenbar mehr Information als die Randhäufigkeiten.

Im obigen Beispiel „Beruf und Sport" stehen in den Rändern die absoluten Häufigkeiten der Variablen X (letzte Spalte) und Y (letzte Zeile). Sie ergeben sich durch Bildung von Zeilen- und Spaltensummen. Betrachtet man die Randhäufigkeiten als vorgegeben, so ist es leicht, andere gemeinsame Häufigkeiten zu finden, die mit den Rändern verträglich sind (Übung für den Leser!).

Statt mit den absoluten Häufigkeiten kann man die **Kontingenztafel** auch **mit relativen Häufigkeiten** aufstellen:

		$Y =$			
		η_1	η_2	$\cdots$	η_K	Σ
	ξ_1	f_{11}	f_{12}	$\cdots$	f_{1K}	$f_{1\cdot}$
	ξ_2	f_{21}	f_{22}	$\cdots$	f_{2K}	$f_{2\cdot}$
$X =$	$\vdots$	$\vdots$	$\vdots$		$\vdots$	$\vdots$
	ξ_J	f_{J1}	f_{J2}	$\cdots$	f_{JK}	$f_{J\cdot}$
	Σ	$f_{\cdot 1}$	$f_{\cdot 2}$	$\cdots$	$f_{\cdot K}$	$1 = n$

Hier ist für jedes $j = 1, 2, \ldots, J$ und $k = 1, 2, \ldots, K$

- $f_{jk} = \dfrac{n_{jk}}{n}$

die **gemeinsame relative Häufigkeit** von ξ_j und η_k,

- $f_{j\cdot} = \sum_{k=1}^{K} f_{jk}$ bzw. $f_{\cdot k} = \sum_{j=1}^{J} f_{jk}$

die **relative Randhäufigkeit** von ξ_j bzw. η_k,

und es gilt

$$\sum_{j=1}^{J} \sum_{k=1}^{K} f_{jk} = \sum_{j=1}^{J} f_{j\cdot} = \sum_{k=1}^{K} f_{\cdot k} = 1 \ .$$

Die relativen Randhäufigkeiten

$$f_{1\cdot}, f_{2\cdot}, \ldots, f_{J\cdot}$$

der Werte von X nennt man auch die **Randverteilung** von X. Ebenso bilden die relativen Randhäufigkeiten von Y

$$f_{\cdot 1} \, , \, f_{\cdot 2} \, , \, \ldots \, , \, f_{\cdot K}$$

die Randverteilung von Y.

5.1.2 Bedingte Verteilungen

Von den gemeinsamen relativen Häufigkeiten zu unterscheiden sind die so genannten bedingten relativen Häufigkeiten.

- Für festes $k \in \{1, \ldots, K\}$ und $j = 1, \ldots, J$ wird

$$f_{j|Y=\eta_k} = \frac{f_{jk}}{f_{\cdot k}}$$

als die **bedingte relative Häufigkeit** von ξ_j unter der Bedingung $Y = \eta_k$ bezeichnet. Sie stellt die relative Häufigkeit des Werts ξ_j in der Teilgesamtheit aller Einheiten dar, die in der Variablen Y den Wert η_k aufweisen, denn es ist

$$\frac{f_{jk}}{f_{\cdot k}} = \frac{\dfrac{n_{jk}}{n}}{\dfrac{n_{\cdot k}}{n}} = \frac{n_{jk}}{n_{\cdot k}} \, .$$

Die Gesamtheit der J bedingten relativen Häufigkeiten

$$f_{1|Y=\eta_k}, \, f_{2|Y=\eta_k}, \ldots, f_{J|Y=\eta_k}$$

der Werte von X wird **bedingte Verteilung** von X unter der Bedingung $Y = \eta_k$ genannt.

- Ebenso wird für festes $j \in \{1, \ldots, J\}$ und $k = 1, \ldots, K$

$$f_{k|X=\xi_j} = \frac{f_{jk}}{f_{j\cdot}}$$

bedingte relative Häufigkeit von η_k unter der Bedingung $X = \xi_j$ genannt. Die Gesamtheit dieser Häufigkeiten

$$f_{1|X=\xi_j}, \, f_{2|X=\xi_j}, \ldots, f_{K|X=\xi_j}$$

wird als **bedingte Verteilung** von Y unter der Bedingung $X = \xi_j$ bezeichnet.

Es gilt offenbar

$$\sum_{j=1}^{J} f_{j|Y=\eta_k} = \sum_{j=1}^{J} \frac{n_{jk}}{n_{\cdot k}} = 1 \qquad \text{für } k = 1, \ldots, K$$

und

$$\sum_{k=1}^{K} f_{k|X=\xi_j} = \sum_{k=1}^{K} \frac{n_{jk}}{n_{j\cdot}} = 1 \qquad \text{für } j = 1, \ldots, J.$$

Im obigen Beispiel „Beruf und Sport" ergeben sich als bedingte relative Häufigkeiten für Y unter der Bedingung $X = \xi_1$ (das ist die Verteilung der sportlichen Betätigung bei den Arbeitern):

$$f_{1|X=\xi_1} = \frac{n_{11}}{n_{1\cdot}} = \frac{240}{430} = 0,558 \quad (nie),$$

$$f_{2|X=\xi_1} = \frac{n_{12}}{n_{1\cdot}} = \frac{120}{430} = 0,279 \quad (gelegentlich),$$

$$f_{3|X=\xi_1} = \frac{n_{13}}{n_{1\cdot}} = \frac{70}{430} = 0,163 \quad (regelmäßig).$$

Die relativen Häufigkeiten von X unter der Bedingung $Y = \eta_3$ (Verteilung der Berufszugehörigkeit bei den regelmäßig sportlich Aktiven):

$$f_{1|Y=\eta_3} = \frac{70}{214} = 0,327\,,$$

$$f_{2|Y=\eta_3} = \frac{90}{214} = 0,421\,,$$

$$f_{3|Y=\eta_3} = \frac{30}{214} = 0,140\,,$$

$$f_{4|Y=\eta_3} = \frac{6}{214} = 0,028\,,$$

$$f_{5|Y=\eta_3} = \frac{18}{214} = 0,084\,.$$

Aus den absoluten Randhäufigkeiten von X und den bedingten relativen Häufigkeiten für Y unter der Bedingung $X = \xi_j$ kann man die gemeinsamen absoluten Häufigkeiten n_{jk} eindeutig bestimmen, denn es gilt:

$$n_{jk} = \frac{n_{jk}}{n_{j\cdot}} n_{j\cdot} = f_{k|X=\xi_j} n_{j\cdot}.$$

Analog kann man aus den bedingten relativen Häufigkeiten für X unter der Bedingung $Y = \eta_k$ und den absoluten Randhäufigkeiten von Y die gemeinsamen absoluten Häufigkeiten eindeutig bestimmen, denn es gilt:

$$n_{jk} = \frac{n_{jk}}{n_{\cdot k}} n_{\cdot k} = f_{j|Y=\eta_k} n_{\cdot k}$$

5.1.3 Deskriptive Unabhängigkeit

Die zwei Variablen X und Y heißen **deskriptiv unabhängig**, wenn für alle $j = 1, \ldots, J$ und $k = 1, \ldots, K$ die Beziehung

$$n_{jk} = \frac{n_{j\cdot} \cdot n_{\cdot k}}{n}$$

zutrifft. Im Fall der deskriptiven Unabhängigkeit sind also die gemeinsamen absoluten Häufigkeiten durch die absoluten Randhäufigkeiten eindeutig bestimmt. Man überprüft die deskriptive Unabhängigkeit zweier Variablen anhand ihrer Kontingenztafel.

Beispiel „Geschlecht und Partei": Wir betrachten die Merkmale

$$
\begin{aligned}
X &= \quad \textit{Geschlecht (männlich | weiblich)}, \\
Y &= \quad \textit{gewählte Partei (A | B | C)}
\end{aligned}
$$

in der nachfolgenden Tabelle:

	A	B	C	Σ
männlich	200	120	80	400
weiblich	300	180	120	600
Σ	500	300	200	1000

Offenbar sind die beiden Variablen hier deskriptiv unabhängig.

Wie man an dem Beispiel sieht, stimmen die drei bedingten Verteilungen von X (unter der Bedingung $Y = \eta_k$ für $k = 1, 2, 3$) überein. Ebenso sind die zwei bedingten Verteilungen von Y (unter der Bedingung $X = \xi_j$ für $j = 1, 2$) gleich.

Generell gilt: Die Variablen X und Y sind genau dann deskriptiv unabhängig, wenn eine der vier folgenden äquivalenten Bedingungen erfüllt ist:

1. Für alle $j = 1, \ldots, J$ und $k = 1, \ldots, K$ gilt:

$$n_{jk} = \frac{n_{j\cdot} \cdot n_{\cdot k}}{n}$$

2. Für alle $j = 1, \ldots, J$ und $k = 1, \ldots, K$ gilt:

$$f_{jk} = f_{j\cdot} \cdot f_{\cdot k}$$

3. Für alle $j = 1, \ldots, J$ gilt:

$$f_{j|Y=\eta_1} = \ldots = f_{j|Y=\eta_K} = f_{j\cdot}$$

4. Für alle $k = 1, \ldots, K$ gilt:

$$f_{k|X=\xi_1} = \ldots = f_{k|X=\xi_J} = f_{\cdot k}$$

Bedingung 1 ist nichts anderes als die Definition von oben. Bedingung 2 entspricht Bedingung 1 dividiert durch n. Bedingung 3 besagt, dass die bedingten Verteilungen von X unter $Y = \eta_k$ nicht von k abhängen. Mit anderen Worten: Die bedingten Verteilungen von X stimmen alle mit der Randverteilung von X überein. Bedingung 4 besagt, dass die bedingten Verteilungen von Y unter $X = \xi_j$ nicht von j abhängen; die bedingten Verteilungen von Y stimmen alle mit der Randverteilung von Y überein.

5.1.4 Arithmetische Mittel und Varianzen

Im Folgenden wollen wir zusätzlich annehmen, dass X und Y metrische Merkmale, also mindestens intervallskaliert sind. Dann können insbesondere die arithmetischen Mittel und Varianzen von X und Y sinnvoll berechnet werden. Auch lassen sich Mittelwerte und Streuungen für die bedingten Verteilungen definieren.

Bei den nachfolgenden Formeln handelt es sich im Wesentlichen um die wohlbekannten Formeln für den Mittelwert einer univariaten Verteilung. Diese werden lediglich auf unterschiedliche Verteilungen (Randverteilungen und bedingte Verteilungen) angewandt. Wir gehen davon aus, dass die Daten in einer Kontingenztafel (mit absoluten oder relativen Häufigkeiten) gegeben sind.

- Das **arithmetische Mittel** von X bzw. Y ist das arithmetische Mittel der entsprechenden Randverteilung:

$$\bar{x} = \frac{1}{n}\sum_{j=1}^{J}\xi_j n_{j\cdot} = \sum_{j=1}^{J}\xi_j f_{j\cdot}$$

$$\bar{y} = \frac{1}{n}\sum_{k=1}^{K}\eta_k n_{\cdot k} = \sum_{k=1}^{K}\eta_k f_{\cdot k}$$

- Das Paar $(\bar{x}, \bar{y})$ ist das **arithmetische Mittel** der gemeinsamen Verteilung von X und Y. Im Streudiagramm bildet es den **Schwerpunkt**.

- Das **bedingte arithmetische Mittel** von X unter der Bedingung $Y = \eta_k$ (k fest gegeben) ist das arithmetische Mittel der entsprechenden bedingten Verteilung von X:

$$\overline{x}_k = \frac{1}{n_{\cdot k}} \sum_{j=1}^{J} \xi_j n_{jk} = \sum_{j=1}^{J} \xi_j f_{j|Y=\eta_k}$$

Ebenso ist das **bedingte arithmetische Mittel** von Y unter der Bedingung $X = \xi_j$ (j fest gegeben) das arithmetische Mittel der entsprechenden bedingten Verteilung von Y:

$$\overline{y}_j = \frac{1}{n_{j\cdot}} \sum_{k=1}^{K} \eta_k n_{jk} = \sum_{k=1}^{K} \eta_k f_{k|X=\xi_j}$$

Der Zusammenhang zwischen den bedingten Mitteln und dem Mittel der Randverteilung ist durch den aus Kapitel 2 bekannten Additionssatz für arithmetische Mittel gegeben. Man zerlegt die Grundgesamtheit $G = \{1, 2, \ldots, n\}$ in K Teile G_k, die den Werten von Y entsprechen, $G_k = \{i \in G : y_i = \eta_k\}$. Dann ist $|G_k| = n_{\cdot k}$ und der Additionssatz liefert die Formel:

$$\overline{x} = \sum_{k=1}^{K} \overline{x}_k \frac{n_{\cdot k}}{n}$$

Analog gilt:

$$\overline{y} = \sum_{j=1}^{J} \overline{y}_j \frac{n_{j\cdot}}{n}$$

Falls X und Y deskriptiv unabhängig sind, stimmen, wie im vorigen Abschnitt bemerkt, sämtliche bedingten Verteilungen von X mit der Randverteilung von X überein. Da das bedingte arithmetische Mittel von X gegeben $Y = \eta_k$ der Mittelwert der entsprechenden bedingten Verteilung von X ist, stimmt im Fall der deskriptiven Unabhängigkeit auch für jedes k der bedingte Mittelwert von X mit dem gewöhnlichen Mittelwert überein,

$$\overline{x}_1 = \overline{x}_2 = \cdots = \overline{x}_K = \overline{x}\,.$$

Gleiches gilt im Fall der deskriptiven Unabhängigkeit für die bedingten Mittelwerte von Y, nämlich

$$\overline{y}_1 = \overline{y}_2 = \cdots = \overline{y}_J = \overline{y}\,.$$

Aus den Randverteilungen und den bedingten Verteilungen von X und Y kann man auch die entsprechenden Varianzen berechnen.

- Die **Varianz** von X bzw. Y ist die Varianz der entsprechenden Randverteilung:

$$s_X^2 = \frac{1}{n}\sum_{j=1}^{J}(\xi_j - \overline{x})^2 n_{j\cdot} = \frac{1}{n}\sum_{j=1}^{J}\xi_j^2 n_{j\cdot} - \overline{x}^2,$$

$$s_Y^2 = \frac{1}{n}\sum_{k=1}^{K}(\eta_k - \overline{y})^2 n_{\cdot k} = \frac{1}{n}\sum_{k=1}^{K}\eta_k^2 n_{\cdot k} - \overline{y}^2.$$

- Die **bedingte Varianz** von X unter der Bedingung $Y = \eta_k$ (k fest gegeben) ist definiert als die Varianz der entsprechenden bedingten Verteilung von X,

$$s_{X|Y=\eta_k}^2 = \sum_{j=1}^{J}(\xi_j - \overline{x}_k)^2\,\frac{n_{jk}}{n_{\cdot k}} = \sum_{j=1}^{J}\xi_j^2\,\frac{n_{jk}}{n_{\cdot k}} - \overline{x}_k^2,$$

die **bedingte Varianz** von Y unter der Bedingung $X = \xi_j$ (j fest gegeben) als die Varianz der entsprechenden bedingten Verteilung von Y,

$$s_{Y|X=\xi_j}^2 = \sum_{k=1}^{K}\left(\eta_k - \overline{y}_j\right)^2\,\frac{n_{jk}}{n_{j\cdot}} = \sum_{k=1}^{K}\eta_k^2\,\frac{n_{jk}}{n_{j\cdot}} - \overline{y}_j^2.$$

Die Varianz von X (bzw. Y) und die bedingten Varianzen hängen über den bekannten Additionssatz für Varianzen (siehe Kapitel 2) zusammen. Wie bei den Mittelwerten erhält man

$$s_X^2 = \sum_{k=1}^{K}s_{X|Y=\eta_k}^2\,\frac{n_{\cdot k}}{n} + \sum_{k=1}^{K}(\overline{x}_k - \overline{x})^2\frac{n_{\cdot k}}{n},$$

$$s_Y^2 = \sum_{j=1}^{J}s_{Y|X=\xi_j}^2\,\frac{n_{j\cdot}}{n} + \sum_{j=1}^{J}(\overline{y}_j - \overline{y})^2\frac{n_{j\cdot}}{n}.$$

Im Fall der deskriptiven Unabhängigkeit von X und Y sind alle bedingten Verteilungen von X gleich der Randverteilung von X und deshalb auch alle bedingten Varianzen von X gleich der gewöhnlichen Varianz von X,

$$s_{X|Y=\eta_1}^2 = s_{X|Y=\eta_2}^2 = \cdots = s_{X|Y=\eta_K}^2 = s_X^2.$$

Entsprechendes gilt bei deskriptiver Unabhängigkeit für Y,

$$s_{Y|X=\xi_1}^2 = s_{Y|X=\xi_2}^2 = \cdots = s_{Y|X=\xi_J}^2 = s_Y^2.$$

Beispiel „Wohnungen": In $n = 1000$ Wohnungen einer Trabantenstadt wurden die Anzahl der Wohnräume X und die Anzahl der Personen Y in der Wohnung erhoben. Es ergab sich:

	$Y=1$	2	3	4	5	Σ
$X=1$	200	40	0	0	0	240
2	200	100	30	10	0	340
3	80	40	100	60	10	290
4	20	15	10	20	20	85
5	0	5	10	10	20	45
Σ	500	200	150	100	50	1000

a) Man berechne die arithmetischen Mittel und Varianzen von X und Y.
Das Ergebnis lautet

$$\overline{x} = 2,355\,, \quad \overline{y} = 2,000\,, \quad s_X^2 = 1,149\,, \quad s_Y^2 = 1,500\,.$$

b) Man berechne die bedingten arithmetischen Mittel und Varianzen von X
unter der Bedingung $Y = k$ für $k = 1,...,K$.
Man erhält als Ergebnis:

$$\overline{x}_1 = \tfrac{1}{500}\sum_{j=1}^{5}\xi_j n_{j1} = 1,840 \qquad s_{X|Y=1}^2 = \sum_{j=1}^{5}\xi_j^2\tfrac{n_{j1}}{500} - (1,840)^2 = 0,694$$

$$\overline{x}_2 = 2,225 \qquad s_{X|Y=2}^2 = 0,874$$

$$\overline{x}_3 = 3,000 \qquad s_{X|Y=3}^2 = 0,533$$

$$\overline{x}_4 = 3,300 \qquad s_{X|Y=4}^2 = 0,610$$

$$\overline{x}_5 = 4,200 \qquad s_{X|Y=5}^2 = 0,560$$

Ferner gilt

$$\sum_{k=1}^{5} s_{X|Y=k}^2 \frac{n_{.k}}{n} = 0,691\,,$$

$$\sum_{k=1}^{5} (\overline{x}_k - \overline{x})^2 \frac{n_{.k}}{n} = 0,458\,,$$

$$s_X^2 = 0,691 + 0,458 = 1,149\,.$$

5.1.5 Höherdimensionale Daten

Zum Abschluss dieses Kapitels soll anhand eines einfachen Beispiels gezeigt
werden, wie man auch höherdimensionale Daten übersichtlich darstellen kann.

Beispiel „Rauchen": Bei $n = 1000$ *Personen werden die drei Merkmale*

X *Rauchgewohnheit (Raucher | Nichtraucher),*

Y *Geschlecht (männlich | weiblich),*

Z *Häufigkeit von Kopfschmerzen*

       (einmal oder weniger pro Woche | mehr als einmal pro Woche)

erhoben. Die Datenmatrix hat hier das Format 1000×3. *Da jedes Merkmal für sich betrachtet zwei mögliche Werte besitzt, gibt es* $2^3 = 8$ *mögliche Antworten für jede befragte Person. Die Häufigkeiten, mit der diese acht Antworten in den Daten vorkommen, kann man in einer* **modifizierten Häufigkeitstabelle** *wie folgt darstellen:*

X	Y	Z	
		einmal oder weniger	*mehr als einmal*
Raucher	*männlich*	20	290
	weiblich	60	170
Nichtraucher	*männlich*	20	230
	weiblich	40	170

Die modifizierte Häufigkeitstabelle enthält die **gemeinsamen absoluten Häufigkeiten** n_{ijk} der drei Merkmale. Durch Aggregation in einem Merkmal erhält man **zweidimensionale Randhäufigkeiten**. So ist

$$n_{jk\cdot} = \sum_{l=1}^{L} n_{jkl}$$

die absolute Randhäufigkeit von (ξ_j, η_k), das ist die Anzahl der Beobachtungseinheiten, bei denen X den Wert ξ_j und Y den Wert η_k annimmt. Ebenso sind $n_{j\cdot l}$ und $n_{\cdot kl}$ definiert. Weiter treten **eindimensionale Randhäufigkeiten** auf; beispielsweise ist

$$n_{j\cdot\cdot} = \sum_{k=1}^{K} n_{jk\cdot} = \sum_{k=1}^{K}\sum_{l=1}^{L} n_{jkl}$$

die absolute Randhäufigkeit von ξ_j, das ist die Anzahl der Einheiten, bei denen $X = \xi_j$ beobachtet wird. Ebenso sind $n_{\cdot k\cdot}$ und $n_{\cdot\cdot l}$ definiert.

a) Man gebe im Beispiel „Rauchen" die eindimensionalen Randhäufigkeiten von X, Y *und* Z *an.*

Man erhält die Randhäufigkeiten

$$von\ X \qquad n_{1..} = 540\,, \quad n_{2..} = 460\,,$$
$$von\ Y \qquad n_{.1.} = 560\,, \quad n_{.2.} = 440\,,$$
$$von\ Z \qquad n_{..1} = 140\,, \quad n_{..2} = 860\,.$$

b) *Man gebe die zweidimensionalen Randhäufigkeiten von X und Y sowie von Y und Z jeweils in einer gewöhnlichen Häufigkeitstabelle an.*

	Y		
X	*männlich*	*weiblich*	Σ
Raucher	310	230	540
Nichtraucher	250	210	460
Σ	560	440	1000

	Z		
Y	*einmal oder weniger*	*mehr als einmal*	Σ
männl.	40	520	560
weibl.	100	340	440
Σ	140	860	1000

c) *Man gebe die bedingten zweidimensionalen Randhäufigkeiten von X und Z unter der Bedingung $Y = $ männlich an.*

	Z		
X	*einmal oder weniger*	*mehr als einmal*	Σ
Raucher	20	290	310
Nichtraucher	20	230	250
Σ	40	520	560

Teilt man absolute Randhäufigkeiten durch n, erhält man **relative Randhäufigkeiten**, beispielsweise

$$f_{jk.} = \frac{n_{jk.}}{n}\,, \quad f_{j..} = \frac{n_{j..}}{n} \quad \text{usw.}$$

Die drei Variablen X, Y und Z heißen **deskriptiv unabhängig**, wenn

$$f_{jkl} = f_{j..}\cdot f_{.k.}\cdot f_{..l} \quad \text{für} \quad j = 1,\ldots, J, k = 1,\ldots, K \quad \text{und} \quad l = 1,\ldots, L\,.$$

d) Sind X, Y und Z in der obigen Tabelle deskriptiv unabhängig?
Offensichtlich nicht! Wir haben (für j = k = l = 1) $f_{111} = 0,02$, *aber*

$$f_{1..} \cdot f_{.1.} \cdot f_{..1} = 0,54 \cdot 0,56 \cdot 0,14 = 0,042 \neq 0,02 \, .$$

Auch für vier Variablen lässt sich eine modifizierte Häufigkeitstabelle angeben.

Erweiterung des Beispiels „Rauchen": Es wurde zusätzlich das Merkmal U =
sportliche Betätigung (selten / häufig) erhoben. Nun sind 16 mögliche Ant-
worten zu berücksichtigen. Eine modifizierte Häufigkeitstabelle sieht etwa so
aus:

		Z			
		einmal oder weniger		*mehr als einmal*	
		U		*U*	
X	*Y*	*selten*	*häufig*	*selten*	*häufig*
Raucher	*männlich*	10	10	140	150
	weiblich	20	40	70	100
Nichtraucher	*männlich*	5	15	150	80
	weiblich	20	20	70	100

5.1.6 Stetig klassierte mehrdimensionale Daten

Die bisher entwickelten Definitionen und Formeln beziehen sich auf die diskrete Klassierung von mehrdimensionalen Daten. Wenn eines der Merkmale oder mehrere stetig klassiert sind, verwendet man analoge Formeln.

Seien nun zweidimensionale Daten gegeben, die in beiden Variablen X und Y stetig klassiert sind. Das heißt, gegeben sind Klassengrenzen

$$-\infty \leq x_1^u < x_1^o = x_2^u < \ldots < x_{J-1}^o = x_J^u < x_J^o \leq \infty$$

für X und Klassengrenzen

$$-\infty \leq y_1^u < y_1^o = y_2^u < \ldots < y_{K-1}^o = y_K^u < y_K^o \leq \infty$$

für Y. Die n Beobachtungen (x_i, y_i), $i = 1, \ldots, n$, verteilen sich so auf insgesamt $J \cdot K$ Klassen K_{jk}, die mit dem Doppelindex jk indiziert sind, $j = 1, \ldots, J$, $k = 1, \ldots, K$.

Für jedes jk bezeichnen

- $n_{jk} =$ Anzahl der Daten (x_i, y_i), für die $x_j^u < x_i \le x_j^o$
  und $y_k^u < y_i \le y_k^o$ gilt, und

- $f_{jk} = \frac{n_{jk}}{n}$

die **absolute** bzw. **relative Klassenhäufigkeit**. Diese Häufigkeiten beziehen sich nun auf Klassen statt – wie bei der diskreten Klassierung – auf einzelne Werte. Analog betrachtet man

- **Randhäufigkeiten**,

$$n_{j.} = \sum_{k=1}^{K} n_{jk} \qquad \text{für} \quad X \,,$$

$$n_{.k} = \sum_{j=1}^{J} n_{jk} \qquad \text{für} \quad Y \,,$$

- und **bedingte relative Häufigkeiten**, etwa

$$f_{j|Y=\eta_k} = \frac{n_{jk}}{n_{.k}} \,,$$

das ist die bedingte relative Häufigkeit von $x_j^u < x_i \le x_j^o$ unter der Bedingung, dass $y_k^u < y_i \le y_k^o$ gilt.

Die **arithmetischen Mittel** von X und Y bestimmt man näherungsweise so:

$$\overline{x} \approx \sum_{j=1}^{J} \xi_j \frac{n_{j.}}{n} \qquad \text{für} \quad X \,,$$

wobei ξ_j den Mittelwert von X im Intervall $]x_j^u, x_j^o]$ bezeichnet, falls dieser bekannt ist, ansonsten die Intervallmitte;

$$\overline{y} \approx \sum_{k=1}^{K} \eta_k \frac{n_{.k}}{n} \qquad \text{für} \quad Y \,,$$

wobei η_k der Mittelwert von Y im Intervall $]y_k^u, y_k^o]$ bzw. die Intervallmitte ist. Ebenso werden approximativ die bedingten arithmetischen Mittel berechnet.

Beispiel „Betriebsgröße": Bei 200 kleinen bis mittleren Handwerksbetrieben (bis 50 Beschäftigte) wurden die Betriebsgröße X (Anzahl der Beschäftigten) und der Jahresüberschuss Y (in Tausend €) erhoben. Die Daten liegen in stetig klassierter Form vor; die Klassen und ihre Häufigkeiten sind der folgenden Kontingenztafel zu entnehmen.

j	k	1 $Y \leq 50$	2 $50 < Y \leq 200$	3 $200 < Y \leq 1000$	4 $1000 < Y$	Σ
1	$1 \leq X \leq 5$	20	48	12	0	80
2	$6 \leq X \leq 10$	3	41	29	2	75
3	$11 \leq X \leq 20$	1	9	21	2	33
4	$21 \leq X \leq 50$	0	2	5	5	12
Σ		24	100	67	9	200

Wie bei der stetigen Klassierung nur eines Merkmals stellt sich das Problem, die äußeren Klassen – vor allem die obere Klasse – abzuschließen. Während $X \leq 50$ durch die Einschränkung der Grundgesamtheit („Betriebe bis 50 Beschäftigte") vorgegeben ist, muss eine obere Grenze y_4^o für Y bei der statistischen Auswertung festgelegt werden. Wir rechnen hier mit $y_4^o = 5000$ weiter. Dann folgt für die mittlere Betriebsgröße und den mittleren Jahresüberschuss

$$\overline{x} \approx 8,89, \qquad \overline{y} \approx 401,5 \ .$$

Der Mittelwert von Y unter der Bedingung $X \leq 5$, das ist der mittlere Jahresüberschuss der Kleinbetriebe mit bis zu fünf Beschäftigten, beträgt $\overline{y}_1 \approx 171,25$ [Tausend €].

Das Histogramm zweidimensionaler Daten ist ein Gebilde im dreidimensionalen Raum: Jede Klasse ist ein Rechteck $]x_j^u, x_j^o] \times]y_k^u, y_k^o]$ in der (waagrecht liegenden) x-y-Ebene. Darüber erhebt sich ein Quader der Höhe

$$\frac{n_{jk}}{n \ (x_j^o - x_j^u)(y_k^o - y_k^u)} \ .$$

Offenbar ist die relative Häufigkeit $f_{jk} = \frac{n_{jk}}{n}$ gerade gleich dem Volumen dieses Quaders.

5.2 Zusammenhangsmaße

In diesem Abschnitt nehmen wir wieder an, dass eine Grundgesamtheit $G = \{e_1, e_2, \ldots, e_n\}$ und zwei Variable X und Y gegeben sind. Die Urliste ist also $(x_1, y_1), \ldots, (x_n, y_n)$.

Zu den grundlegenden Aufgaben der beschreibenden Statistik gehört die Suche nach möglichen Zusammenhängen zwischen den Variablen X und Y. Gibt es zwischen dem Preis eines Gutes und der auf einem Markt abgesetzten Menge einen Zusammenhang oder variieren Preis und abgesetzte Menge unabhängig voneinander? Gibt es einen Zusammenhang zwischen dem Geschlecht von Wählern und der gewählten Partei? Von welcher Art ist ggf. dieser Zusammenhang und wie stark ist er ausgeprägt?

Auch bei der Zusammenhangsmessung ist es wichtig, auf das Skalenniveau der Merkmale X und Y zu achten. Wir wollen zunächst den Fall zweier metrischer Merkmale betrachten, anschließend den Fall zweier (mindestens) ordinalskalierter Merkmale und erst zum Schluss den allgemeinen Fall zweier (mindestens) nominalskalierter Merkmale.

5.2.1 Metrische Daten: Korrelationskoeffizient

Den Zusammenhang zwischen metrisch skalierten Variablen misst man mit dem Korrelationskoeffizienten (nach Bravais-Pearson). Seien X und Y zwei metrische Variable und $(x_1, y_1), \ldots, (x_n, y_n)$ die Daten.

Das Streudiagramm erlaubt die visuelle Beurteilung einer möglichen Abhängigkeit zwischen Y und X.

Für die Daten im Beispiel „Obsthändler" ist auf Grund des Streudiagramms (Abbildung 5.1) ein Zusammenhang zu vermuten: Tendenzmäßig entsprechen höheren Preisen geringere abgesetzte Mengen.

Zur Herleitung einer Maßzahl bilden wir zunächst die arithmetischen Mittel

$$\overline{x} = \frac{1}{n} \sum_{i=1}^{n} x_i \quad \text{und} \quad \overline{y} = \frac{1}{n} \sum_{i=1}^{n} y_i$$

sowie die Varianzen

$$s_X^2 = \frac{1}{n} \sum_{i=1}^{n} (x_i - \overline{x})^2 \quad \text{und} \quad s_Y^2 = \frac{1}{n} \sum_{i=1}^{n} (y_i - \overline{y})^2 \, .$$

Wir definieren weiter die **Kovarianz** von X und Y ($\hookrightarrow$ EXCEL),

$$\boxed{s_{XY} = \frac{1}{n} \sum_{i=1}^{n} (x_i - \overline{x})(y_i - \overline{y}) = \frac{1}{n} \sum_{i=1}^{n} x_i y_i - \overline{x}\,\overline{y} \, .}$$

In der Kovarianz werden Terme der Form $(x_i - \overline{x})(y_i - \overline{y})$ aufsummiert. Jeder solche Term entspricht der Fläche eines Rechtecks im x-y-Koordinatensystem, das parallel zu den Achsen liegt und die Eckpunkte $(\overline{x}, \overline{y})$ und (x_i, y_i) besitzt. Wir unterscheiden vier Quadranten relativ zum Schwerpunkt $(\overline{x}, \overline{y})$; siehe Abbildung 5.2. Es gilt

$$(x_i - \overline{x})(y_i - \overline{y}) \geq 0, \quad \text{falls } (x_i, y_i) \text{ im Quadranten I oder III liegt,}$$

$$(x_i - \overline{x})(y_i - \overline{y}) \leq 0, \quad \text{falls } (x_i, y_i) \text{ im Quadranten II oder IV liegt.}$$

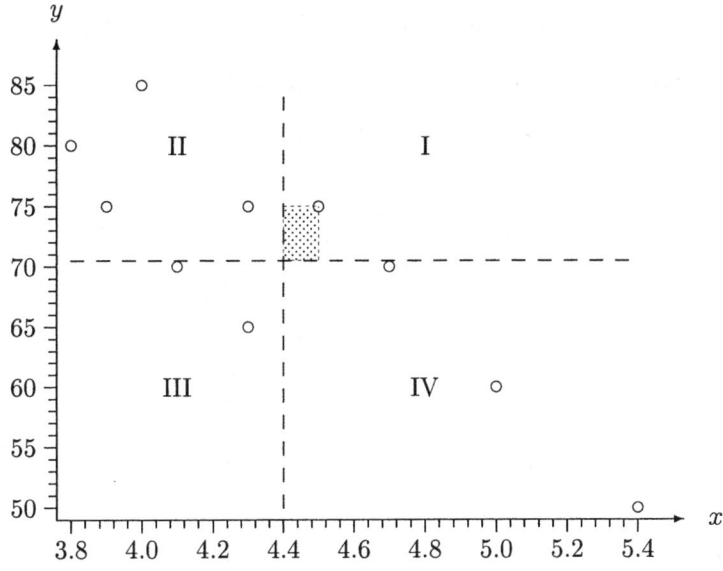

Abbildung 5.2: Zur Interpretation der Kovarianz

Das Vorzeichen von s_{XY} ist dann positiv, wenn die Flächen im ersten und dritten Quadranten überwiegen, es ist negativ, wenn die Flächen im zweiten und vierten Quadranten überwiegen. Eine positive Kovarianz bedeutet deshalb, dass x-Werte und y-Werte eine gemeinsame Tendenz besitzen: größere x-Werte gehen mit größeren y-Werten und kleinere x-Werte gehen mit kleineren y-Werten einher. Umgekehrt bedeutet eine negative Kovarianz, dass x-Werte und y-Werte eine gegenläufige Tendenz aufweisen. Eine Kovarianz nahe null wird als Fehlen einer solchen Tendenz interpretiert.

Aus der Definition der Kovarianz sieht man sofort, dass sie sich nicht ändert, wenn man die beiden Merkmale vertauscht; es gilt

$$s_{XY} = s_{YX} \,.$$

Die Varianz eines Merkmals ist gleich der Kovarianz des Merkmals mit sich selbst,

$$s_X^2 = s_{XX} \,.$$

Beispiel: Im obigen Beispiel „Obsthändler" ergibt sich folgende Arbeitstabelle:

i	x_i	y_i	x_i^2	y_i^2	$x_i y_i$
1	4,70	70	22,09	4900	329,0
2	4,30	75	18,49	5625	322,5
3	3,80	80	14,44	6400	304,0
4	4,50	75	20,25	5625	337,5
5	5,40	50	29,16	2500	270,0
6	5,00	60	25,00	3600	300,0
7	4,10	70	16,81	4900	287,0
8	4,30	65	18,49	4225	279,5
9	3,90	75	15,21	5625	292,5
10	4,00	85	16,00	7225	340,0
Σ	44,00	705	195,94	50625	3062,0

Es ist

$$\overline{x} = 4,40\,, \quad \overline{y} = 70,5\,, \quad s_X^2 = 0,234\,, \quad s_Y^2 = 92,25\,.$$

Die Kovarianz ist dann ($\hookrightarrow$ EXCEL)

$$s_{XY} = \frac{1}{n} \sum_{i=1}^{n} x_i y_i - \overline{x}\,\overline{y} = \frac{1}{10} \cdot 3062 - 4,4 \cdot 70,5 = -4\,.$$

Ähnlich der Varianz kann auch die Kovarianz aus einer Häufigkeitstabelle berechnet werden. Seien $\xi_1, \ldots, \xi_J$ und $\eta_1, \ldots, \eta_K$ die Werte von X und Y und n_{jk} die gemeinsamen absoluten Häufigkeiten, so ist

$$\begin{aligned}
s_{XY} &= \frac{1}{n} \sum_{j=1}^{J} \sum_{k=1}^{K} (\xi_j - \overline{x})\,(\eta_k - \overline{y})\,n_{jk} \\
&= \frac{1}{n} \sum_{j=1}^{J} \sum_{k=1}^{K} \xi_j \eta_k n_{jk} - \overline{x}\,\overline{y}\,.
\end{aligned}$$

*Beispiel „Wohnungen" aus Abschnitt 5.1: Es war X die Anzahl der Wohnräu-
me und Y die Anzahl der Personen pro Wohnung, $n = 1000$. Für s_{XY} ergibt
sich*

$$
\begin{aligned}
s_{XY} &= \frac{1}{n} \sum_{j=1}^{J} \sum_{k=1}^{K} \xi_j \eta_k n_{jk} - \overline{x}\,\overline{y} \\
&= \frac{1}{1000}\left(1 \cdot 1 \cdot 200 + 1 \cdot 2 \cdot 40 + \ldots + 5 \cdot 5 \cdot 20\right) - 2,355 \cdot 2,0 \\
&= 0,82\,.
\end{aligned}
$$

Wir untersuchen nun das Verhalten von s_{XY}, wenn die Daten **affin-linear
transformiert** werden, $X \mapsto X'$ und $Y \mapsto Y'$. Jedes beobachtete Wertepaar
(x_i, y_i) wird dabei wie folgt abgebildet,

$$(x_i, y_i) \mapsto (x_i', y_i') \quad \text{mit } x_i' = a + bx_i,\ y_i' = c + dy_i\,,$$

wobei a, b, c und d feste reelle Zahlen sind. Dann gilt:

$$
\begin{aligned}
s_{X'Y'} &= \frac{1}{n} \sum_{i=1}^{n} \left(x_i' - \overline{x}'\right)\left(y_i' - \overline{y}'\right) \\
&= \frac{1}{n} \sum_{i=1}^{n} \left(a + bx_i - (a + b\overline{x})\right)\left(c + dy_i - (c + d\overline{y})\right) \\
&= b\,d\,\frac{1}{n} \sum_{i=1}^{n} \left(x_i - \overline{x}\right)\left(y_i - \overline{y}\right) \\
s_{X'Y'} &= b\,d\,s_{XY}
\end{aligned}
$$

Man sieht, dass die Kovarianz eine lage-invariante Maßzahl ist. Sie ist linear
in jedem ihrer Argumente, das heißt ein gemeinsamer Faktor der x-Werte
lässt sich vor die Kovarianz ziehen, ebenso ein gemeinsamer Faktor der y-
Werte. Es folgt, dass s_{XY} beliebig große Werte annehmen kann, also nicht
normiert ist. Außerdem trägt s_{XY} eine Benennung (nämlich die Benennung
von X mal der Benennung von Y).

Die Kovarianz lässt sich normieren, indem man sie durch die Standardabweichungen von X und Y dividiert. Das so konstruierte normierte Zusammenhangsmaß heißt **Korrelationskoeffizient** von X und Y ($\hookrightarrow$ EXCEL),

$$\boxed{r_{XY} = \frac{s_{XY}}{s_X s_Y}\,.}$$

Aus Einzeldaten berechnet man r_{XY} mit den bekannten Formeln für s_{XY}, s_X
und s_Y,

$$r_{XY} = \frac{\frac{1}{n}\sum\limits_{i=1}^{n}(x_i-\overline{x})(y_i-\overline{y})}{\sqrt{\frac{1}{n}\sum\limits_{i=1}^{n}(x_i-\overline{x})^2}\sqrt{\frac{1}{n}\sum\limits_{i=1}^{n}(y_i-\overline{y})^2}}$$

$$= \frac{\sum\limits_{i=1}^{n}x_iy_i-n\overline{x}\,\overline{y}}{\sqrt{\sum\limits_{i=1}^{n}x_i^2-n\overline{x}^2}\sqrt{\sum\limits_{i=1}^{n}y_i^2-n\overline{y}^2}}.$$

Der Korrelationskoeffizient hat folgende wichtige Eigenschaften:

1. r_{XY} hat keine Benennung.

2. r_{XY} ändert sich nicht, wenn man X und Y vertauscht; es gilt $r_{XY} = r_{YX}$.

3. r_{XY} ist invariant in Bezug auf affin-lineare Transformationen der Daten, $x_i \mapsto x_i' = a + bx_i$, $y_i \mapsto y_i' = c + dx_i$, $i = 1, 2, \ldots, n$, mit $bd > 0$. Es gilt nämlich für beliebige $a, b, c, d \in \mathbb{R}$

$$r_{X'Y'} = \frac{s_{X'Y'}}{s_{X'}s_{Y'}}$$

$$= \frac{b\,d\,s_{XY}}{|b|\,s_X\,|d|\,s_Y}$$

$$= \frac{b\,d}{|b|\,|d|}r_{XY}.$$

Die Bedingung $bd > 0$ bedeutet, dass die Vorzeichen von b und d übereinstimmen. Dann ist offensichtlich $r_{X'Y'} = r_{XY}$. Wenn sie unterschiedlich sind, ist $r_{X'Y'} = -r_{XY}$.

4. r_{XY} ist normiert. Es gilt (ohne Beweis):

$$-1 \le r_{XY} \le 1$$

5. Von besonderem Interesse sind die Fälle $r_{XY} = 1$ und $r_{XY} = -1$. Sie treten genau dann auf, wenn es Zahlen a und b gibt, $b \ne 0$, so dass

$$y_i = a + bx_i \quad \text{für } i = 1, \ldots, n$$

gilt, d.h. wenn zwischen x- und y-Werten ein **exakter affin-linearer Zusammenhang** besteht. Das Vorzeichen von r_{XY} entspricht dann dem von b:

- **exakter positiver affin-linearer Zusammenhang**

$$r_{XY} = 1 \quad \Longleftrightarrow \quad \begin{array}{l} \text{Es gibt } b > 0 \text{ und } a \in \mathbb{R}, \text{ so dass} \\ y_i = a + bx_i \text{ für alle } i, \end{array}$$

- **exakter negativer affin-linearer Zusammenhang**

$$r_{XY} = -1 \quad \Longleftrightarrow \quad \begin{array}{l} \text{Es gibt } b < 0 \text{ und } a \in \mathbb{R}, \text{ so dass} \\ y_i = a + bx_i \text{ für alle } i. \end{array}$$

6. Wenn $r_{XY} = 0$ ist, sagt man, die Variablen X und Y seien **unkorreliert**. Insbesondere sind deskriptiv unabhängige Variable unkorreliert. Wenn X und Y deskriptiv unabhängig sind, gilt nämlich

$$\frac{n_{jk}}{n} = \frac{n_{j\cdot}}{n} \cdot \frac{n_{\cdot k}}{n}$$

für $j = 1, \ldots, J$ und $k = 1, \ldots, K$. Für s_{XY} ergibt sich dann

$$
\begin{aligned}
s_{XY} &= \sum_{j=1}^{J} \sum_{k=1}^{K} (\xi_j - \overline{x})(\eta_k - \overline{y}) \frac{n_{jk}}{n} \\
&= \underbrace{\sum_{j=1}^{J} (\xi_j - \overline{x}) \frac{n_{j\cdot}}{n}}_{=0} \cdot \underbrace{\sum_{k=1}^{K} (\eta_j - \overline{y}) \frac{n_{\cdot k}}{n}}_{=0} = 0
\end{aligned}
$$

und damit $r_{XY} = 0$. Deskriptive Unabhängigkeit impliziert also die Unkorreliertheit. Das Umgekehrte gilt jedoch nicht: Ein Korrelationskoeffizient von null impliziert nicht die deskriptive Unabhängigkeit.

Zahlenbeispiel: Gegeben sei die folgende Kontingenztabelle.

	$Y = 2$	4	6	Σ
$X = 1$	0	10	0	10
3	10	0	10	20
5	0	10	0	10
Σ	10	20	10	40

Man rechnet leicht aus, dass $s_{XY} = 0$, also auch $r_{XY} = 0$ ist. Andererseits sieht man an der Kontingenztafel, dass die bedingten Verteilungen von X nicht mit der Randverteilung von X übereinstimmen, also keine deskriptive Unabhängigkeit vorliegt.

Aus den genannten Eigenschaften von r_{XY} folgert man: Der Korrelationskoeffizient ist ein **Maß des linearen Zusammenhangs** (genauer: des affin-linearen Zusammenhangs) von X und Y in den Daten.

Im Beispiel „Obsthändler" ist der Korrelationskoeffizient

$$r_{XY} = \frac{s_{XY}}{\sqrt{s_X^2} \cdot \sqrt{s_Y^2}} = \frac{-4}{\sqrt{0,234} \cdot \sqrt{92,25}} = -0,8609\,.$$

Es existiert also ein starker negativer linearer Zusammenhang zwischen Preis und abgesetzter Menge.

Bei der Interpretation des Wertes von r_{XY} ist besondere Vorsicht angebracht.

1. r_{XY} misst nur die Stärke des linearen Zusammenhangs. Auch wenn r_{XY} gleich null oder ungefähr gleich null ist und somit kein linearer Zusammenhang angezeigt wird, können andere Arten des Zusammenhangs vorliegen.

   Zahlenbeispiel: Sei $n = 5$ und

   $$\begin{aligned}
   (x_1, y_1) &= (-2, 4) \\
   (x_2, y_2) &= (-1, 1) \\
   (x_3, y_3) &= (0, 0) \\
   (x_4, y_4) &= (1, 1) \\
   (x_5, y_5) &= (2, 4)
   \end{aligned}$$

   Wie man sieht, gilt $y_i = x_i^2$ für $i = 1, \ldots, 5$, es existiert ein exakter quadratischer Zusammenhang der x- und y-Werte; vgl. Abbildung 5.3. Demgegenüber gilt hier jedoch

   $$r_{XY} = 0\,,$$

   der Korrelationskoeffizient zeigt den quadratischen Zusammenhang nicht an.

2. Der Korrelationskoeffizient r_{XY} ändert sich nicht, wenn man X und Y vertauscht. Aus dem Wert von r_{XY} darf deshalb nicht auf eine Kausalbeziehung von X auf Y oder umgekehrt geschlossen werden. Eine solche Kausalbeziehung kann nur durch sachlogische, inhaltliche Überlegungen im Kontext der Anwendung festgestellt werden, nicht jedoch durch die Berechnung von r_{XY}.

3. Ein nahezu linearer Zusammmenhang von X und Y kann verschiedene Ursachen haben. So können z.B. X und Y beide von einer dritten Variablen Z abhängen (ohne dass Z explizit betrachtet wird). Ein hoher Wert von r_{XY} wird in diesem Fall als **Scheinkorrelation** bezeichnet.

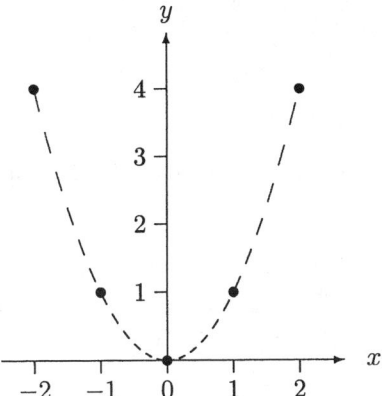

Abbildung 5.3: Nullkorrelation bei quadratischer Abhängigkeit

Beispiel: Wortschatz X und Körpergröße Y von Kindern weisen häufig einen deutlich ausgeprägten linearen Zusammenhang auf. Tatsächlich hängen beide Variable von einer dritten ab, nämlich dem Alter Z des Kindes.

4. Ein hoher Wert von r_{XY} kann auch dann entstehen, wenn x_i und y_i Zeitreihen sind, die einen starken gemeinsamen Trend aufweisen (zum Begriff des Trends siehe Kapitel 6). Auch hier kann es sich um eine Scheinkorrelation handeln, die durch den gemeinsamen Trend verursacht ist. Schließlich sei noch darauf hingewiesen, dass völlig sachfremde Variable X und Y gelegentlich eine hohe Korrelation aufweisen (so genannte **Nonsens-Korrelation**).

5.2.2 Ordinale Daten: Rangkorrelationskoeffizient

Den Zusammenhang zwischen nur ordinal skalierten Variablen misst man mit dem Rangkorrelationskoeffizienten (nach Spearman). Sind X und Y nur ordinalskaliert, so ist die direkte Anwendung des Korrelationskoeffizienten auf die Daten (x_i, y_i), $i = 1, \ldots, n$, nicht zulässig, da weder die arithmetischen Mittel $\bar{x}$ und $\bar{y}$ noch die Varianzen s_X^2 und s_Y^2 noch die Kovarianz s_{XY} eine Bedeutung haben. Man kann allerdings die Daten x_i und y_i durch ihre Rangzahlen $R_X(x_i)$ und $R_Y(y_i)$ ersetzen und den Korrelationskoeffizienten dieser Rangzahlen berechnen.

Zunächst unterstellen wir, dass die Werte $x_1, x_2, \ldots, x_n$ alle verschieden sind. Dann erhält x_i die **Rangzahl** $R_X(x_i) = r$ (kurz: den **Rang** r), wenn x_i in der aufsteigend geordneten Folge der x-Werte an der r-ten Stelle steht, $i = 1, 2, \ldots, n$. Analog ist für jedes i die Rangzahl $R_Y(y_i)$ von y_i definiert.

Zahlenbeispiel: Für $x_1 = 1$, $x_2 = 4$, $x_3 = 7$, $x_4 = 3$, $x_5 = 6$ und $x_6 = 8$ *ist*

$$R_X(x_1) = 1, \quad R_X(x_2) = 3, \quad R_X(x_3) = 5,$$
$$R_X(x_4) = 2, \quad R_X(x_5) = 4, \quad R_X(x_6) = 6.$$

Die Anwendung der Formel des Korrelationskoeffizienten auf die Ränge $R_X(x_i)$ und $R_Y(y_i)$ ergibt

$$r_{XY}^R = \frac{\frac{1}{n} \sum_{i=1}^{n} \left(R_X(x_i) - \overline{R}_X \right) \left(R_Y(y_i) - \overline{R}_Y \right)}{\sqrt{\frac{1}{n} \sum_{i=1}^{n} \left(R_X(x_i) - \overline{R}_X \right)^2} \sqrt{\frac{1}{n} \sum_{i=1}^{n} \left(R_Y(y_i) - \overline{R}_Y \right)^2}},$$

wobei $\overline{R}_X$ und $\overline{R}_Y$ die arithmetischen Mittel der Ränge bezeichnen. Die Summe aller Ränge, das sind die Zahlen von 1 bis n, ist gleich $\frac{n(n+1)}{2}$, das arithmetische Mittel der Ränge daher gleich

$$\overline{R}_X = \overline{R}_Y = \frac{n+1}{2},$$

also gilt

$$r_{XY}^R = \frac{\frac{1}{n} \sum_{i=1}^{n} \left(R_X(x_i) - \frac{n+1}{2} \right) \left(R_Y(y_i) - \frac{n+1}{2} \right)}{\sqrt{\frac{1}{n} \sum_{i=1}^{n} (R_X(x_i) - \frac{n+1}{2})^2} \sqrt{\frac{1}{n} \sum_{i=1}^{n} (R_Y(y_i) - \frac{n+1}{2})^2}}.$$

Die Maßzahl r_{XY}^R nennt man den **Rangkorrelationskoffizienten** der Daten $(x_1, y_1), \ldots, (x_n, y_n)$. Eine äquivalente Formel für r_{XY}^R lautet:

$$r_{XY}^R = \frac{\sum_{i=1}^{n} R_X(x_i) R_Y(y_i) - \frac{n(n+1)^2}{4}}{\sqrt{\sum_{i=1}^{n} R_X(x_i)^2 - \frac{n(n+1)^2}{4}} \sqrt{\sum_{i=1}^{n} R_Y(y_i)^2 - \frac{n(n+1)^2}{4}}}.$$

Mittels einer Umformung erhält man (unter Ausnutzung der Verschiedenheit der x_i bzw. y_i) die vereinfachte Formel ($\hookrightarrow$ EXCEL)

$$r_{XY}^R = 1 - \frac{6 \sum_{i=1}^{n} \left(R_X(x_i) - R_Y(y_i) \right)^2}{n(n^2 - 1)}.$$

Beispiel „Bewerber": Sechs Bewerber ($i = 1, \ldots, 6$) um eine Stelle wurden vom Personalchef auf einer von 1 bis 10 reichenden Ordinalskala in Bezug auf Fachwissen ($= X$) und Auftreten ($= Y$) beurteilt. Es ergab sich

i	x_i	y_i	$R_X(x_i)$	$R_Y(y_i)$	$(R_X(x_i) - R_Y(y_i))^2$
1	1	1	1	1	0
2	4	2	3	2	1
3	7	9	5	5	0
4	3	4	2	3	1
5	6	10	4	6	4
6	8	5	6	4	4
Σ			21	21	10

Aus diesen Werten berechnet man

$$r^R_{XY} = 1 - \frac{6 \cdot 10}{6(6^2 - 1)} = 1 - \frac{60}{6 \cdot 35} = 0,714 \,.$$

Die wichtigsten Eigenschaften des Rangkorrelationskoeffizienten kann man so zusammenfassen:

1. r^R_{XY} hat keine Benennung.

2. r^R_{XY} ändert sich nicht, wenn man X und Y vertauscht.

3. r^R_{XY} ist invariant in Bezug auf streng monoton wachsende Transformationen. D.h., wenn ϕ und ψ streng monoton wachsende Funktionen sind und $x'_i = \phi(x_i)$ und $y'_i = \psi(y_i)$ für $i = 1, ..., n$, so gilt

$$r^R_{X,Y} = r^R_{X',Y'} \,.$$

Dies folgt aus der Tatsache, dass sich die Ränge durch die streng monoton wachsenden Funktionen ϕ und ψ nicht ändern, d.h. für alle i gilt

$$R_X(x_i) = R_X(x'_i) \quad \text{und} \quad R_Y(y_i) = R_Y(y'_i) \,.$$

4. r^R_{XY} ist normiert,

$$-1 \leq r^R_{XY} \leq 1.$$

Für die Extremfälle $r^R_{XY} = 1$ und $r^R_{XY} = -1$ gilt:

- $r^R_{XY} = +1 \quad \Leftrightarrow \quad R_X(x_i) = R_Y(y_i)$ für alle i.
  Dies bedeutet, dass alle x-Werte und y-Werte in gleicher Richtung geordnet sind: $x_i < x_j \quad \Leftrightarrow \quad y_i < y_j$ für alle i und j. Es handelt sich um einen **vollständig gleichgerichteten Zusammenhang**.

- $r_{XY}^R = -1 \quad \Leftrightarrow \quad R_X(x_i) = n - R_Y(y_i) + 1 \quad$ für alle i.

  In diesem Fall sind die x- und y-Werte in entgegengesetzter Richtung geordnet: $x_i < x_j \quad \Leftrightarrow \quad y_i > y_j$ für alle i und j. Man nennt dies einen **vollständig gegenläufigen Zusammenhang**.

An diesen Eigenschaften sieht man, dass r_{XY}^R ein **Maß des monotonen Zusammenhangs** darstellt. $r_{XY}^R \approx 0$ interpretiert man als Fehlen eines monotonen Zusammenhangs.

Berücksichtigung von Bindungen In der obigen Definition der Ränge wurde vorausgesetzt, dass die x_i untereinander verschieden sind und ebenso die y_i. Bei empirischen Daten treten aber oft die gleichen Werte mehrfach auf (so genannte **Bindungen**). Um in diesem Fall eindeutige Ränge vergeben zu können, benutzt man die **Methode der Durchschnittsränge:** Man ordnet die x_i aufsteigend und weist jeder Beobachtung den Rang vorläufig zu, der ihrer Position entspricht; mehrfach vorkommende Werte erhalten dabei benachbarte Ränge. Sodann bestimmt man für jeden mehrfach vorkommenden Wert den Durchschnitt der vorläufigen Rangzahlen und weist allen Beobachtungen x_i, die den gleichen Wert haben, diesen Durchschnitt als endgültige Rangzahl zu.

Zahlenbeispiel: Sei $x_1 = 3,7$, $x_2 = 3,9$, $x_3 = 3,1$, $x_4 = 3,7$. Offensichtlich ist $R_X(x_3) = 1$ und $R_X(x_2) = 4$. Auf $x_1 = x_4 = 3,7$ entfallen die Ränge 2 und 3. Man vergibt als Durchschnittsrang

$$R_X(x_1) = 2,5 \quad \text{und} \quad R_X(x_4) = 2,5\,.$$

Analog vergibt man Durchschnittsränge für die y_i. Im Fall von Bindungen gilt die vereinfachte Formel für r_{XY}^R nicht; zur Berechnung muss man die Definitionsformel verwenden.

Der Rangkorrelationskoeffizient r_{XY}^R kann auch aus einer Häufigkeitstabelle berechnet werden: Hierbei werden für die Merkmalswerte $\xi_1 < \xi_2 < \ldots < \xi_J$ von X und $\eta_1 < \eta_2 < \ldots < \eta_K$ von Y Durchschnittsränge vergeben. r_{XY}^R wird dann mittels der Formel

$$r_{XY}^R = \frac{\frac{1}{n}\sum\limits_{j=1}^{J}\sum\limits_{k=1}^{K} R_X(\xi_j)R_Y(\eta_k)\,n_{jk} - \frac{(n+1)^2}{4}}{\sqrt{\frac{1}{n}\sum\limits_{j=1}^{J} R_X(\xi_j)^2 n_{j\cdot} - \frac{(n+1)^2}{4}}\,\sqrt{\frac{1}{n}\sum\limits_{k=1}^{K} R_Y(\eta_k)^2\,n_{\cdot k} - \frac{(n+1)^2}{4}}}$$

berechnet. Die vereinfachte Formel ist im Fall von Bindungen falsch. Bei einer größeren Anzahl von Bindungen kann durch ihre Anwendung ein erheblicher Fehler entstehen.

Beispiel „Kursentwicklung": 27 Aktien wurden in Bezug auf

$X \quad = \quad$ *Gewinn des Unternehmens (gering | mittel | hoch),*

$Y \quad = \quad$ *Kursentwicklung im Vergleich zum Markt*

$\qquad$ *(unterproportional | proportional | überproportional)*

beurteilt. Es ergab sich:

X	Y	η_1 unterprop.	η_2 prop.	η_3 überprop.	Σ
ξ_1	gering	4	2	1	7
ξ_2	mittel	3	7	4	14
ξ_3	hoch	1	2	3	6
Σ		8	11	8	27

Man ermittelt folgende Durchschnittsränge:

$$R_X\left(\xi_1\right) = \tfrac{1}{7}(1 + 2 + \ldots + 7) = 4\,, \qquad R_Y\left(\eta_1\right) = 4,5\,,$$
$$R_X\left(\xi_2\right) = \tfrac{1}{14}(8 + 9 + \ldots + 21) = 14,5\,, \quad R_Y\left(\eta_2\right) = 14\,,$$
$$R_X\left(\xi_3\right) = \tfrac{1}{6}(22 + 23 + \ldots + 27) = 24,5\,, \quad R_Y\left(\eta_3\right) = 23,5\,,$$
$$\overline{R}_X = \tfrac{27+1}{2} = 14\,, \qquad \overline{R}_Y = 14\,.$$

Es ergibt sich

$$r_{XY}^R = \frac{\frac{1}{27}(4\cdot4,5\cdot4 + 4\cdot14\cdot2 + \ldots + 24,5\cdot23,5\cdot3) - \frac{(27+1)^2}{4}}{\sqrt{\frac{1}{27}(4^2\cdot7 + 14,5^2\cdot14 + 24,5^2\cdot6) - 196}\sqrt{\frac{1}{27}(4,5^2\cdot8 + 14^2\cdot11 + 23,5^2\cdot8) - 196}} = 0,348\,.$$

Mit der (für den vorliegenden Fall unzulässigen) rechentechnisch einfacheren Formel würde sich $r_{XY}^R = 0,441$ ergeben, also ein deutlich höherer Wert.

5.2.3 Nominale Daten: Kontingenzkoeffizient

In diesem Abschnitt wird für X und Y nur eine Nominalskala vorausgesetzt. Den Zusammenhang zwischen bloß nominal skalierten Variablen misst man mit dem Kontingenzkoeffizienten.

Die Daten seien in Form einer Kontingenztafel gegeben. Die beiden Variablen sind in der Tabelle deskriptiv unabhängig, wenn $n_{jk} = \frac{n_{j\cdot}\cdot n_{\cdot k}}{n}$ für alle $j = 1,\ldots,J$ und $k = 1,\ldots,K$ gilt. Ein Maß für die Abweichung von der deskriptiven Unabhängigkeit stellt der Ausdruck

$$\chi^2 = \sum_{j=1}^{J}\sum_{k=1}^{K} \frac{\left(n_{jk} - \frac{n_{j\cdot}\cdot n_{\cdot k}}{n}\right)^2}{\frac{n_{j\cdot}\cdot n_{\cdot k}}{n}} = n\left(\sum_{j=1}^{J}\sum_{k=1}^{K} \frac{n_{jk}^2}{n_{j\cdot}\cdot n_{\cdot k}} - 1\right)$$

dar. Wir setzen hier natürlich $n_{j\cdot} > 0$ und $n_{\cdot k} > 0$ für alle j und k voraus. Sollte $n_{j\cdot} = 0$ oder $n_{\cdot k} = 0$ für ein j oder k sein, so kann der entsprechende Merkmalswert ξ_j bzw. η_k gestrichen werden.

χ^2 ist offensichtlich genau dann null, wenn die Variablen deskriptiv unabhängig sind. Im Fall $J = K = 2$ erhält man die einfachere Formel

$$\chi^2 = n \cdot \frac{(n_{11}n_{22} - n_{12}n_{21})^2}{n_{1\cdot}n_{2\cdot}n_{\cdot 1}n_{\cdot 2}} \, .$$

χ^2 ist jedoch noch nicht normiert. An Stelle von χ^2 verwendet man deshalb den **Kontingenzkoeffizienten** C,

$$C = C_{XY} = \sqrt{\frac{\chi^2}{\chi^2 + n} \cdot \frac{\min\{J, K\}}{\min\{J, K\} - 1}} \, .$$

Der Kontingenzkoeffizient wächst streng monoton mit χ^2 und ist normiert,

$$0 \le C_{XY} \le 1 \, .$$

Es gilt $C_{XY} = 0$ genau dann, wenn $\chi^2 = 0$ ist. Das ist der Fall der deskriptiven Unabhängigkeit.

Beispiel „Klausurerfolg": 800 Studierende schreiben die Klausur „Statistik I". Sei

> X *Klausurerfolg (bestanden | nicht bestanden),*
> Y *Hochschullehrer (A | B).*

Es ergab sich

	A	B	Σ
bestanden	250	300	550
nicht bestanden	100	150	250
Σ	350	450	800

Man messe den Zusammenhang von Klausurerfolg und Hochschullehrer. Hier ist $J = K = 2$. Wir erhalten mit der einfacheren Formel

$$\chi^2 = 800 \, \frac{(250 \cdot 150 - 300 \cdot 100)^2}{550 \cdot 250 \cdot 350 \cdot 450} = 2{,}078 \, ,$$

$$C_{XY} = \sqrt{\frac{2{,}078}{2{,}078 + 800} \cdot \frac{2}{2 - 1}} = 0{,}072 \, .$$

Offensichtlich ist der Zusammenhang von X und Y nur sehr schwach ausgeprägt.

Den Fall des stärksten Zusammenhangs im Sinne des Kontingenzkoeffizienten, $C_{XY} = 1$, betrachten wir nun näher anhand zweier Beispiele:

Beispiel 1 (mit J > K):

	η_1	η_2	Σ
ξ_1	0	50	50
ξ_2	50	0	50
ξ_3	100	0	100
Σ	150	50	200

Im Beispiel 1 ist J > K und man berechnet

$$\chi^2 = \frac{\left(0 - \frac{50 \cdot 150}{200}\right)^2}{\frac{50 \cdot 150}{200}} + \frac{\left(50 - \frac{50 \cdot 50}{200}\right)^2}{\frac{50 \cdot 50}{200}} + \frac{\left(50 - \frac{50 \cdot 150}{200}\right)^2}{\frac{50 \cdot 150}{200}}$$

$$+ \frac{\left(0 - \frac{50 \cdot 50}{200}\right)^2}{\frac{50 \cdot 50}{200}} + \frac{\left(100 - \frac{100 \cdot 150}{200}\right)^2}{\frac{100 \cdot 150}{200}} + \frac{\left(0 - \frac{100 \cdot 50}{200}\right)^2}{\frac{100 \cdot 50}{200}}$$

$$= 200,$$

$$C_{XY} = \sqrt{\frac{200}{200 + 200} \cdot 2} = 1.$$

Der Wert ξ_1 von X tritt hier nur gemeinsam mit dem Wert η_2 von Y auf, der Wert ξ_2 von X nur gemeinsam mit dem Wert η_1 von Y, und der Wert ξ_3 von X ebenfalls nur gemeinsam mit dem Wert η_1 von Y. Bei jeder Beobachtung (x_i, y_i) kann man also vom Wert von x_i auf den Wert von y_i schließen. Umgekehrt kann man jedoch nicht vom y-Wert auf den x-Wert schließen.

Beispiel 2 (mit J = K):

	η_1	η_2	Σ
ξ_1	0	50	50
ξ_2	100	0	100
Σ	100	50	150

Hier ist $J = K$ und man erhält

$$\chi^2 \;=\; 150\,,$$

$$C_{XY} \;=\; \sqrt{\frac{\chi^2}{\chi^2 + 150} \cdot 2} = 1\,.$$

Im zweiten Beispiel tritt also ξ_1 immer mit η_2 und ξ_2 immer mit η_1 auf. Aus dem Wert von X kann man also auf den Wert von Y schließen und umgekehrt.

Wenn C_{XY} maximal, das heißt gleich eins ist, sagt man, dass ein **vollständiger Zusammenhang** zwischen den Variablen besteht. Dabei sind zwei Fälle zu unterscheiden:

- Im Fall $J \le K$ ist $C_{XY} = 1$ äquivalent damit, dass $\chi^2 = n(J - 1)$. Man kann zeigen, dass dann jede *Spalte* der Kontingenztafel genau eine gemeinsame Häufigkeit enthält, die von null verschieden ist; siehe das obige Beispiel 2 mit $J = K = 2$.

- Im Fall $J > K$ bedeutet $C_{XY} = 1$, dass $\chi^2 = n(K - 1)$ ist und sich in jeder *Zeile* der Kontingenztafel genau eine gemeinsame Häufigkeit befindet, die von null verschieden ist; siehe das obige Beispiel 1 mit $J = 3$ und $K = 2$.

Bei der Interpretation von C_{XY} ist zu beachten, dass C_{XY} nur die Stärke des Zusammenhangs misst, nicht jedoch die Richtung. Allerdings misst C_{XY} Zusammenhänge beliebiger Art und nicht nur den affin-linearen (wie r_{XY}) oder den monotonen (wie r_{XY}^R) Zusammenhang.

Zur praktischen Anwendung der Zusammenhangsmaße r_{XY}, r_{XY}^R und C_{XY} noch einige Hinweise.

- Sind die Skalenniveaus von X und Y verschieden, so muss ein Zusammenhangsmaß gewählt werden, das höchstens das geringere der beiden Skalenniveaus erfordert.

Y $\quad$ X	Nominalskala	Ordinalskala	Metrische Skala
Nominalskala	C_{XY}	C_{XY}	C_{XY}
Ordinalskala	C_{XY}	r_{XY}^R	r_{XY}^R
Metrische Skala	C_{XY}	r_{XY}^R	r_{XY}

- Wie schon mehrfach erwähnt, misst r_{XY} nur die Stärke des affin-linearen Zusammenhangs von zwei metrischen Variablen X und Y, r_{XY}^R nur die Stärke des monotonen Zusammenhangs. Will man jedoch für metrische oder ordinalskalierte Variablen den allgemeinen Zusammenhang messen, so berechnet man C_{XY}. Sind X oder Y (oder beide) stetig, so muss zunächst eine stetige Klassierung vorgenommen und dann C_{XY} aus der Häufigkeitstabelle berechnet werden. Allerdings hängt der Wert von C_{XY} nicht unerheblich von der Anzahl der Klassen und der Wahl der Klassengrenzen ab.

5.3 Deskriptive Regression

Mit den in Abschnitt 5.2 angegebenen Zusammenhangsmaßen wird die Stärke des Zusammenhangs zwischen zwei Variablen X und Y gemessen. Diese Maße ändern sich nicht, wenn X und Y vertauscht werden. Man kann mit ihnen daher keine Kausalbeziehung zum Ausdruck bringen.

Demgegenüber betrachten wir nun verschiedene Methoden der **Regression.** Bei ihnen wird eine Variable auf eine andere „zurückgeführt", genauer: die Variation der ersten Variablen durch die Variation der zweiten Variablen „erklärt". Die beiden Variablen haben hierbei unterschiedliche Rollen. Die erste Variable wird als **abhängige Variable** oder **Regressand** bezeichnet. Die zweite, der Erklärung dienende Variable heißt **unabhängige Variable** oder **Regressor.** Welche von beiden die Rolle der unabhängigen und welche die Rolle der abhängigen Variablen einnimmt, hängt vom Kontext der Anwendung ab. Auch die Art, d.h. die funktionale Form des Einflusses der unabhängigen auf die abhängige Variable wird ggf. vorweg durch inhaltliche und sachlogische Überlegungen bestimmt.

5.3.1 Regression erster Art

Bei dieser Art der Regression wird vorausgesetzt, dass die abhängige Variable Y mindestens intervallskaliert ist. Die unabhängige Variable X darf beliebig skaliert sein; sie besitze die möglichen Ausprägungen $\xi_1, \xi_2, \ldots, \xi_J$.

Aus den Daten $(x_1, y_1), \ldots, (x_n, y_n)$ berechnen wir die bedingten Mittelwerte $\overline{y}_j$ von Y unter der Bedingung $X = \xi_j$ für $j = 1, \ldots, J$. Die Zuordnung

$$\xi_j \longmapsto \overline{y}_j$$

heißt **deskriptive Regression erster Art von** Y **auf** X. Graphisch stellt man die deskriptive Regression erster Art wie folgt dar: Ist X bloß nominal skaliert, zeichnet man ein Säulendiagramm; die Säule bei ξ_j hat darin die Höhe $\overline{y}_j$, $j = 1, 2, \ldots, J$. Wenn X ordinal oder metrisch skaliert ist und $\xi_1 < \ldots < \xi_J$ gilt, zeichnet man die Punkte $(\xi_1, \overline{y}_1), \ldots, (\xi_J, \overline{y}_J)$ in die x-y-Ebene ein und verbindet sie.

Beispiel „Haushaltseinkommen": Wir untersuchen den Einfluss des Haushalts-
typs X auf das durchschnittliche verfügbare Haushalts-Nettoeinkommen Y in
den alten Bundesländern. Sei G die Grundgesamtheit aller Privathaushal-
te der alten Bundesländer im Jahre 1998. Sie wird in sechs Haushaltstypen
unterteilt; siehe die folgende Tabelle.

Durchschnittliches verfügbares Haushalts-Nettoeinkommen nach Haushalts-
typen; alte Bundesländer in 1998 (Quelle: Statistisches Jahrbuch 2001)

j	Haushaltstyp ξ_j	mittl. Einkommen $\overline{y}_j$ (in DM)	Anzahl Haushalte (in 1000)
1	Selbständige	8470	2248
2	Beamte	7977	1734
3	Angestellte	6150	10452
4	Arbeiter	4967	7240
5	Arbeitslose	2892	1983
6	Nichterwerbstätige	3756	13124
Σ			36781

Das zur Regression gehörige Säulendiagramm ist in Abbildung 5.4 dargestellt.

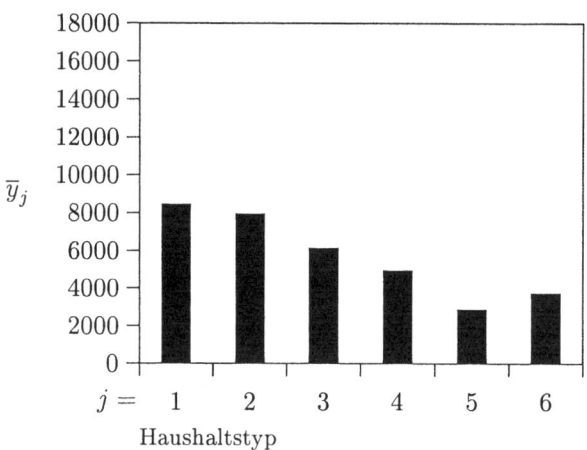

Abbildung 5.4: Säulendiagramm zur Regression erster Art

Durch das Merkmal X mit den Ausprägungen $\xi_1, \ldots, \xi_J$ ist eine Zerlegung der Grundgesamtheit in J Teilgesamtheiten mit den Umfängen $n_1., n_2., \ldots,$ $n_J.$ gegeben. Es gilt:

$$\overline{y} = \frac{1}{n} \sum_{j=1}^{J} \overline{y}_j n_j.$$

$$s_Y^2 = \underbrace{\frac{1}{n} \sum_{j=1}^{J} s_{Y|X=\xi_j}^2 n_j.}_{s_{int}^2} + \underbrace{\frac{1}{n} \sum_{j=1}^{J} (\overline{y}_j - \overline{y})^2 n_j.}_{s_{ext}^2}$$

Hierbei bezeichnet $s_{Y|X=\xi_j}^2$ die bedingte Varianz von Y unter der Bedingung $X = \xi_j$ (vgl. Abschnitt 5.1.4).

Der Erklärungswert der unabhängigen Variablen X für Y kann dann durch die Maßzahl

$$B = \frac{s_{ext}^2}{s_Y^2}$$

ausgedrückt werden. B heißt **Bestimmtheitsmaß** oder **Determinationskoeffizient** der deskriptiven Regression erster Art. Es gilt

$$0 \leq B \leq 1.$$

Offenbar ist $B = 0$ genau dann, wenn $s_{ext}^2 = 0$, d.h. wenn

$$\overline{y}_1 = \overline{y}_2 = \ldots = \overline{y}_J = \overline{y}$$

gilt. In den durch $X = \xi_j$ definierten Teilgesamtheiten sind dann alle bedingten Mittel $\overline{y}_j$ gleich, und zwar gleich dem Gesamtmittel $\overline{y}$. In diesem Fall hat X keinen Erklärungswert für Y.

Es ist $B = 1$ genau dann, wenn $s_Y^2 = s_{ext}^2$ und $s_{int}^2 = 0$. In diesem Fall sind die bedingten Varianzen $s_{Y|X=\xi_j}^2$ für $j = 1, 2, \ldots, J$ alle null: Innerhalb der durch $X = \xi_j$ definierten Teilgesamtheiten sind alle y-Werte gleich. Die Gesamtvarianz der y-Werte entsteht also durch die Streuung der bedingten Mittelwerte $\overline{y}_j$. In diesem Fall hat X den höchsten Erklärungswert für Y.

Die Varianz s_{ext}^2 wird in der beschreibenden Statistik auch als der durch die Regression erster Art erklärte Teil der Gesamtvarianz s_Y^2 der y-Werte bezeichnet. B gibt deshalb den Anteil der durch die Regression erster Art **erklärten Varianz** an der Gesamtvarianz von Y an.

Beispiel „Prädikatsexamen": Bei zehn Diplom-Kaufleuten des Examensjahrgangs 2001 wurde festgestellt, ob ein Prädikatsexamen vorliegt oder nicht (Variable X), und es wurde das Bruttojahresgehalt (Variable Y, in DM) der ersten Anstellung erhoben. Die Auswertung der Daten ergab:

Prädikatsexamen ξ_j	Anzahl $n_{j\cdot}$	mittleres Gehalt $\overline{y}_j$	Varianz des Gehalts $s^2_{Y\mid X=\xi_j}$
ja	3	75 000	49 000 000
nein	7	60 000	25 000 000

und damit die in Abbildung 5.5 dargestellte Regression erster Art.

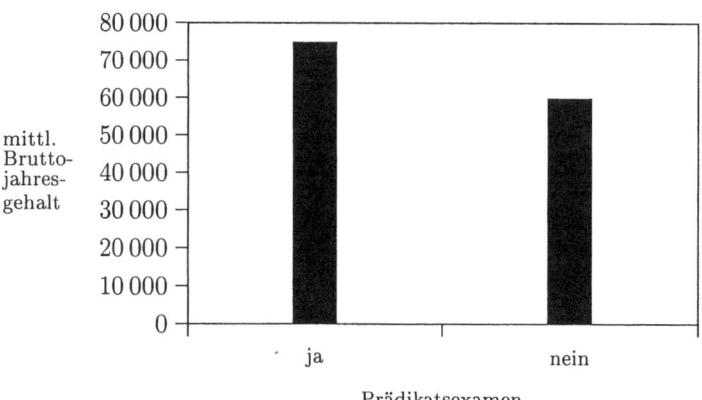

Abbildung 5.5: Säulendiagramm zur Regression erster Art

Weiter ist

$$\overline{y} = 64\,500\,,$$
$$s^2_Y = s^2_{int} + s^2_{ext}$$
$$= \frac{1}{10}(49\,000\,000 \cdot 3 + 25\,000\,000 \cdot 7)$$
$$\quad + \frac{1}{10}\left[(75\,000 - 64\,500)^2 \cdot 3 + (60\,000 - 64\,500)^2 \cdot 7\right]$$
$$= 32\,200\,000 + 47\,250\,000$$
$$= 79\,450\,000\,,$$
$$B = \frac{47\,250\,000}{79\,450\,000} = 0,5947\,.$$

Man sieht, dass sich fast 60% der Varianz des Bruttojahresgehalts der Diplom-Kaufleute durch die Variable Prädikatsexamen (ja | nein) erklären lassen.

5.3.2 Regression zweiter Art (Lineare Regression)

In diesem Abschnitt setzen wir voraus, dass X und Y metrische Merkmale sind. In der deskriptiven Regression zweiter Art soll die Abhängigkeit der y-Werte von den x-Werten durch eine Gerade dargestellt werden: Die Daten $(x_1, y_1), ..., (x_n, y_n)$ der Urliste sollen durch

$$\boxed{y_i = a + bx_i + u_i, \quad i = 1, ..., n}$$

mit möglichst kleinen **Residuen** u_i beschrieben werden. Die Regression zweiter Art heißt deshalb auch **lineare Regression**. Genauer nennt man sie **lineare Einfachregression**, da sie im Gegensatz zur **linearen Mehrfachregression** nur *einen* Regressor berücksichtigt.

Der Achsenabschnitt a und die Steigung b der Geraden $y \mapsto a + bx$ stellen unbekannte **Regressionskoeffizienten** dar. Man berechnet sie nach der **Methode der kleinsten Quadrate** ($\hookrightarrow$ EXCEL): Bestimme a und b so, dass die Summe der Quadrate der Residuen minimal ist. Dabei entspricht das i-te Residuum

$$u_i = y_i - (a + bx_i)$$

der vertikalen Abweichung des Punktes (x_i, y_i) von der Regressionsgeraden im Streudiagramm; vgl. Abbildung 5.6.

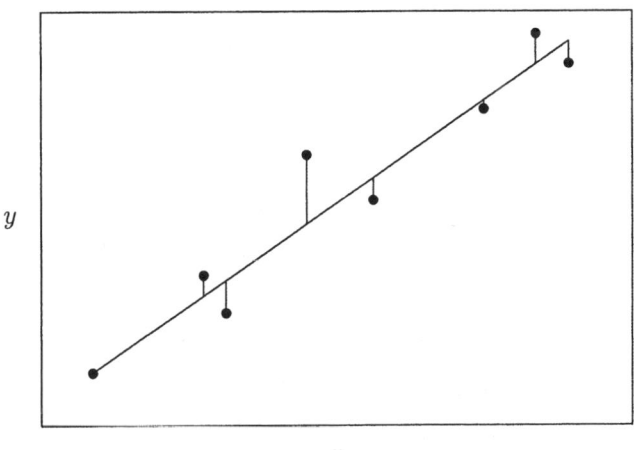

Abbildung 5.6: Zur Methode der kleinsten Quadrate

Um a und b nach der Methode der kleinsten Quadrate zu bestimmen, minimieren wir die Funktion

$$Q(\alpha, \beta) = \sum_{i=1}^{n} (y_i - (\alpha + \beta x_i))^2 \quad \text{für } \alpha, \beta \in \mathbb{R}.$$

Partielles Differenzieren und Nullsetzen ergibt die Bedingungen erster Ordnung

$$\frac{\partial}{\partial \alpha} Q(\alpha, \beta) = 2 \sum_{i=1}^{n} (y_i - (\alpha + \beta x_i))(-1) \overset{!}{=} 0,$$

$$\frac{\partial}{\partial \beta} Q(\alpha, \beta) = 2 \sum_{i=1}^{n} (y_i - (\alpha + \beta x_i))(-x_i) \overset{!}{=} 0.$$

Sei (a, b) die Stelle des globalen Minimums der Funktion Q. Dort gilt die Regressionsbeziehung $u_i = y_i - (a + b x_i)$ für $i = 1, \ldots, n$. Setzt man diese in die Bedingungen erster Ordnung ein, folgen die Gleichungen

$$\sum_{i=1}^{n} u_i = 0$$

und

$$\sum_{i=1}^{n} u_i x_i = 0.$$

Sie charakterisieren das Minimum von Q und werden im Folgenden noch benötigt. Eine einfache Umformung liefert zwei inhomogene Gleichungen in a und b, die auch als **Normalgleichungen** bezeichnet werden,

$$na + \left(\sum_{i=1}^{n} x_i \right) b = \sum_{i=1}^{n} y_i,$$

$$\left(\sum_{i=1}^{n} x_i \right) a + \left(\sum_{i=1}^{n} x_i^2 \right) b = \sum_{i=1}^{n} x_i y_i.$$

Auflösen nach a und b ergibt

$$a = \frac{\left(\sum_{i=1}^{n} y_i \right) \left(\sum_{i=1}^{n} x_i^2 \right) - \left(\sum_{i=1}^{n} x_i y_i \right) \left(\sum_{i=1}^{n} x_i \right)}{n \left(\sum_{i=1}^{n} x_i^2 \right) - \left(\sum_{i=1}^{n} x_i \right)^2},$$

$$b = \frac{n \left(\sum_{i=1}^{n} x_i y_i \right) - \left(\sum_{i=1}^{n} x_i \right) \left(\sum_{i=1}^{n} y_i \right)}{n \left(\sum_{i=1}^{n} x_i^2 \right) - \left(\sum_{i=1}^{n} x_i \right)^2}.$$

Dividiert man Zähler und Nenner der Formel für b durch n^2, so erhält man

$$b = \frac{\frac{1}{n}\sum_{i=1}^{n} x_i y_i - \overline{x}\,\overline{y}}{\frac{1}{n}\sum_{i=1}^{n} x_i^2 - \overline{x}^2} = \frac{s_{XY}}{s_X^2}\,.$$

Wie man sieht, muss $s_X^2 > 0$ sein, sonst ist b nicht definiert. Die Werte der unabhängigen Variablen X dürfen nicht alle gleich sein.

Auch die Formel für a lässt sich umformen. Dividiert man durch n^2, so erhält man

$$\begin{aligned}
a &= \frac{\overline{y}\left(\frac{1}{n}\sum_{i=1}^{n} x_i^2\right) - \left(\frac{1}{n}\sum_{i=1}^{n} x_i y_i\right)\overline{x}}{s_X^2} \\[2mm]
&= \frac{\overline{y}\left(s_X^2 + (\overline{x})^2\right) - (s_{XY} + \overline{x}\,\overline{y})\,\overline{x}}{s_X^2} \\[2mm]
&= \frac{\overline{y}s_X^2 - s_{XY}\overline{x}}{s_X^2} = \overline{y} - \frac{s_{XY}}{s_X^2}\overline{x}\,, \quad \text{also}
\end{aligned}$$

$$a = \overline{y} - b\overline{x}\,.$$

Offenbar kann man a und b durch die vier Größen

$$\overline{x}, \overline{y}, s_X^2 \text{ und } s_{XY}$$

ausdrücken ($\hookrightarrow$ EXCEL). Außerdem folgt aus der Formel $a = \overline{y} - b\overline{x}$ sofort, dass

$$\overline{y} = a + b\overline{x}\,.$$

D.h., die **Regressionsgerade** $\{(x,y) : y = a + bx\}$ geht durch den Punkt $(\overline{x}, \overline{y})$, den **Schwerpunkt** des Streudiagramms.

Die beiden **Regressionskoeffizienten** a und b haben im Allgemeinen eine Benennung, nämlich

- a hat die Benennung von Y,

- b hat die Benennung $\frac{\text{Benennung von } Y}{\text{Benennung von } X}$.

Wir betrachten das Beispiel „Obsthändler" aus Abschnitt 5.2.1, wobei X der Preis (in € pro kg) von Erdbeeren und Y die abgesetzte Menge (in kg) waren.

Aus

$$\overline{x} = 4,4 \quad \text{und} \quad \overline{y} = 70,5$$

sowie

$$s_X^2 = 0,234 \quad \text{und} \quad s_{XY} = -4$$

berechnet man

$$b = \frac{-4}{0,234} = -17,094 \quad \left[\frac{kg}{\text{€ pro } kg}\right],$$

$$a = 145,714 \quad [kg].$$

Zeichnet man die Regressionsgerade in das Streudiagramm, so ergibt sich Abbildung 5.7.

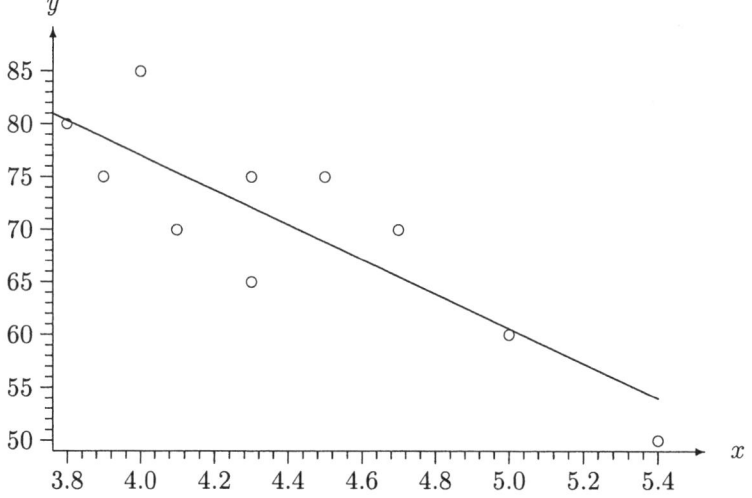

Abbildung 5.7: Streudiagramm und Regressionsgerade

Die berechnete Regressionsgerade ist gegeben durch

$$y = 145,714 - 17,094\,x\,.$$

Man beachte, dass die berechnete Regressionsgerade nicht für alle x-Werte der unabhängigen Variablen sinnvoll interpretiert werden kann, sondern nur in dem Bereich, in dem auch die beobachteten x-Werte liegen, also etwa für $3 \leq x \leq 6$. Der Parameter b lässt sich dann (mit aller Vorsicht) als diejenige Menge (in kg) interpretieren, um die der Absatz (im Mittel) zurückgeht, wenn der Preis für ein kg Erdbeeren um einen € erhöht wird, d.h.

$$\Delta y = -b\,\Delta x \approx -17 \ [\text{kg}]$$

mit $\Delta x = 1\,[\text{€ pro kg}]$.

Noch größere Vorsicht ist angebracht, wenn man die Regressionsgerade zum Extrapolieren verwendet, d.h. wenn man daran die abgesetzte Menge bei einem Preis von z.B. 7 € oder 2,50 € ablesen möchte. Es ist unmittelbar einsichtig, dass der berechnete affin-lineare Zusammenhang von x- und y-Werten umso weniger aussagt, je weiter sich der Wert der unabhängigen Variablen von den beobachteten Werten x_i der Urliste entfernt.

Bestimmtheitsmaß Als Nächstes leiten wir ein Maß für die Güte der Regression her. Man setzt

$$\hat{y}_i = a + bx_i, \quad i = 1, ..., n.$$

Dann ist

$$y_i = a + bx_i + u_i = \hat{y}_i + u_i.$$

Die Punkte $(x_i, \hat{y}_i)$ liegen exakt auf der Regressionsgeraden. Die Anwendung der Methode der kleinsten Quadrate hat ferner zur Folge, dass

$$\sum_{i=1}^{n} u_i = 0 \quad \text{und} \quad \sum_{i=1}^{n} x_i u_i = 0$$

gilt. Da $\overline{u} = 0$ ist, folgt aus $y_i = \hat{y}_i + u_i$ die Gleichung

$$\overline{y} = \overline{\hat{y}} + \overline{u} = \overline{\hat{y}},$$

das arithmetische Mittel der y_i ist gleich dem arithmetischen Mittel der $\hat{y}_i$. Weiter gilt

$$
\begin{aligned}
s_Y^2 &= \frac{1}{n} \sum_{i=1}^{n} (y_i - \overline{y})^2 = \frac{1}{n} \sum_{i=1}^{n} (\hat{y}_i + u_i - \overline{y})^2 \\
&= \frac{1}{n} \sum_{i=1}^{n} (\hat{y}_i - \overline{\hat{y}})^2 + \underbrace{\frac{2}{n} \sum_{i=1}^{n} u_i (\hat{y}_i - \overline{y})}_{=0} + \frac{1}{n} \sum_{i=1}^{n} (u_i - \overline{u})^2 \\
&= s_{\hat{Y}}^2 + s_U^2.
\end{aligned}
$$

Dass der gemischte Term $\frac{2}{n} \sum_{i=1}^{n} u_i (\hat{y}_i - \overline{y})$ gleich null ist, kann man so einsehen:

$$
\begin{aligned}
\sum_{i=1}^{n} u_i (\hat{y}_i - \overline{y}) &= \sum_{i=1}^{n} u_i \hat{y}_i - \underbrace{\left(\sum_{i=1}^{n} u_i \right)}_{=0} \overline{y} = \sum_{i=1}^{n} u_i (ax_i + b) \\
&= a \underbrace{\left(\sum_{i=1}^{n} u_i x_i \right)}_{=0} + \underbrace{\left(\sum_{i=1}^{n} u_i \right)}_{=0} b = 0
\end{aligned}
$$

Damit ist der folgende **Varianzzerlegungssatz** gezeigt,

$$s_Y^2 = s_{\hat{Y}}^2 + s_U^2.$$

Die Varianz der Werte der abhängigen Variablen Y lässt sich demnach in zwei Teile aufspalten:

- Der eine Teil ist die Varianz $s_{\hat{Y}}^2$ der exakt auf der Regressionsgeraden liegenden Werte $\hat{y}_i$. Da in die Definition von $\hat{y}_i = a + bx_i$ die berechnete Regressionsgerade eingeht, nennt man $s_{\hat{Y}}^2$ auch den durch die Regression **erklärten Teil der Varianz** s_Y^2.

- Der andere Teil ist die Varianz s_U^2 der Residuen u_i, die so genannte **Residualvarianz** oder durch die Regression **nicht erklärte Varianz**.

Der obige Varianzzerlegungssatz ist auch die Basis für die Definition einer Maßzahl zur Beurteilung der „Güte" oder der „Qualität" einer berechneten Regressionsgeraden. Als **Bestimmtheitsmaß** der linearen Regression definiert man

$$R^2 = \frac{s_{\hat{Y}}^2}{s_Y^2} = 1 - \frac{s_U^2}{s_Y^2}.$$

R^2 ist der Anteil der durch die Regression erklärten Varianz an der Varianz der y-Werte. Offensichtlich gilt

$$0 \leq R^2 \leq 1.$$

Es ist $R^2 = 0$ dann und nur dann, wenn die erklärte Varianz $s_{\hat{Y}}^2 = 0$ ist, das heißt, wenn $\hat{y}_1 = \hat{y}_2 = \ldots = \hat{y}_n$. Dann gilt $a = \overline{y}$ und $b = 0$, und die geschätzte Regressionsgerade verläuft parallel zur x-Achse; die Variation der y-Werte wird nicht durch die der x-Werte erklärt. Die Regression von Y auf X läuft in diesem Fall lediglich auf die Berechnung des arithmetischen Mittels der y-Werte hinaus.

Es ist $R^2 = 1$ genau dann, wenn $s_{\hat{Y}}^2 = s_Y^2$ d.h. $s_U^2 = 0$ gilt. Das ist dann der Fall, wenn alle empirischen Residuen u_i gleich null sind, d.h. die Punkte (x_i, y_i) exakt auf der Regressionsgeraden liegen. Offensichtlich ist $R^2 = 1$ gleichbedeutend damit, dass 100 Prozent der Varianz s_Y^2 der y_i-Werte durch die Regression erklärt werden können.

Für die konkrete Berechnung von R^2 verwendet man nicht die obige Definitionsformel, sondern macht sich folgenden Zusammenhang zunutze. Es ist

$$s_{\hat{Y}}^2 = \frac{1}{n} \sum_{i=1}^{n} \left(a + bx_i - (a + b\overline{x})\right)^2 = b^2 s_X^2.$$

Deshalb ist

$$R^2 = \frac{s_{\hat{Y}}^2}{s_Y^2} = \frac{b^2 s_X^2}{s_Y^2} = \frac{\frac{(s_{XY})^2}{(s_X^2)^2} s_X^2}{s_Y^2} = \left(\frac{s_{XY}}{\sqrt{s_X^2}\sqrt{s_Y^2}}\right)^2.$$

$$\boxed{R^2 = (r_{XY})^2.}$$

R^2 ist also das Quadrat des Korrelationskoeffizienten r_{XY}. Man beachte, dass beim Übergang von r_{XY} zu $R^2 = (r_{XY})^2$ das Vorzeichen von r_{XY}, das die Richtung des linearen Zusammenhangs der x- und y-Werte anzeigt, verloren geht. Die Richtung des Zusammenhangs kann man jedoch am Vorzeichen von b, der Steigung der Regressionsgeraden, ablesen.

Im Beispiel „Obsthändler" wurde bereits oben in Abschnitt 5.2.1 der Korrelationskoeffizient $r_{XY} = -0,8609$ berechnet. Für R^2 ergibt sich deshalb

$$R^2 = (r_{XY})^2 = 0,7411.$$

Durch die Regression auf den Preis der Erdbeeren wurden 74% der Varianz der abgesetzten Menge erklärt.

5.4 Lineare Mehrfachregression

In der linearen Einfachregression wird eine Variable Y in Bezug zu einer Variablen X gesetzt, und zwar mithilfe eines affin-linearen Ansatzes. In vielen Anwendungen ist jedoch eine Variable Y zu untersuchen, die nicht nur zu einer, sondern zu mehreren Variablen $X_1, \ldots, X_k$ in Beziehung steht, $k \geq 1$. Um deren Einfluss auf Y simultan zu messen, macht man ebenfalls einen affin-linearen Ansatz für die Beobachtungen von Y in Abhängigkeit von den Beobachtungen der $X_1, X_2, \ldots, X_k$. Er lautet allgemein

$$y_i = a + b_1 x_{1i} + \ldots + b_k x_{ki} + u_i, \quad i = 1, \ldots, n.$$

Hier bezeichnet y_i die i-te Beobachtung der erklärten Variablen Y und x_{ji} die i-te Beobachtung der erklärenden Variablen (Regressoren) X_j ($j = 1, \ldots, k$). Für $k = 1$ ergibt sich natürlich die Gleichung der linearen Einfachregression.

Die Koeffizienten a und $b_1, \ldots, b_k$ sind unbekannte Parameter. Sie werden wie im Fall der linearen Einfachregression mit der Methode der kleinsten Quadrate bestimmt. Man bestimmt dazu das Minimum der Funktion

$$Q(\alpha, \beta_1, \ldots, \beta_k) = \sum_{i=1}^{n} (y_i - (\alpha + \beta_1 x_{1i} + \ldots + \beta_k x_{ki}))^2$$

bezüglich ihrer $k+1$ Argumente α und $\beta_1, \ldots, \beta_k$.

Anders als bei der linearen Einfachregression wollen wir die Formeln für a und $b_1, \ldots, b_k$ nicht explizit herleiten. Die Formeln sind für die meisten praktischen Anwendungen auch nicht erforderlich, da man im konkreten Fall die Werte der Parameter mithilfe eines Computerprogramms ($\hookrightarrow$ EXCEL) berechnet, in das lediglich die Daten eingegeben werden.

Auch für die Mehrfachregression ist ein Bestimmtheitsmaß definiert, welches die „Güte" der berechneten Regression misst. Hierzu betrachten wir wie bei der Einfachregression die durch die Regression berechneten y-Werte

$$\hat{y}_i = a + b_1 x_{1i} + \ldots + b_k x_{ki}, \qquad i = 1, \ldots, n.$$

Es gilt dann wieder

$$y_i = \hat{y}_i + u_i, \qquad i = 1, \ldots, n,$$

und man kann den Varianzzerlegungssatz

$$s_Y^2 = s_{\hat{Y}}^2 + s_U^2$$

herleiten, wobei die Varianzen $s_{\hat{Y}}^2$, s_Y^2 und s_U^2 wie bei der Einfachregression definiert sind. Es gilt wiederum $\overline{u} = 0$ und $\overline{\hat{y}} = \overline{y}$.

Das Bestimmtheitsmaß ist ebenfalls durch

$$R^2 = \frac{s_{\hat{Y}}^2}{s_Y^2} = 1 - \frac{s_U^2}{s_Y^2},$$

definiert und es gilt $0 \leq R^2 \leq 1$. Die Bedeutung der extremen Werte 0 und 1 ist die folgende:

$R^2 = 1 \quad \Longleftrightarrow \quad u_1 = u_2 = \ldots = u_n = 0$, d.h. $s_U^2 = 0$.

> In diesem Fall konnten die Werte der abhängigen Variable Y durch die Werte der Variablen $X_1, \ldots, X_k$ perfekt erklärt werden; die Daten stehen in einem exakten linearen Zusammenhang.

$R^2 = 0 \quad \Longleftrightarrow \quad \hat{y}_1 = \ldots = \hat{y}_n$

> In diesem Fall gilt $a = \overline{y}$ und $b_1 = \ldots = b_k = 0$,
>
> d.h. die Variablen $X_1, \ldots, X_k$ haben als lineare Regressoren keinen Erklärungswert.

Beispiel: Der Einfluss der Ausgaben für Prospektwerbung X_1 (in Euro) und Verkaufsförderung vor Ort X_2 (in Euro) auf den Absatz Y (in Euro) eines Nahrungsmittels werde in $n = 80$ vergleichbaren Supermärkten untersucht. Es ergab sich (bezogen auf eine Woche) als Ergebnis der linearen Regression

$$Y = 40 + 0,9X_1 + 1,4X_2$$

sowie $R^2 = 0,55$. Die Koeffizienten $b_1 = 0,9$ und $b_2 = 1,4$ können so interpretiert werden, dass jeder zusätzliche Euro Prospektwerbung (bzw. Verkaufsförderung vor Ort) den Absatz um 0,9 Euro (bzw. 1,4 Euro) erhöht. Die Prospektwerbung ist also unrentabel. Durch die Regression auf die beiden Variablen X_1 und X_2 konnten 55% der Streuung von Y erklärt werden.

Ergänzende Literatur zu Kapitel 5:

Bei der Anwendung der multiplen Regression ergeben sich viele Probleme, auf die wir hier nicht eingehen können. Sie werden in der Ökonometrie umfassend untersucht. Verwiesen sei auf die folgenden einführenden Lehrbücher der Ökonometrie: Eckey et al. (2004); Assenmacher (2002); von Auer (2005).

5.5 Anhang zu Kapitel 5: Verwendung von Excel

Im Folgenden sollen einige Anwendungen von Excel im Rahmen der Auswertung mehrdimensionaler Daten erläutert werden. Die zugehörigen Beispieltabellen Obsthaendler.xls und Personalchefmod.xls sind im Netz unter *www.uni-koeln.de/wiso-fak/wisostatsem/buecher/beschr_stat* in Excel 97 und Excel 5.0 verfügbar.

5.5.1 Zusammenhangsmaße

Kovarianz und Korrelationskoeffizient
(vgl. Obsthaendler.xls)

Die Daten stammen aus Abschnitt 5.2.1 (Preise einer Erdbeersorte und verkaufte Tagesmenge an 10 aufeinander folgenden Tagen).

Die Mittelwerte $\bar{x}$ und $\bar{y}$ und Varianzen s_X^2 und s_Y^2 (bzw. die Standardabweichungen s_X und s_Y) lassen sich, wie im Anhang zu Kapitel 2 für Einzeldaten erläutert, berechnen.

Kovarianz (vgl. Obsthaendler.xls: s_xy; s_xy(2))

mit zentrierten Summanden

B 13	enthält $\bar{x}$
C 13	enthält $\bar{y}$
Spalte D	D2 = B2 -\$B\$13 ↪ „Herunterziehen" bis D11
Spalte E	E2 = C2 -\$C\$13 ↪ „Herunterziehen" bis E11
Spalte F	F2 = D2 * E2 ↪ „Herunterziehen" bis F11
F12	= Summe(F2:F11)
F13	= F12/A11 $[s_{XY}]$

mit nichtzentrierten Summanden

B 13	enthält $\bar{x}$
C 13	enthält $\bar{y}$
Spalte D	D2 = B2*C2 ↪ „Herunterziehen" bis D11
D12	= Summe(D2:D11)
D13	= D12/A11
D14	= D13 - B13 * C13 $[s_{XY}]$

Über statistische Funktion: = Kovar(B2:B11;C2:C11)

Korrelationskoeffizient (vgl. Obsthaendler.xls: r_xy)

D14   enthält s_{XY}

E15   enthält s_X

F15   enthält s_Y

B18   = D14/(E15 * F15) $[r_{XY}]$

Über statistische Funktion: = Korrel(B2:B11;C2:C11)

Rangkorrelationskoeffizient
(vgl. Personalchefmod.xls: r_Sp)

Den Berechnungen liegt ein Beispiel aus Abschnitt 5.2.2 (Beurteilung nach Fachwissen und Auftreten) zugrunde, dass um zwei weitere Bewerber erweitert worden ist. Sie werden vom Personalchef folgendermaßen beurteilt: $(x_7, y_7) = (9, 10)$, $(x_8, y_8) = (10, 3)$. Somit liegen bei Merkmal Y, anders als im Originalbeispiel, Bindungen vor, da zwei Bewerber in Bezug auf ihr Auftreten mit 10 beurteilt werden.

Liegen keine Bindungen vor, können die Ränge mit Hilfe der Excel-Funktion Rang bestimmt werden. Da Excel im Fall von Bindungen jedoch *keine* mittleren Ränge vergibt, sondern allen betroffenen Werten den gleichen Rang zuweist, müssen wir, wenn Bindungen vorliegen, die Ränge per Hand berechnen.

Spalte D   D2 = Rang(B2;$B$2:$B$9;wahr)

  ↪ „Herunterziehen" bis D9 $[R(x_i)]$

Spalte E   enthält per Hand bestimmte Ränge: E2: 1, E3: 2, E4: 6,

  E5: 4, E6 =(7 + 8)/2, E7: 5, E8 =(7 + 8)/2, E9: 3 $[R(y_i)]$

Das weitere Vorgehen ist analog zur Berechnung des Korrelationskoeffizienten.

5.5.2   Lineare Einfachregression

Berechnung der Regressionskoeffizienten
(vgl. Obsthaendler.xls: Regression Y auf X)

B13   enthält $\bar{x}$

C13   enthält $\bar{y}$

D14   enthält s_{XY}

E14   enthält s_X^2

B17   = D14/E14   [*Steigung b*]

B18   = C13 - B17 * B13   [*y-Achsenabschnitt a*]

Über statistische Funktionen: b = Steigung(B2:B11;C2:C11), a = Achsenabschnitt(C2:C11;B2:B11)

Soll die lineare Regression von X auf Y berechnet werden, werden einfach die entsprechenden Angaben in den Formeln vertauscht
(vgl. Obsthaendler.xls: Regression X auf Y).

Prognose

Mit der Statistik-Funktion Trend kann man, ohne eigens die lineare Regression durchzuführen, einen Prognosewert für y auf Grund eines linearen Trends angeben.

Streudiagramm mit linearer Regressionsgerade
(vgl. Obsthaendler.xls: Regression Y auf X)

- Markieren der Zellen B2:B11 und C2:C11

- Einfügen / Diagramm: Auswahl von Punkt (XY), Untertyp 1

- Drücken von Weiter bis Abfrage ob neues Tabellenblatt ↪ Ende

- „Klicken" mit rechter Maustaste auf die Datenwolke Trendlinie hinzufügen: Typ Linear, Optionen: Gleichung im Diagramm darstellen anklicken

5.5.3 Lineare Mehrfachregression

Der Ansatz einer linearen Regression von Y auf $X_1, \ldots, X_k$ lautet

$$y_i = a + b_1 x_{1i} + b_2 x_{2i} + \cdots + b_k x_{ki}, \quad i = 1, \ldots, n.$$

Für $k = 1$ ergibt sich die bekannte Regressionsgleichung für die lineare Einfachregression.

Zur Bestimmung der Regressionskoeffizienten $a, b_1, \ldots, b_k$ ist in Excel die Matrizenfunktion RGP vorgesehen. Insbesondere läßt sie sich natürlich für den Spezialfall $k = 1$ einsetzten (vgl. Obsthaendler.xls: RGP). Wichtig ist bei der Verwendung dieser Matrizenfunktion, dass man für die Ausgabe der Regressionskoeffizienten $(k + 1)$ Felder nebeneinander markiert!

Kapitel 6

Analyse von Zeitreihen

Unter einer Zeitreihe versteht man in der beschreibenden Statistik eine zeitlich geordnete Folge von Werten eines Merkmals. Das Merkmal kann eine Bestandsgröße oder eine Stromgröße sein; im ersten Fall bezieht sich jeder einzelne Wert der Zeitreihe auf einen Zeitpunkt, im zweiten Fall auf einen Zeitraum. Der Wert einer Zeitreihe zu einer bestimmten Zeit hängt in der Regel von den Werten der Reihe zu früheren Zeiten ab.

Bei der Analyse einer Zeitreihe besteht daher die erste Aufgabe darin, die zeitliche Abhängigkeit der Werte zu modellieren und rechnerisch zu bestimmen; man nennt dies die Analyse der **Struktur**. Eine zweite Aufgabe ist die **Prognose** von zukünftigen Werten der Reihe; sie wird in der Regel auf eine vorhergegangene Strukturanalyse gestützt. Betrachtet man mehrere Merkmale, so besteht eine weitere Aufgabe der Zeitreihenanalyse darin, Beziehungen zwischen den Zeitreihen der verschiedenen Merkmale zu modellieren und zu berechnen.

Die Zeitreihenanalyse ist ein wichtiges Hilfsmittel der Betriebswirtschaftslehre und der Volkswirtschaftslehre. Seit vielen Jahren werden Zeitreihen von gesamtwirtschaftlichen Merkmalen wie Sozialprodukt und Investitionen, Beschäftigten- und Arbeitslosenzahlen analysiert. In neuerer Zeit sind in zunehmenden Maße Zeitreihen aus dem Finanzbereich verfügbar und einer Analyse zugänglich gemacht worden, etwa Zeitreihen von Wertpapierkursen, von Aktienindizes und von dazu gehörigen Renditen.

In diesem Lehrbuch können nur die einfachsten Verfahren der Zeitreihenanalyse vermittelt werden. Weiterführende Literatur ist am Ende des Kapitels zu finden.

6.1   Beispiele von Zeitreihen

Formal versteht man unter einer **Zeitreihe** eine Folge $y_1, y_2, \ldots, y_n$ von zeitlich geordneten Werten eines metrischen Merkmals Y. Man schreibt auch kurz y_i, $i = 1, \ldots, n$. Die entsprechenden **Zeiten** (Zeitpunkte bei Bestandsgrößen bzw. Zeiträume bei Stromgrößen) werden mit t_i, $i = 1, \ldots, n$, bezeichnet. Sie sind geordnet, d.h. $t_1 < t_2 < \cdots < t_n$.

Die Zeiten heißen **äquidistant**, wenn die Zeitpunkte bzw. die Zeitraumenden gleiche Abstände aufweisen. Man beachte, dass die Zeiten einer Zeitreihe nicht notwendig äquidistant sind. Wenn die Zeiten äquidistant sind, setzt man meist der Einfachheit halber $t_i = i$ für $i = 1, 2, \ldots, n$.

Beispiele:

1. Jährliche „allgemeine Geburtenziffer" in Deutschland, das ist das Verhältnis der Zahl aller Lebendgeburten zum durchschnittlichen Bevölkerungsbestand in einem Jahr (mal Faktor 1000). Die t_i sind Jahre; vgl. Abbildung 6.1.

2. Arbeitslose am Monatsende (bzw. Monatsdurchschnitte). Die Zeit t_i ist hier das i-te Monatsende bzw. der i-te Monat; vgl. Abbildung 6.2.

3. Vierteljährliches Bruttoinlandsprodukt. t_i bezeichnet dabei das i-te Quartal.

4. Schlusskurs einer bestimmten Aktie an der Frankfurter Wertpapierbörse. Der Index i indiziert hierbei die Börsentage.

Am Anfang jeder Zeitreihenanalyse steht die **visuelle Inspektion** der Zeitreihe. Um eine einzelne Zeitreihe y_i graphisch darzustellen, zeichnet man die Punkte (t_i, y_i), $i = 1, \ldots, n$, in ein Koordinatensystem und verbindet sie durch einen Streckenzug; man nennt diese Abbildung ein **Zeitreihenpolygon** ($\hookrightarrow$ EXCEL). Am Zeitreihenpolygon lassen sich wichtige Aspekte der Zeitreihe wie Trend, lineares oder nichtlineares Wachstum, regelmäßige Schwankungen, Strukturbrüche u.a. in Augenschein nehmen und beurteilen. Die Inspektion bildet die Grundlage für die Einbeziehung zusätzlicher Information (etwa über den Grund einer regelmäßigen Schwankung oder eines Strukturbruchs) und die weitere Modellierung der Zeitreihe und für die Bildung von Hypothesen (etwa über die Existenz und Form eines Trends).

6.2   Komponentenmodelle

In einem Komponentenmodell nimmt man an, dass sich eine Zeitreihe des Merkmals Y aus bestimmten, einfach zu interpretierenden Komponenten zusammensetzt.

Geburtenziffer

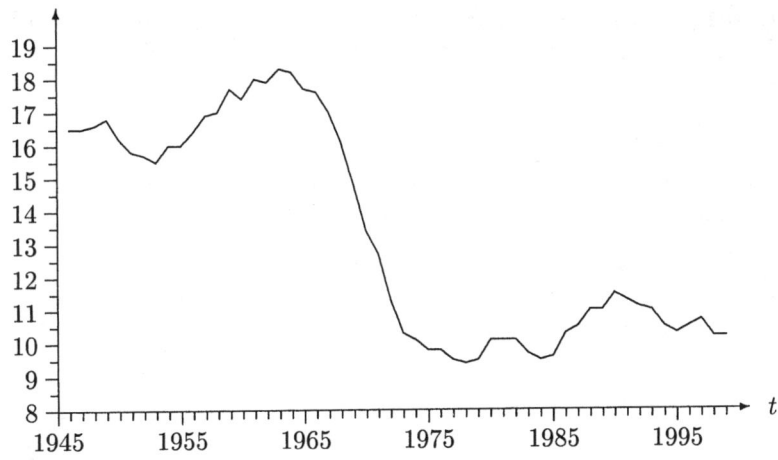

Abbildung 6.1: Jährliche allgemeine Geburtenziffer für die Bundesrepublik Deutschland 1946 bis 1999

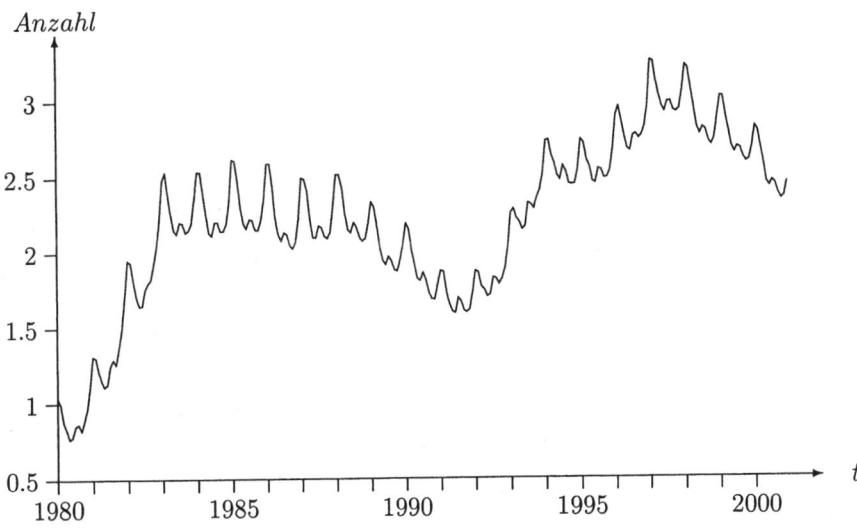

Abbildung 6.2: Monatliche Arbeitslosenzahlen in Millionen von Januar 1980 bis Dezember 2000 für das frühere Bundesgebiet

Als Komponenten einer ökonomischen Zeitreihe werden in Betracht gezogen:

- eine **Trendkomponente**, welche die langfristige Entwicklung der zugrunde liegenden Größe Y beschreibt,

- eine **Konjunkturkomponente**, welche die mittelfristige Veränderung von Y abbildet,

- eine **Saisonkomponente**, welche die im Zeitablauf regelmäßig auftretenden Schwankungen von Y beschreibt (bei Quartalsdaten etwa die Effekte der Jahreszeiten),

- eine **Restkomponente**, welche die nicht weiter erklärbaren Einflüsse auf die Entwicklung von Y zusammenfasst.

Welche der genannten Komponenten in das Zeitreihenmodell aufgenommen werden und welche nicht, hängt sowohl vom Untersuchungsgegenstand als auch von der Art und Anzahl der verfügbaren Daten (also der vorliegenden Zeitreihe) ab.

Analysiert man z.B. Jahresdaten, so erübrigt sich die Aufnahme einer Saisonkomponente. Demgegenüber wird es in der Regel bei Monats- oder Quartalsdaten sinnvoll sein, eine Saisonkomponente in Betracht zu ziehen. Eine Restkomponente ist jedoch immer zu berücksichtigen, da man nicht davon ausgehen kann, dass y_i durch die anderen Komponenten vollständig beschrieben wird.

Im Folgenden wollen wir Trend- und Konjunkturkomponente zur so genannten **glatten Komponente** g_i zusammenfassen. Die Saisonkomponente bezeichnen wir mit s_i, die Restkomponente mit $u_i, i = 1, \ldots, n$.

Man beachte, dass nur die Werte y_i, $i = 1, \ldots, n$, der Zeitreihe, sowie die Zeitpunkte t_i, $i = 1, \ldots, n$, bekannt sind. Die Komponenten der Zeitreihe sind demgegenüber nicht bekannt; sie stellen ein Konstrukt des Modells dar und sind deshalb auch nicht direkt beobachtbar.

Das **additive Komponentenmodell** lautet

$$y_i = g_i + s_i + u_i, \quad i = 1, \ldots, n.$$

Wenn keine Saisonkomponente berücksichtigt werden soll, setzt man im additiven Komponentenmodell $s_i = 0$ für alle i und erhält das **additive Komponentenmodell ohne Saison**:

$$y_i = g_i + u_i, \quad i = 1, \ldots, n.$$

Gelegentlich ist es passender, die Komponenten einer Zeitreihe multiplikativ miteinander zu verknüpfen. Dies führt auf das **multiplikative Komponentenmodell**

$$y_i = g_i \cdot s_i \cdot u_i.$$

Ist keine Saison zu berücksichtigen, so setzt man $s_i = 1$ für alle i und erhält das **multiplikative Komponentenmodell ohne Saison**:

$$y_i = g_i \cdot u_i, \quad i = 1, \ldots, n.$$

Das multiplikative Komponentenmodell ist eng mit dem additiven Komponentenmodell verwandt. Logarithmiert man nämlich das multiplikative Modell (mit oder ohne Saison), so erhält man ein entsprechendes additives Modell in den logarithmierten Größen:

$$\lg y_i = \lg g_i + \lg s_i + \lg u_i, \quad i = 1, \ldots, n,$$

bzw.

$$\lg y_i = \lg g_i + \lg u_i, \quad i = 1, \ldots, n.$$

Hier bezeichnet $\lg z = \log_{10} z$ den Logarithmus einer Zahl z zur Basis 10.

6.3 Bestimmung der glatten Komponente

In diesem Abschnitt legen wir zunächst das additive Komponentenmodell

$$y_i = g_i + u_i, \quad i = 1, \ldots, n,$$

bzw.

$$y_i = g_i + s_i + u_i, \quad i = 1, \ldots, n,$$

zugrunde. Es soll für jede Zeit t_i der Wert g_i der glatten Komponente bestimmt werden. Hierzu gibt es zwei grundsätzliche Möglichkeiten:

Bei einem **globalen Ansatz** wird eine feste funktionale Form für g_i vorgegeben, die für alle $i = 1, \ldots, n$, gelten soll. Die in der funktionalen Form enthaltenen Parameter werden aus der gesamten Zeitreihe berechnet.

Bei einem **lokalen Ansatz** wird dagegen für jedes i der Wert der glatten Komponente aus einem Abschnitt der Zeitreihe bestimmt, der in der Nähe der Zeit t_i liegt. Auf diese Weise lässt man zu, dass sich die funktionale Form der glatten Komponente über die Zeit ändert.

Die im Folgenden in den Abschnitten 6.3.1 und 6.3.2 vorgestellten Trendmodelle für y_i sind global, während die im Abschnitt 6.3.3 behandelten gleitenden Durchschnitte einen lokalen Ansatz zur Bestimmung von g_i darstellen.

6.3.1 Linearer Trend

Wir gehen vom additiven Komponentenmodell ohne Saison

$$y_i = g_i + u_i, \quad i = 1, \dots, n,$$

aus. Man beachte, dass die Zeiten t_i, an denen die Werte y_i vorliegen, nicht notwendig äquidistant sein müssen. Für die glatte Komponente machen wir den Ansatz eines so genannten **linearen Trends**. Hierbei wird die Funktion g als affin-linear angenommen,

$$g_i = a + b\,t_i, \quad i = 1, \dots, n,$$

also

$$\boxed{y_i = a + b\,t_i + u_i, \quad i = 1, \dots, n.}$$

a und b werden nach der Methode der kleinsten Quadrate bestimmt:

$$\sum_{i=1}^{n} (y_i - (a + b\,t_i))^2 = \min_{\alpha, \beta} \sum_{i=1}^{n} (y_i - (\alpha + \beta t_i))^2$$

Es ergibt sich (wie in 5.3.2)

$$\boxed{b = \frac{\sum_{i=1}^{n} t_i y_i - n\,\bar{t}\,\bar{y}}{\sum_{i=1}^{n} t_i^2 - n\,\bar{t}^2}}$$

und

$$\boxed{a = \bar{y} - b\bar{t}.}$$

Hierbei ist $\bar{t} = \frac{1}{n} \sum_{i=1}^{n} t_i$. Falls speziell $t_i = i$ für alle i gewählt ist, gilt

$$\bar{t} = \frac{1}{n} \sum_{i=1}^{n} i = \frac{n+1}{2}$$

sowie

$$\sum_{i=1}^{n} i^2 = \frac{n(n+1)(2n+1)}{6}.$$

Man beachte, dass sich die nach der Methode der kleinsten Quadrate berechneten Restkomponenten u_i, $i = 1, \dots, n$, gegenseitig aufheben; es gilt immer

$$\sum_{i=1}^{n} u_i = 0.$$

Beispiel „Jahresumsatz": Ein Diplom-Kaufmann gründete 2001 ein Software-unternehmen. Die Jahresumsätze (in Tausend €) von 2001 bis 2005 betrugen:

Jahr	2001	2002	2003	2004	2005
Jahresumsatz	200	260	310	350	390

a) Man bestimme die affin-lineare Trendfunktion $g_i = a + b\,t_i$ für $t_i = 1, \ldots, 5$.

b) Wie ändern sich a und b, wenn man $t_i = 2000 + i$ für $i = 1, \ldots, n$, d.h. $t_1 = 2001$, $t_2 = 2002, \ldots$, setzt?

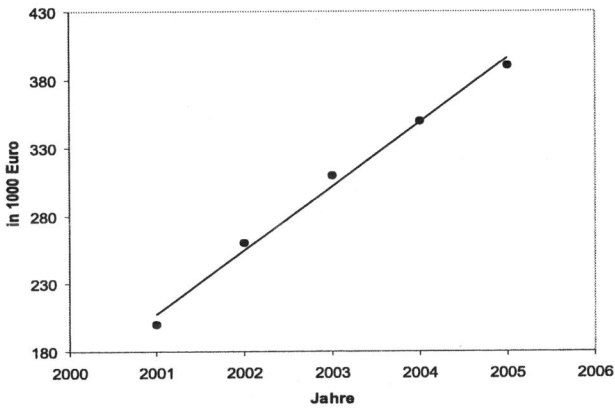

Abbildung 6.3: Affin-lineare Trendfunktion für den Jahresumsatz (in Tausend €)

zu a) Die Zeichnung der Trendfunktion in Abbildung 6.3 beruht auf folgender Arbeitstabelle:

Jahr	t_i	y_i	$t_i \cdot y_i$	t_i^2	$y_i - g_i$
2001	1	200	200	1	-8
2002	2	260	520	4	5
2003	3	310	930	9	8
2004	4	350	1400	16	1
2005	5	390	1950	25	-6
Σ	15	1510	5000	55	0

Es ist $n = 5$ *sowie* $\overline{y} = 302$ *und* $\overline{t} = 3$. *Es folgt*

$$b = \frac{5000 - 5 \cdot 3 \cdot 302}{55 - 5 \cdot 3^2} = 47$$

und

$$a = 302 - 47 \cdot 3 = 161 \,.$$

Als affin-lineare Trendfunktion ergibt sich

$$g_i = 161 + 47\,t_i, \quad t_i = 1, \ldots, 5 \,.$$

Der Wert des Bestimmtheitsmaßes beträgt

$$R^2 = 0,9915 \,.$$

zu b) Es ist

$$\tilde{a} + \tilde{b} \cdot (2000 + i) \;=\; \left(\tilde{a} + \tilde{b} \cdot 2000 \right) + \tilde{b} \cdot i$$
$$=\; a + b\,i \,,$$

woraus

$$b = \tilde{b} = 47$$

und

$$a = \tilde{a} + \tilde{b} \cdot 2000,$$

folgt, also

$$\tilde{a} = a - \tilde{b} \cdot 2000 = 161 - 47 \cdot 2000 = -93839 \,.$$

In diesem Beispiel „Jahresumsatz" und auch allgemein gilt, dass sich b durch die Verschiebung der Zeitachse nicht ändert. Nur der Achsenabschnitt a erfährt eine Veränderung.

Beispiel „US-Bevölkerung": Die folgende Tabelle stellt die Bevölkerung der USA in den Jahren 1970–1997 dar (Quelle: Gutachten des Sachverständigenrats).

Jahr	t_i	Bevölkerung in 1000	Jahr	t_i	Bevölkerung in 1000
1970	1	205052	1984	15	236348
1971	2	207661	1985	16	238466
1972	3	209896	1986	17	240651
1973	4	211909	1987	18	242804
1974	5	213854	1988	19	245021
1975	6	215973	1989	20	247342
1976	7	218035	1990	21	249911
1977	8	220239	1991	22	252643
1978	9	222585	1992	23	255407
1979	10	225056	1993	24	258120
1980	11	227726	1994	25	260682
1981	12	229966	1995	26	263168
1982	13	232188	1996	27	265557
1983	14	234307	1997	28	267856

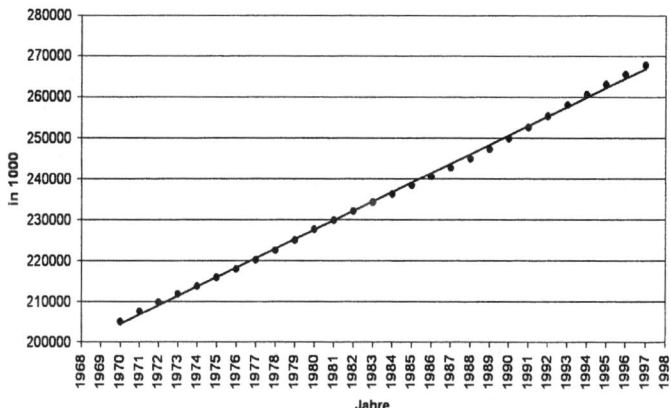

Abbildung 6.4: Affin-lineare Trendfunktion für die US-Bevölkerung (in Tausend)

Als affin-lineare Trendfunktion ergibt sich (siehe Abbildung 6.4)

$$g_i = 202163 + 2310 \cdot t_i, \quad t_i = 1, \ldots, 28.$$

Das Bestimmtheitsmaß ist

$$R^2 = 0,9988.$$

Bei einer Zeitreihe mit affin-linearer Trendfunktion $y_i = a + b\, t_i + u_i$ ist der Parameter b leicht zu interpretieren, wenn wir von äquidistanten Zeitpunkten $t_i - t_{i-1} = 1$ ausgehen und die Restkomponente vernachlässigen. Dann gilt offensichtlich

$$\Delta y_i = y_i - y_{i-1} \approx b, \quad i = 2, 3, \ldots,$$

d.h. b gibt die **durchschnittliche absolute Veränderung** $y_i - y_{i-1}$ der Zeitreihe an. b hat die Benennung der y_i.

Aus dieser Interpretation von b folgt, dass für eine gegebene Zeitreihe y_i eine affin-lineare Trendfunktion nur dann angemessen ist, wenn die absoluten Veränderungen $y_i - y_{i-1}$ annähernd konstant sind, da im anderen Fall die Abweichung zwischen Modellannahme und Zeitreihe zu groß ist.

Trendbereinigte Zeitreihe Zieht man im additiven Modell den berechneten linearen Trend $g_i = a + b\, t_i$ von der Zeitreihe y_i ab, so erhält man die Restkomponente

$$y_i - g_i = u_i, \quad i = 1, \ldots, n.$$

Sie wird **trendbereinigte Zeitreihe** genannt. Die trendbereinigte Zeitreihe stellt man wiederum graphisch in der t-y-Ebene dar und stellt durch visuelle Inspektion fest, ob periodische Schwankungen oder andere Besonderheiten vorliegen. Die trendbereinigte Zeitreihe sollte in unregelmäßiger Weise um den Wert 0 schwanken. Falls dies nicht zutrifft, ist das Modell des linearen Trends für die gegebenen Daten nicht passend.

Fortsetzung des Beispiels „Jahresumsatz": Für die Jahresumsätze von 1994 bis 1998 ist die trendbereinigte Zeitreihe $y_i - 161 - 47 t_i$ für $t_i = 1, ..., 5$ in der letzten Spalte der Arbeitstabelle eingetragen.

Prognose auf Grund des linearen Trends Die berechnete Trendfunktion kann zur Prognose künftiger Werte des Zeitreihenmerkmals verwendet werden. Hierbei geht man davon aus, dass das Modell und der berechnete Trend auch in Zukunft gelten, d.h. man unterstellt für die künftigen Zeitpunkte $t_{n+1}, t_{n+2}, \ldots$ weiterhin die Beziehung

$$y_{n+j} = a + b\, t_{n+j} + u_{n+j}, \quad j = 1, 2, \ldots, \quad .$$

y_{n+j} wird dann mittels

$$\hat{y}_{n+j} = a + b\, t_{n+j}, \quad j = 1, 2, \ldots$$

prognostiziert.

Im Beispiel „US-Bevölkerung" wurde auf Basis der Daten von 1970 bis 1997 ein linearer Trend berechnet. Der Trend lieferte für die Jahre 1998, 1999 und 2000 die folgenden Prognosewerte $\hat{y}_{1998}, \hat{y}_{1999}, \hat{y}_{2000}$. Daneben sind die in diesen Jahren tatsächlich realisierten Werte $y_{1998}, y_{1999}, y_{2000}$ aufgeführt.

$$\hat{y}_{1998} = 202163 + 2310 \cdot 29 = 269153 \quad y_{1998} = 273754$$

$$\hat{y}_{1999} = 202163 + 2310 \cdot 30 = 271463 \quad y_{1999} = 276218$$

$$\hat{y}_{2000} = 202163 + 2310 \cdot 31 = 273773 \quad y_{2000} = 281422$$

Wie man sieht, wird die Bevölkerungsentwicklung viel zu niedrig prognostiziert. Das Modell eines linearen Trends erweist sich als ungeeignet für die Prognose der Bevölkerung der USA.

6.3.2 Exponentieller Trend

Wir gehen nun von dem multiplikativen Modell ohne Saison aus und machen für die glatte Komponente den Ansatz eines **exponentiellen Trends**:

$$g_i = ab^{t_i}, \quad i = 1, \dots, n, \quad \text{mit } b > 0,$$

also

$$\boxed{y_i = ab^{t_i} u_i, \qquad i = 1, \dots, n.}$$

Logarithmierung mit dem dekadischen Logarithmus ($\lg z = \log_{10} z$) ergibt

$$\lg y_i = \underbrace{\lg a}_{=A} + \underbrace{\lg b}_{=B}\, t_i + \lg u_i, \qquad i = 1, \dots, n.$$

A und B werden nach der Methode der kleinsten Quadrate bestimmt:

$$\sum_{i=1}^{n} (\lg y_i - (A + Bt_i))^2 = \min_{\alpha, \beta} \sum_{i=1}^{n} (\lg y_i - (\alpha + \beta\, t_i))^2$$

Es ergibt sich

$$B = \lg b = \frac{\sum\limits_{i=1}^{n} t_i \lg y_i - n\, \bar{t}\, \overline{\lg y}}{\sum\limits_{i=1}^{n} t_i^2 - n \bar{t}^2},$$

$$A = \lg a = \overline{\lg y} - B\bar{t},$$

wobei

$$\overline{\lg y} = \frac{1}{n} \sum_{i=1}^{n} \lg y_i \quad \text{und} \quad \overline{t} = \frac{1}{n} \sum_{i=1}^{n} t_i \,.$$

Um die Parameter a und b des multiplikativen Ursprungsmodells zu erhalten, muss man A und B zurücktransformieren. Es ist

$$\begin{aligned} a &= 10^A \,, \\ b &= 10^B \,. \end{aligned}$$

Der Parameter b des exponentiellen Trendmodells

$$y_i = ab^{t_i} u_i, \quad i = 1, \dots, n,$$

kann gut interpretiert werden. Dabei gehen wir wieder von äquidistanten t_i mit $t_{i-1} = t_i - 1$ aus und vernachlässigen die Restkomponente u_i. Es gilt

$$\frac{y_i}{y_{i-1}} = \frac{ab^{t_i} u_i}{ab^{t_i - 1} u_{i-1}} \approx b, \quad i = 2, 3, \dots,$$

d.h. b ist als **durchschnittlicher Zuwachsfaktor** der Zeitreihe interpretierbar. Man beachte, dass b keine Benennung hat. Die zugehörige Wachstumsrate (in %) ist $(b-1) \cdot 100\,\%$. Aus der Interpretation von b im exponentiellen Trendmodell kann man folgern, dass es nur dann angewendet werden sollte, wenn die Zuwachsfaktoren y_i / y_{i-1} tatsächlich annähernd konstant sind. Falls dies nicht zutrifft, ist zu prüfen, ob für alle i die Differenzen $y_i - y_{i-1}$ ungefähr übereinstimmen; in diesem Fall ist das lineare Trendmodell vorzuziehen.

Auch das exponentielle Trendmodell kann zur **Prognose** verwendet werden, wenn man davon ausgeht, dass das Modell und der berechnete Trend auch in der Zukunft gelten. Es sind dann

$$\hat{y}_{n+j} = ab^{t_{n+j}}, \quad j = 1, 2, \dots,$$

die für die Zeiten $t_{n+1}, t_{n+2}, \dots$ prognostizierten Werte.

Trendbereinigte Zeitreihe Eine trendbereinigte Zeitreihe erhält man, indem man die Zeitreihe y_i durch den berechneten exponentiellen Trend $g_i = ab^{t_i}$ dividiert,

$$\frac{y_i}{g_i} = u_i \,, \quad i = 1, \dots, n \,.$$

Die trendbereinigte Zeitreihe wird wiederum graphisch auf Besonderheiten untersucht. Sie sollte in unregelmäßiger Weise um den Wert 1 schwanken; falls dies nicht zutrifft, ist das exponentielle Trendmodell fehlspezifiziert.

Beispiel „Mobiltelefon": Die Anzahl (in 100000) der Anschlüsse eines Mobiltelefonanbieters seien:

Dez. 2002	Jan. 2003	Feb. 2003	März 2003	April 2003
10	11, 5	13, 5	15, 5	18

a) Man bestimme die Koeffizienten der exponentiellen Trendfunktion. Man bestimme die durchschnittliche monatliche Zuwachsrate.

b) Man prognostiziere die Anzahl der Anschlüsse für Mai und Juni 2003.

c) Man bestimme die trendbereinigte Zeitreihe und beurteile die Güte der Anpassung des exponentiellen Trendmodells.

zu a) Die Arbeitstabelle ist:

	t_i	y_i	$\lg y_i$	$t_i \lg y_i$	t_i^2	y_i/g_i
Dez. 2002	1	10,0	1,0000	1,0000	1	1,0017
Jan. 2003	2	11,5	1,0607	2,1214	4	0,9940
Feb. 2003	3	13,5	1,1303	3,3909	9	1,0070
März 2003	4	15,5	1,1903	4,7612	16	0,9977
April 2003	5	18,0	1,2553	6,2765	25	0,9998
Σ	15		5,6366	17,5500	55	

Aus diesen Angaben berechnet man

$$
\begin{aligned}
B &= \lg b = \frac{17,55 - 3 \cdot 5,6366}{55 - 5 \cdot 9} = 0,06402\,, \\
b &= 10^B = 10^{0,06402} = 1,15883\,, \\
A &= \lg a = \frac{1}{5} \cdot 5,6366 - 0,06402 \cdot 3 = 0,93526\,, \\
a &= 10^A = 10^{0,93526} = 8,61509\,, \\
g_i &= 8,61509 \cdot 1,15883^{t_i}\,, \quad t_i = 1, \ldots, 5\,, \\
R^2 &= 0,99979\,.
\end{aligned}
$$

Die durchschnittliche Zuwachsrate der Zahl der Anschlüsse ist 15,9%.

zu b) Die Prognoseperioden Mai und Juni 2003 werden mit $t_6 = 6$ bzw. $t_7 = 7$ bezeichnet. Für die Zahl der Anschlüsse erhalten wir die Prognosen $\hat{y}_6 = 8,61509 \cdot 1,15883^6 = 20,9$ und $\hat{y}_7 = 8,61509 \cdot 1,15883^7 = 24,2$.

zu c) Die trendbereinigte Zeitreihe ist

$$
\frac{y_i}{8,61509 \cdot 1,15883^{t_i}}\,.
$$

Ihre Werte für $t_1, \ldots, t_5$ sind in der letzten Spalte der Arbeitstabelle aufgeführt.

Die trendbereinigte Zeitreihe schwankt unregelmäßig um den Wert 1. Das exponentielle Trendmodell erscheint deshalb den Daten angemessen.

Im Beispiel „US-Bevölkerung": Auf Grund des exponentiellen Trendmodells berechnet man die Trendfunktion (vgl. Abbildung 6.5)

$$g_i = 203741 \cdot 1{,}00987^{t_i}, \quad t_i = 1, \ldots, 28.$$

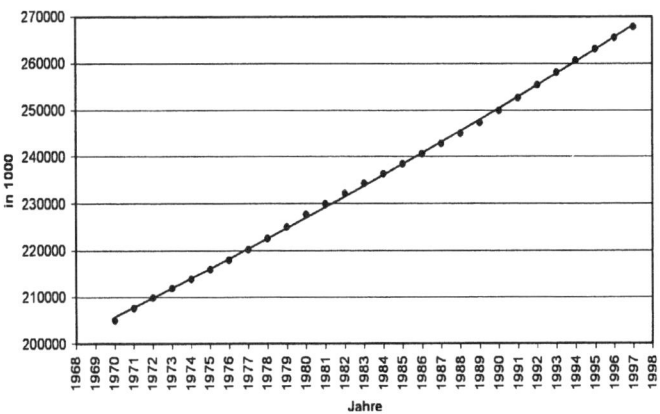

Abbildung 6.5: Exponentielle Trendfunktion der US-Bevölkerung (in Tausend)

$b = 1{,}00987$ ist die „durchschnittliche relative Veränderung". Man kann also folgern, dass die Bevölkerung der USA von 1970 bis 1997 jährlich im Schnitt um knapp 1% gewachsen ist.
Zur Übung berechne man Prognosewerte für die Jahre 1998 bis 2000 und vergleiche diese mit den realisierten Werten. Ist das Modell eines exponentiellen Trends für die Prognose der US-Bevölkerung geeignet?

Es sei daran erinnert (siehe hierzu Abschnitt 4.2), dass es noch einen anderen Ansatz zur Bestimmung einer mittleren Wachstumsrate gibt, und zwar als das geometrische Mittel $\overline{m}_G$ der Einperioden–Zuwachsfaktoren

$$\overline{m}_G = \sqrt[n]{\frac{y_n}{y_0}}.$$

Beide Ansätze liefern (in der Praxis meist geringfügig) unterschiedliche Ergebnisse. Der Unterschied kommt dadurch zustande, dass $\overline{m}_G$ lediglich vom ersten und vom letzten Wert und der Länge der Zeitreihe abhängt, während b im exponentiellen Trendmodell von sämtlichen Werten der Zeitreihe beeinflusst wird.

Im Beispiel „US-Bevölkerung" ist

$$\overline{w} = \sqrt[27]{\frac{267856}{205052}} - 1 = 1,00994 - 1 = 0,00994\,.$$

Auch nach dieser Methode ergibt sich eine „mittlere Wachstumsrate" der Bevölkerung der USA in den Jahren 1970–1997 von knapp 1%.

6.3.3 Gleitende Durchschnitte

Beim linearen und beim exponentiellen Trendmodell handelt es sich um globale Ansätze zur Bestimmung der glatten Komponente. In diesem Abschnitt betrachten wir einen einfachen lokalen Ansatz für die glatte Komponente, die Methode der gleitenden Durchschnitte.

Wir nehmen an, dass für die Zeitreihe das additive Komponentenmodell mit oder ohne Saison zutrifft,

$$y_i = g_i + s_i + u_i\,, \quad i = 1, \ldots, n\,,$$

bzw.

$$y_i = g_i + u_i\,, \quad i = 1, \ldots, n\,.$$

Weiterhin nehmen wir an, dass die t_i äquidistant sind. Ein **gleitender Durchschnitt** $\tilde{g}_i$ der **Ordnung** λ ist wie folgt definiert ($\hookrightarrow$ EXCEL):

- Falls $\lambda = 2l + 1$ (mit $l = 1, 2, \ldots$), d.h. bei ungerader Ordnung, wird

$$
\begin{aligned}
\tilde{g}_i &= \frac{1}{2l+1}\left(y_{i-l} + \ldots + y_{i-1} + y_i + y_{i+1} + \ldots + y_{i+l}\right) \\
&= \frac{1}{2l+1}\sum_{h=-l}^{l} y_{i+h}\,,
\end{aligned}
$$

für $i = l+1, l+2, \ldots, n-(l+1), n-l$ gesetzt. $\tilde{g}_i$ ist also das arithmetische Mittel aller Werte y_h mit $h = i-l, \ldots, i+l$. Man beachte, dass für die ersten und die letzten Indizes ($i = 1, \ldots, l$ und $i = (n-l)+1, \ldots, n$) der gleitende Durchschnitt $\tilde{g}_i$ nicht definiert ist.

- Falls $\lambda = 2l$ (mit $l = 1, 2, \ldots$), d.h. bei gerader Ordnung, setzt man

$$\begin{aligned}
\tilde{g}_i &= \frac{1}{2l}\left(\frac{1}{2}y_{i-l} + y_{i-(l-1)} + \right. \\
&\quad \left. \ldots + y_{i-1} + y_i + y_{i+1} + \ldots + y_{i+(l-1)} + \frac{1}{2}y_{i+l}\right) \\
&= \frac{1}{2l}\left(\frac{1}{2}y_{i-l} + \sum_{h=-l+1}^{l-1} y_{i+h} + \frac{1}{2}y_{i+l}\right)
\end{aligned}$$

für $i = l+1, \ldots, n-l$. Offenbar ist die Summe der Gewichte,

$$\frac{1}{2l}\left(\frac{1}{2} + \underbrace{1 + \ldots + 1}_{=(2l-1)-\text{mal}} + \frac{1}{2}\right),$$

gleich 1. Für $i = 1, \ldots, l$ und $i = (n-l)+1, \ldots, n$ ist $\tilde{g}_i$ nicht definiert.

Beispiel „Vierteljahreswerte BIP": Die folgende Tabelle und Abbildung 6.6 enthalten Vierteljahreswerte des Bruttoinlandsproduktes zu jeweiligen Preisen (in Mrd. DM) und einen gleitenden Durchschnitt der Ordnung $\lambda = 4$ (Quelle: Gutachten des Sachverständigenrates 1998):

Jahr	Quartal	y_i	$\tilde{g}_i$	Jahr	Quartal	y_i	$\tilde{g}_i$
1991	I	666,8	-	1995	I	823,6	852,0
	II	702,2	-		II	847,9	858,1
	III	719,4	721,9		III	868,4	862,9
	IV	765,2	736,4		IV	902,9	867,3
1992	I	734,5	749,8	1996	I	841,0	872,5
	II	750,6	763,5		II	865,5	878,2
	III	778,7	771,4		III	892,4	882,8
	IV	814,8	776,3		IV	924,6	888,7
1993	I	748,3	782,2	1997	I	856,0	896,0
	II	776,0	787,9		II	898,0	902,6
	III	800,4	796,2		III	918,5	911,3
	IV	839,0	806,4		IV	951,5	919,7
1994	I	790,8	816,3	1998	I	898,4	-
	II	814,7	826,7		II	922,7	-
	III	840,6	836,2				
	IV	882,1	844,4				

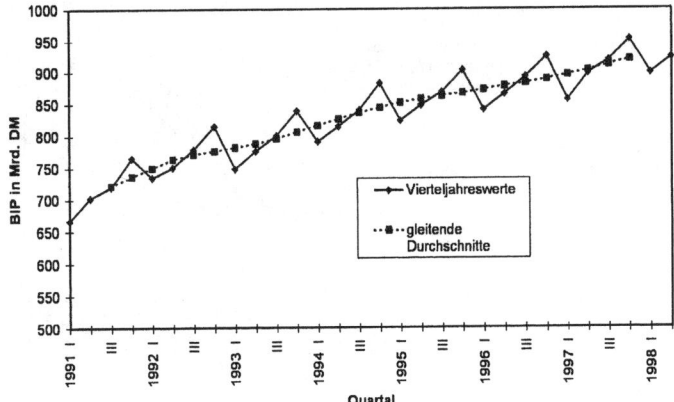

Abbildung 6.6: Vierteljahreswerte des BIP (in jeweiligen Preisen) und gleitender Durchschnitt

Bei der Anwendung der Methode der gleitenden Durchschnitte auf konkrete Daten ist zunächst die Länge des gleitenden Durchschnitts, λ, geeignet zu wählen:

- Ist die Berechnung des gleitenden Durchschnitts nur der erste Schritt in einer Analyse der Saisonfigur einer Zeitreihe (siehe hierzu den nächsten Abschnitt), so wählt man λ als Länge der Saison, d.h. $\lambda = 12$ bei Monatsdaten oder $\lambda = 4$ bei Quartalsdaten.

- Interessiert man sich für den gleitenden Durchschnitt als Wert der glatten Komponente g_i, so muss λ nach der Art und der Länge der Zeitreihe und dem Untersuchungsziel bestimmt werden.
  Hat man z.B. eine sehr lange Zeitreihe von Tageskursen eines Wertpapiers (z.B. Schlusskurse der Frankfurter Wertpapierbörse), so bietet sich ein gleitender Durchschnitt der Länge $\lambda = 250$ zur Beschreibung der langfristigen Entwicklung an, wenn man von 250 Börsentagen pro Jahr ausgeht.
  Hat man die Tageskurse nur für wenige Monate, so bietet sich ein gleitender Durchschnitt der Länge $\lambda = 20$ an, wenn man von 20 Börsentagen pro Monat ausgeht.
  Beispiel „DAX": Abbildung 6.7 zeigt die Zeitreihe der Monatsendwerte des DAX (Dezember 1987=1000) sowie ihre Glättung durch einen gleitenden Durchschnitt der Länge $\lambda = 12$.
  (Quelle: Deutsche Börse AG, http://www.exchange.de)

Wir schließen diesen Abschnitt mit einigen Bemerkungen zu den Eigenschaf-

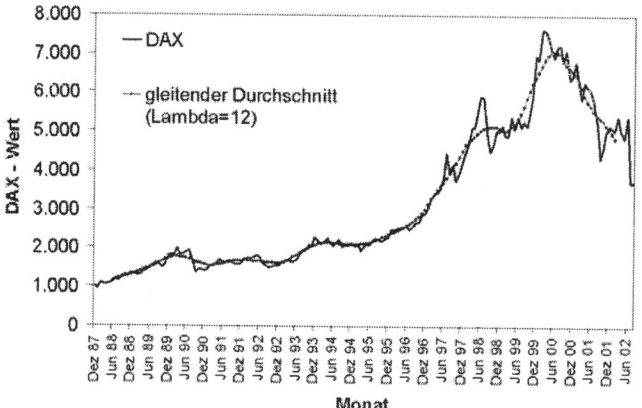

Abbildung 6.7: Monatswerte des DAX und gleitender Durchschnitt ($\lambda=12$)

ten gleitender Durchschnitte.

- Aus der Definition geht unmittelbar hervor, dass der **Glättungseffekt** bei einem gleitenden Durchschnitt umso stärker ist, je größer λ ist.

- Legt man das Komponentenmodell $y_i = g_i + u_i$, $i = 1, \ldots, n$, zugrunde und geht man davon aus, dass die Restkomponente unregelmäßig um null schwankt, so wird der Einfluss der Restkomponente durch einen gleitenden Durchschnitt weitgehend ausgeschaltet, denn beispielsweise für ungerades $\lambda = 2l + 1$ gilt

$$
\begin{aligned}
\tilde{g}_i &= \frac{1}{2l+1} \sum_{h=i-l}^{i+l} (g_h + u_h) \\
&= \frac{1}{2l+1} \sum_{h=i-l}^{i+l} g_h + \underbrace{\frac{1}{2l+1} \sum_{h=i-l}^{i+l} u_h}_{\approx 0}.
\end{aligned}
$$

- Legt man das Modell $y_i = g_i + s_i + u_i$, $i = 1, \ldots, n$, zugrunde und ist $\lambda = 2l + 1$ gleich der Länge K der konstanten Saisonfigur oder ein

Vielfaches davon, so gilt

$$\tilde{g}_i = \frac{1}{2l+1} \sum_{j=i-l}^{i+l} (g_j + s_j + u_j)$$

$$= \frac{1}{2l+1} \sum_{j=i-l}^{i+l} g_j + \underbrace{\frac{1}{2l+1} \sum_{j=i-l}^{i+l} s_j}_{=0} + \underbrace{\frac{1}{2l+1} \sum_{j=i-l}^{i+l} u_j}_{\approx 0},$$

sofern die Summe der Saisonkomponenten $\sum_{k=1}^{K} s_k = 0$ ist; siehe hierzu den nächsten Abschnitt. Die Saisonkomponenten haben in diesem Fall also keinen Einfluss auf den gleitenden Durchschnitt $\tilde{g}_i$.

6.3.4 Lineare Filter

Die Transformation einer Zeitreihe $y_1, \ldots, y_n$ in die Zeitreihe

$$z_i = a_{-l}\, y_{i-l} + a_{-l+1}\, y_{i-l+1} + \cdots + a_0\, y_i + \ldots a_k\, y_{i+k}$$

$$= \sum_{h=i-l}^{i+k} a_{h-i}\, y_h$$

für $i = l+1, l+2, \ldots, n-k$ heißt **linearer Filter**. Die Zahlen $a_{-l}, \ldots, a_k$ sind Parameter des Filters; man nennt sie (auch wenn sie sich nicht zu 1 addieren) die **Gewichte** des Filters. Für jedes i setzt also der Filter an die Stelle des Wertes y_i der gegebenen Zeitreihe eine Linearkombination von y_i mit zeitlich benachbarten Werten der Zeitreihe, und zwar den l Werten, die y_i vorausgehen, und den k Werten, die y_i folgen. Wir betrachten nun einige spezielle lineare Filter und ihre Anwendung.

Einfacher gleitender Durchschnitt Wenn man $l = k$ und alle Gewichte gleich groß wählt, d.h. $a_h = \frac{1}{2l+1}$ für alle h, erhält man einen gleitenden Durchschnitt der Ordnung $\lambda = 2l + 1$. Er dient allgemein der Glättung der Zeitreihe und speziell der Elimination einer Saison der Länge λ. Siehe dazu Abschnitt 6.3.3.

Allgemeiner gleitender Durchschnitt Einen linearen Filter, dessen Gewichte sich zu 1 aufaddieren $\sum_{h=-l}^{k} a_h = 1$, nennt man einen allgemeinen gleitenden Durchschnitt. Solche Durchschnitte spielen in der statistischen Praxis eine große Rolle. Sie entstehen vor allem dadurch, dass man eine Zeitreihe mehrmals hintereinander mit (einfachen) gleitenden Durchschnitten glättet.

Zahlenbeispiel: Sei

$$x_i = \frac{1}{3}(y_{i-1} + y_i + y_{i+1}) \quad und$$

$$z_i = \frac{1}{3}(x_{i-1} + x_i + x_{i+1}),$$

also nach Einsetzen der x_i in die zweite Gleichung:

$$z_i = \frac{1}{9}y_{i-2} + \frac{2}{9}y_{i-1} + \frac{1}{3}y_i + \frac{2}{9}y_{i+1} + \frac{1}{9}y_{i+2}.$$

*Offenbar ist z_i ein linearer Filter von y_i mit $l = k = 2$ und Gewichten der Summe 1. Dabei ist x_i ein einfacher gleitender Durchschnitt von y_i, z_i ein einfacher gleitender Durchschnitt von x_i, und beide einfachen Durchschnitte besitzen die Ordnung $\lambda = 3$. Deshalb heißt z_i **zweifacher gleitender Durchschnitt** von y_i der Ordnung 3.*

6.4   Bestimmung der Saisonkomponente

Bisher wurde bei der Schätzung der glatten Komponente entweder eine Saisonschwankung explizit ausgeschlossen (Trendmodelle mit der Voraussetzung $s_i = 0$ für alle i) oder eine etwa vorhandene Saisonschwankung wurde durch einen gleitenden Durchschnitt entsprechender Ordnung „ausgemittelt".

In diesem Abschnitt gehen wir vom additiven Komponentenmodell mit Saison

$$y_i = g_i + s_i + u_i, \quad i = 1, \ldots, n,$$

aus. Die Zeiten t_i seien äquidistant. Wir entwickeln im Folgenden ein einfaches Verfahren, mit dem die saisonalen Abweichungen s_i bestimmt werden können.

Das Verfahren setzt eine **konstante Saisonfigur** voraus, was bedeutet, dass die Werte der s_i sich periodisch wiederholen. Die konstante Saisonfigur wird formal so definiert: Es gibt eine kleinste Zahl K, genannt **Periodenlänge**, so dass für $k = 1, \ldots, K$ und $j = 0, 1, 2, \ldots$ die periodische Beziehung

$$s_{k+j \cdot K} = s_k$$

gilt. k indiziert die **Phase** der Saisonfigur. Liegen z.B. Quartalsdaten vor, so ist $K = 4$ und es gilt bei konstanter Saisonfigur:

$$s_1 = s_5 = s_9 = \ldots$$

$$s_2 = s_6 = s_{10} = \ldots$$

$$s_3 = s_7 = s_{11} = \ldots$$

$$s_4 = s_8 = s_{12} = \ldots$$

Bei Monatsdaten bedeutet eine konstante Saisonfigur, dass sich die Saisonkomponente periodisch mit der Periode $K = 12$ wiederholt.

Zur Bestimmung der K Saisonkomponenten $s_1, s_2, \ldots, s_K$ wird im Folgenden das **Phasendurchschnittsverfahren** vorgestellt. Es ist besonders einfach und leicht nachzuvollziehen. In der Praxis wird es allerdings nicht mehr verwendet, da es inzwischen leistungsfähigere Verfahren gibt, die jedoch erheblich kompliziertere Strukturen aufweisen.

Für das Phasendurchschnittsverfahren setzt man voraus, dass die Summe der K unterschiedlichen Saisonkomponenten gleich 0 ist,

$$\sum_{k=1}^{K} s_k = 0.$$

Diese Bedingung hat zur Folge, dass, wie am Ende des Abschnitts 6.3 gezeigt wurde, beim Glätten mit gleitenden Durchschnitten der Länge $\lambda = K$ die Saisonkomponente verschwindet.

Das Phasendurchschnittsverfahren wird in mehreren Schritten durchgeführt ($\hookrightarrow$ EXCEL):

1. Zunächst bestimmt man mittels eines gleitenden Durchschnitts der Länge $\lambda = K$ die glatte Komponente $\tilde{g}_i$ für $i = l + 1, \ldots$, wobei $l = \frac{K-1}{2}$ für ungerades K und $l = \frac{K}{2}$ für gerades K ist. Anschließend berechnet man die **trendbereinigte Reihe**

$$d_i = y_i - \tilde{g}_i, \quad i = l + 1, l + 2, \ldots, n - l.$$

2. Für jeden Wert der Saisonphase k mit $k = 1, 2, \ldots K$, bestimmt man nun den Rohwert

$$\overline{d}_k = \frac{1}{J^*} \sum_j d_{k+j \cdot K},$$

wobei über alle verfügbaren Werte $d_{k+j \cdot K}$ summiert wird. Die Anzahl dieser Werte sei J^*.

3. Die Rohwerte $\overline{d}_k$ werden mittels

$$\hat{s}_k = \overline{d}_k - \frac{1}{K} \sum_{i=1}^{K} \overline{d}_i, \quad k = 1, \ldots, K,$$

normiert, und man erhält Schätzwerte $\hat{s}_k$ für s_k, die nunmehr auch die geforderte Bedingung

$$\sum_{k=1}^{K} \hat{s}_k = 0$$

erfüllen.

Unter der **Saisonbereinigung** der Ausgangszeitreihe $y_1, y_2, \ldots, y_n$ versteht man die Ausschaltung der Saisonkomponente, d.h. den Übergang von y_i zu y_i^s mit

$$y_i^s = y_{k+j \cdot K} - \hat{s}_k$$

für $i = k + j \cdot K$, wobei $k = 1, \ldots, K$ und $j = 0, 1, 2, \ldots$ ist.

Wir wollen die verschiedenen Schritte der Bestimmung der Saisonfigur und die Saisonbereinigung in zwei Arbeitstabellen am Beispiel „Vierteljahreswerte BIP" demonstrieren; das Ergebnis wird dann in Abbildung 6.8 graphisch dargestellt.

Beispiel (siehe 6.2.3): Vierteljährliches Bruttoinlandsprodukt in jeweiligen Preisen (in Mrd. DM).

Arbeitstabelle 1:

		y_i	$\tilde{g}_i$	d_i	y_i^s
1991	I	666,8	-	-	695,8
	II	702,2	-	-	712,8
	III	719,4	721,9	$-2,5$	714,2
	IV	765,2	736,4	28,8	730,7
1992	I	734,5	749,8	$-15,3$	763,5
	II	750,6	763,5	$-12,9$	761,2
	III	778,7	771,4	7,3	773,5
	IV	814,8	776,3	38,5	780,3
1993	I	748,3	782,2	$-33,9$	777,3
	II	776,0	787,9	$-11,9$	786,6
	III	800,4	796,2	4,2	795,2
	IV	839,0	806,4	32,6	804,5
1994	I	790,8	816,3	$-25,5$	819,8
	II	814,7	826,7	$-12,0$	825,3
	III	840,6	836,2	4,4	835,4
	IV	882,1	844,4	37,7	847,6
1995	I	823,6	852,0	$-28,4$	852,6
	II	847,9	858,1	$-10,2$	858,5
	III	868,4	862,9	5,5	863,2
	IV	902,9	867,3	35,6	868,4
1996	I	841,0	872,5	$-31,5$	870,0
	II	865,5	878,2	$-12,7$	876,1
	III	892,4	882,8	9,6	887,2
	IV	924,6	888,7	35,9	890,1
1997	I	856,0	896,0	$-40,0$	885,0
	II	898,0	902,6	$-4,6$	908,6
	III	918,5	911,3	7,2	913,3
	IV	951,5	919,7	31,8	917,0
1998	I	898,4	-	-	927,4
	II	922,7	-	-	933,3

Arbeitstabelle 2:

k	$\bar{d}_k$	$\hat{s}_k$
1	$-29,1$	$-29,0$
2	$-10,7$	$-10,6$
3	$5,1$	$5,2$
4	$34,4$	$34,4$
Σ	$-0,3$	0

Abbildung 6.8 zeigt neben den Ausgangswerten y_i die saisonbereinigte Reihe y_i^s und die berechnete Saisonfigur $\hat{s}_1, \hat{s}_2, \hat{s}_3, \hat{s}_4$ (Maßstab auf der rechten Seite). Man beachte den Unterschied zwischen der saisonbereinigten Reihe

$$y_i^s = y_i - \hat{s}_i = \tilde{g}_i + \hat{u}_i, \quad i = 1, \ldots, n$$

und der Reihe der glatten Komponente $\tilde{g}_i$. Die saisonbereinigte Reihe enthält also neben der geschätzten glatten Komponente $\tilde{g}_i$ noch die Restgröße $\hat{u}_i$. Sie verläuft offensichtlich weniger glatt als die Reihe der $\tilde{g}_i$.

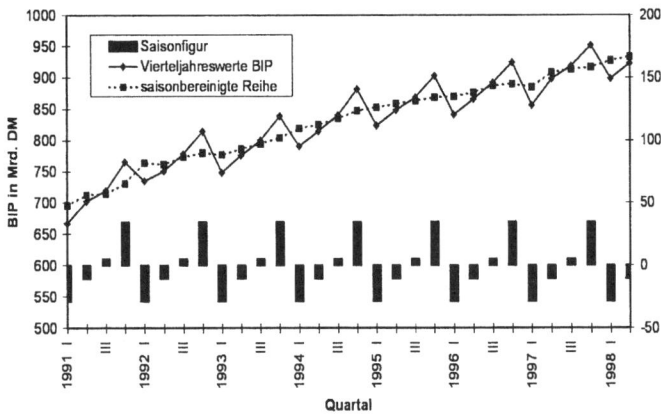

Abbildung 6.8: Saisonfigur und saisonbereinigte Reihe

Wir kommen zurück auf die Bedingung $\sum_{k=1}^{K} s_k = 0$ für die Saisonkomponenten. Eine entsprechende Bedingung gilt für die geschätzten Komponenten $\hat{s}_k$, d.h. $\sum_{k=1}^{K} \hat{s}_k = 0$. Es folgt

$$\sum_{i=j+1}^{j+K} y_i = \sum_{i=j+1}^{j+K} (y_i^s + \hat{s}_i) = \sum_{i=j+1}^{j+K} y_i^s + \underbrace{\sum_{i=j+1}^{j+K} \hat{s}_i}_{=0}$$

für beliebiges $j = 0, 1, 2, \ldots, N - K$. Dies bedeutet, dass die Summe von K aufeinander folgenden Werten von y_i durch die Saisonbereinigung nicht beeinflusst wird. So ist z.B. für das obige Beispiel „Vierteljahreswerte BIP" das jährliche Bruttoinlandsprodukt, welches durch die Summe der vier Quartalswerte eines Jahres gegeben ist, unabhängig davon, ob die ursprünglichen Quartalswerte oder die saisonbereinigten Quartalswerte addiert wurden. Es leuchtet unmittelbar ein, dass ein Saisonbereinigungsverfahren diese Eigenschaft haben muss, denn im anderen Fall würden sich die Jahreswerte (oder die jahresdurchschnittlichen Werte) durch die Saisonbereinigung in unkontrollierter Art und Weise ändern.

Mit der Saisonbereinigung möchte man den saisonalen Einfluss auf die Monats- oder Quartalswerte einer Größe Y ausschalten. Aus den tatsächlich beobachteten Werten y_i entstehen durch Anwendung eines formal mathematischen Verfahrens die fiktiven saisonbereinigten Werte y_i^s.

Häufig werden Zuwachsraten von ökonomischen Größen (z.B. Quartalswerte des BIP oder monatliche Arbeitslosenzahlen) nicht aus der Ausgangsreihe y_i, sondern aus der saisonbereinigten Reihe y_i^s berechnet, um saisonale Effekte auszuschalten.

Wie die obigen Daten und Abbildung 6.8 zeigen, geht das BIP saisonal bedingt vom IV. Quartal zum I. Quartal des Folgejahres zum Teil erheblich zurück. Demgegenüber nahmen die saisonbereinigten Werte im Allgemeinen zu (Ausnahmen: I/1992 auf II/1992, IV/1992 auf I/1993 und IV/1996 auf I/1997). Ebenfalls saisonal bedingt steigt das BIP vom III. zum IV. Quartal eines Jahres zum Teil erheblich an. Die Zuwachsrate der saisonbereinigten Werte ist demgegenüber wesentlich geringer.

Veränderungen des BIP (wie auch anderer im Jahresablauf schwankender Größen) werden in der Regel auf den entsprechenden Vorjahreszeitraum bezogen, das heißt, es wird beispielsweise die Veränderung des BIP vom IV. Quartal 2001 zum IV. Quartal 2002 angegeben. Den Vorjahresvergleich kann man entweder mit den Originaldaten oder mit den saisonbereinigten Daten durchführen. Interessant ist die Frage, ob hierbei erhebliche Unterschiede auftreten. Wenn man im BIP-Beispiel die jährlichen Zuwachsraten des BIP sowohl für die nicht bereinigten als auch für die bereinigten Daten berechnet, sieht man, dass – zumindest bei diesen Daten – die Ergebnisse nur geringfügig voneinander abweichen.

Um eine **Prognose** zukünftiger Werte y_i, $i = n + 1, n + 2, \ldots$, zu erstellen, muss man zunächst die saisonbereinigte Zeitreihe y_i^s auf geeignete Weise in die Zukunft fortsetzen. Eine Prognose $\hat{y}_i^s$ für die Zukunft, $i = n + 1, n +$ 2,..., erhält man, indem man für die saisonbereinigte Reihe y_i^s einen linearen (oder exponentiellen) Trend berechnet und diesen wie oben beschrieben in die Zukunft fortsetzt. Zu $\hat{y}_i^s$ addiert man dann die geschätzte zukünftige Saisonkomponente $\hat{s}_i$,

$$\hat{y}_i = \hat{y}_i^s + \hat{s}_i, \quad i = n + 1, n + 2, \ldots \quad .$$

Sie ergibt sich aus der periodischen Fortsetzung der errechneten Saisonfigur.

In diesem Abschnitt wurde das Phasendurchschnittsverfahren beschrieben, bei dem es sich um eine relativ einfache und leicht nachzuvollziehende Prozedur handelt. Es sei jedoch darauf hingewiesen, dass in der Praxis (z.B. bei EUROSTAT, im Statistischen Bundesamt und in der Bundesbank) überwiegend andere, modernere Verfahren eingesetzt werden, die allerdings wesentlich komplizierter sind. Häufig werden die Verfahren TRAMO-SEATS und CENSUS X-12-ARIMA angewandt. Nähere Informationen über diese Verfahren findet man im Netz unter der Adresse http://forum.europa.eu.int /Public/irc/dsis/eurosam/library.

6.5 Exponentielles Glätten

Ein besonders in betriebswirtschaftlichen Anwendungen verbreitetes Verfahren zur Glättung und Prognose einer Zeitreihe ist das **exponentielle Glätten**. Bei den bisher behandelten Prognosen auf der Basis eines (linearen oder exponentiellen) Trends werden zukünftige Werte der Zeitreihe auf Grund von beobachteten Werten der Zeitreihe vorhergesagt, die in der Berechnung, soweit sie darin eingehen, das gleiche Gewicht besitzen. Da sich jedoch bei vielen Zeitreihen die Struktur der Reihe mit der Zeit ändert, liegt es nahe, weiter zurückliegende beobachtete Werte mit geringerem Gewicht in die Prognose eingehen zu lassen.

Wenn die Zeitreihe $y_i, i \leq n$, bis zur Zeit n gegeben ist, modelliert man den nächsten Wert durch die Gleichung

$$\hat{y}_{n+1} = \sum_{j=0}^{\infty} \alpha(1 - \alpha)^j y_{n-j},$$

wobei α einen Parameter zwischen 0 und 1 darstellt. Dies ist ein linearer Filter mit Gewichten $\alpha(1-\alpha)^j$ für $y_{n-j}, j = 0, 1, \ldots$. Aus der Formel für die geometrische Reihe und $0 < \alpha < 1$ erhält man

$$\sum_{j=0}^{\infty} \alpha(1 - \alpha)^j = \frac{\alpha}{1 - (1 - \alpha)} = 1,$$

die Summe der Gewichte ist also gleich 1. Die Modellgleichung mit Index n statt $n + 1$ lautet

$$\hat{y}_n = \alpha \sum_{j=0}^{\infty} (1 - \alpha)^j \, y_{n-j-1} \, .$$

Multipliziert man diese Gleichung mit $(1-\alpha)$ und zieht sie von der ursprünglichen Modellgleichung ab, verschwinden auf der rechten Seite alle Terme außer dem ersten Summanden der ursprünglichen Gleichung. Es folgt

$$\hat{y}_{n+1} - (1 - \alpha) \, \hat{y}_n = \alpha \, (1 - \alpha)^0 \, y_{n-0} = \alpha \, y_n$$

und daraus die **Rekursionsformel**

$$\boxed{\hat{y}_{n+1} = \hat{y}_n + \alpha(y_n - \hat{y}_n) \, ,}$$

mit der man $\hat{y}_{n+1}$ bequem rekursiv berechnen kann. Die $\hat{y}_i$ bilden für laufendes i wiederum eine Zeitreihe, die **exponentiell geglättete Zeitreihe**.

Der Parameter α misst den Grad der Glättung, $0 < \alpha < 1$. α nahe 0 bedeutet, dass die ursprüngliche Zeitreihe stark geglättet wird, α nahe 1 bedeutet das Gegenteil, nämlich eine schwache Glättung.

Zur konkreten Anwendung der Rekursionsformel auf eine Zeitreihe $y_1, y_2, \ldots,$ y_n benötigt man einen Anfangswert für $\hat{y}_1$. Man wählt dazu in der Regel $\hat{y}_1 = y_1$.

Beispiel „Auftragseingang": Wir betrachten den Auftragseingang einer Firma in sechs aufeinander folgenden Wochen $y_1, \ldots, y_6$ laut folgender Tabelle. Die Zeitreihe soll exponentiell geglättet werden, und zwar alternativ mit Glättungsparameter $\alpha = 0,2$ bzw. $\alpha = 0,7$.

i	y_i	$\hat{y}_i, \alpha = 0,2$	$\hat{y}_i, \alpha = 0,7$
1	0	0	0
2	5	0	0
3	2	1	3,50
4	7	1,20	2,45
5	20	2,36	5,64
6	19	5,89	15,69
7	-	8,51	18,01

Berechnung für $\alpha = 0,2$:

$$
\begin{aligned}
\hat{y}_1 &= 0 \\
\hat{y}_2 &= 0 + 0,2(0 - 0) & &= 0 \\
\hat{y}_3 &= 0 + 0,2(5 - 0) & &= 1 \\
\hat{y}_4 &= 1 + 0,2(2 - 1) & &= 1,2 \\
\hat{y}_5 &= 1,2 + 0,2(7 - 1,2) & &= 2,36 \\
\hat{y}_6 &= 2,36 + 0,2(20 - 2,36) & &= 5,89 \\
\hat{y}_7 &= 5,888 + 0,2(19 - 5,888) & &= 8,51
\end{aligned}
$$

Das Ergebnis ist in Abbildung 6.9 graphisch dargestellt.

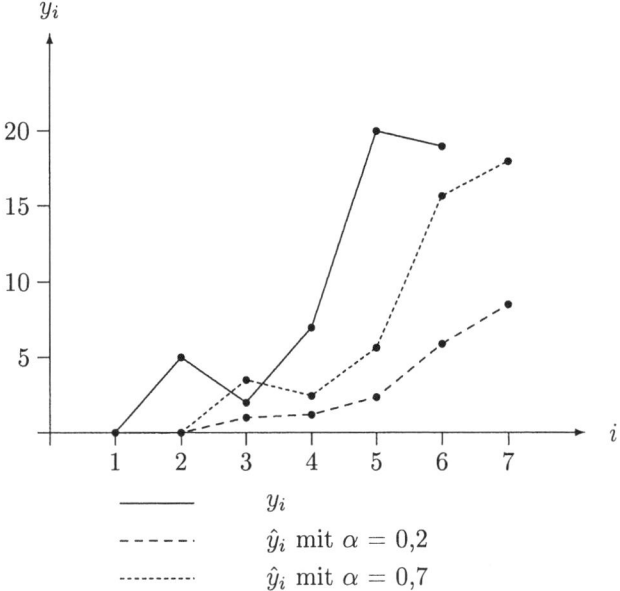

Abbildung 6.9: Exponentielle Glättung

6.6 Zeitreihen in stetiger Zeit

In manchen Anwendungen ist es sinnvoll, die Werte einer Bestandsgröße Y über die Zeit nicht nur zu einzelnen Zeitpunkten $t_1, t_2, \ldots, t_n$ zu untersuchen, sondern zu jedem beliebigen Zeitpunkt t auf der stetigen Zeitachse.

Beispiele:

1. Laufende Notierung des Kurses der XY-Aktie.

2. Nachfrage nach elektrischem Strom bei einem Kraftwerk.

Für eine **Zeitreihe in stetiger Zeit** betrachtet man ähnliche Komponentenmodelle wie für eine Zeitreihe in diskreter Zeit. Im Folgenden beschränken wir uns auf die Modellierung und Schätzung einer glatten Komponente in stetiger Zeit. Die **glatte Komponente** einer Zeitreihe in stetiger Zeit schreibt man als Funktion

$$t \mapsto g(t) \quad \text{für } 0 \leq t \leq T.$$

Wir nehmen an, dass die Funktion g differenzierbar und überall positiv ist und betrachten eine kleine Zeitspanne $\Delta t > 0$. Sie ändert sich darin um $g(t + \Delta t) - g(t)$, und das Wachstum pro Zeit ist gleich

$$\frac{g(t + \Delta t) - g(t)}{\Delta t}.$$

Der Grenzübergang $\Delta t \to 0$ liefert das **marginale Wachstum**,

$$g'(t) = \lim_{\Delta t \to 0} \frac{g(t + \Delta t) - g(t)}{\Delta t}.$$

Bezieht man das marginale Wachstum $g'(t)$ auf den Bestand $g(t)$ zur Zeit t, erhält man die **stetige Wachstumsrate**,

$$w(t) = \frac{g'(t)}{g(t)}.$$

Sie ist gleich der logarithmischen Ableitung von $g(t)$,

$$w(t) = \frac{d}{dt} \ln(g(t)).$$

Von besonderem Interesse ist der Fall, dass die glatte Komponente $g(t)$ einer Zeitreihe in stetiger Zeit eine **konstante stetige Wachstumsrate** $w(t)$ besitzt. Falls $w(t) = const = \beta$ ist, haben wir

$$
\begin{aligned}
\frac{d}{dt} \ln(g(t)) &= \beta, \quad \text{also} \\
\ln(g(t)) &= \beta t + \alpha \quad \text{und} \\
g(t) &= e^{\beta t + \alpha} = e^{\alpha} e^{\beta t}
\end{aligned}
$$

für alle t. Es folgt für $t = 0$, dass $g(0) = e^\alpha$ ist, also

$$g(t) = g(0) \, e^{\beta t} \quad \text{für alle } t \, .$$

Man sagt dann, dass die Zeitreihe einem stetigen **exponentiellen Trend** folgt.

Hiervon zu unterscheiden ist das **konstante marginale Wachstum**. Aus $g'(t) = const = \gamma$ folgt nämlich, dass

$$g(t) = \gamma t + g(0) \quad \text{für alle } t$$

gilt. Dies ist ein stetiger **linearer Trend**.

Trends mit Sättigungsniveau Linearer und exponentieller Trend haben ein Problem gemeinsam: Falls b bzw. β größer als null ist, bleibt die Zeitreihe mit der Zeit nicht beschränkt, sondern wächst über alle Maßen. Dies widerspricht häufig der Empirie. Viele ökonomische Zeitreihen wachsen zwar, doch nimmt ihr marginales Wachstum auf längere Sicht ab, bis die Zeitreihe sich einem **Sättigungsniveau** S nähert.

Beispiel: Anzahl der ISDN-Anschlüsse in einer Region, $S = $ Anzahl der Haushalte und Betriebe.

Für die Trendfunktion $g(t)$ machen wir den Ansatz

$$\frac{g'(t)}{g(t)} = \beta \, [S - g(t)] \, , \quad t \geq 0 \, ,$$

mit gewissen Konstanten $\beta > 0$ und $S > 0$. Der Ansatz besagt, dass die Wachstumsrate dem Abstand der Trendfunktion vom Sättigungsniveau proportional ist. Je mehr sich die Zeitreihe der Sättigung nähert, umso schwächer wächst sie. Man kann den Ansatz äquivalent für das marginale Wachstum formulieren,

$$g'(t) = \beta \, g(t) \, [S - g(t)] \, .$$

Das marginale Wachstum ist sowohl dem erreichten Niveau als auch dem noch bis zur Sättigung fehlenden Niveau proportional. Dies ist eine Bestimmungsgleichung für die Funktion $g(t)$. Sie hat eine eindeutige Lösung, nämlich

$$g(t) = \frac{S}{1 + \left(\frac{S}{g(0)} - 1 \right) e^{-\beta S t}} \, , \quad t \geq 0 \, ,$$

wobei $g(0) > 0$ den **Anfangsbestand**, das ist der Wert von $g(t)$ zum Zeitpunkt $t = 0$, darstellt. (Der Leser mache die Probe, indem er $g(t)$ in die Bestimmungsgleichung einsetzt.) Man nennt $g(t)$ einen **logistischen Trend**. Offenbar ist

$$g \text{ streng monoton wachsend}, \quad g(t) < S \text{ für alle } t, \quad \lim_{t \to \infty} g(t) = S \, .$$

Man rechnet leicht nach, dass zum Zeitpunkt

$$t^\star = \frac{1}{\beta S} \ln \left(\frac{S}{g(0)} - 1 \right), \qquad g(t^\star) = \frac{S}{2}$$

gilt, d. h. ausgehend vom Anfangsbestand $g(0)$ ist nach $t^\star$ Zeiteinheiten gerade die **Halbsättigung**, das ist die Hälfte des Sättigungsniveaus, erreicht. Man beachte, dass das marginale Wachstum bis zu diesem Zeitpunkt zunimmt und danach abnimmt; an der Stelle $t^\star$ besitzt die Trendfunktion einen Wendepunkt.

Beispiel „ISDN-Anschlüsse": Wir nehmen an, dass der Bestand an ISDN-Anschlüssen in einer Region gemäß einem logistischen Trend mit $\beta = 0,00001$ wächst. Die Zeiteinheit sei ein Jahr. Der Anfangsbestand zum Zeitpunkt $t = 0$ betrage 10 000 Anschlüsse; vgl. Abbildung 6.10. Man geht von einer Marktsättigung bei $S = 30\,000$ Anschlüssen aus.

(a) Wie groß ist der Bestand nach einem Jahr?
(b) Nach wie vielen Jahren hat der Bestand die Halbsättigung erreicht?
(c) Wie groß ist die Wachstumsrate des Bestandes zu den Zeitpunkten $t = 0$ und $t = 1$?

zu (a) Der Bestand am Ende des ersten Jahres beläuft sich auf

$$g(1) = \frac{30\,000}{1 + \left(\frac{30\,000}{10\,000} - 1 \right) e^{-0,3}} \approx 12089 \,.$$

zu (b) Es gilt

$$\frac{1}{\beta S} \ln \left(\frac{S}{g(0)} - 1 \right) = \frac{1}{0,3} \ln(2) = 2,3105 \,,$$

d.h. nach ca. 2,3 Jahren ist die Halbsättigung erreicht.

zu (c) Die Wachstumsrate beträgt allgemein

$$\frac{g'(t)}{g(t)} = \beta(S - g(t)) \,.$$

Für $t = 0$ ist die Wachstumsrate deshalb gleich

$$0,00001 \cdot (30\,000 - 10\,000) = 0,2 \,,$$

also 20%. Für $t = 1$ ist sie gleich

$$0,00001 \cdot (30\,000 - 12088) = 0,1791 \,,$$

also knapp 18% .

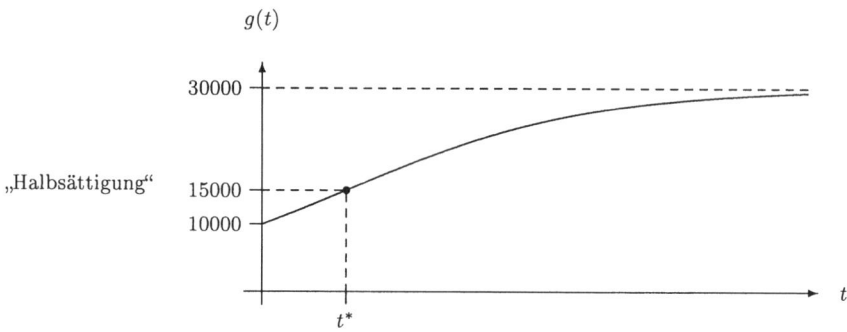

Abbildung 6.10: Logistischer Trend

Ergänzende Literatur zu Kapitel 6:

Ausführungen zur Zeitreihenanalyse sind in vielen Lehrbüchern der Statistik für die Wirtschaftswissenschaften enthalten. Genannt sei Fahrmeir et al.
(2003), dessen Kapitel 14 weitere elementare lokale Ansätze zur Glättung einer Zeitreihe behandelt. Im Kapitel 10 von Heiler und Michels (2004) findet
man Verfahren zur Trendbestimmung und Glättung einer Zeitreihe mit Hilfe
von Kerndichteschätzern und lokal gewichteter Regression, ferner ausreißerre-
sistente Glättungsmethoden und allgemeinere Prognoseansätze. Heiler (1995)
gibt einen Überblick über die Entwicklung der Methoden zur Zeitreihenglät-
tung seit den 60er Jahren. Zeitreihen mit Sättigung sowie exponentielle Glättung werden u.a. in Schaich und Schweitzer (1999, Kapitel 5) behandelt.

Eine Einführung in höhere Verfahren der Zeitreihenananlyse findet man in
Schlittgen (2001). Eine umfassende Darstellung der Zeitreihenanalyse, insbesondere ihrer theoretischen und methodischen Grundlagen, bieten schließlich
die Lehrbücher von Schlittgen und Streitberg (2001) sowie Rinne und Specht
(2002).

6.7 Anhang zu Kapitel 6: Verwendung von Excel

Bei der elementaren Zeitreihenanalyse kann Excel ebenfalls eingesetzt werden, was in diesem Abschnitt kurz vorgeführt werden soll. Die zugehörige Beispieltabelle Zeitreihe.xls ist im Netz unter *www.uni-koeln.de/wiso-fak/wisostatsem/buecher/beschr_stat* in Excel 97 und Excel 5.0 verfügbar. Die Daten sind dem Beispiel „Vierteljahreswerte des BIP" zu jeweiligen Preisen (in Mrd. DM) von 1/1991 bis 2/1998" aus Abschnitt 6.3.3 entnommen.

6.7.1 Gleitende Durchschnitte im additiven Modell

Berechnung der gleitenden Durchschnitte für $\lambda = 3$ und $\lambda = 4$ (vgl. Zeitreihe.xls: gl.Durchschnitte)

Spalte C   enthält y_i

Spalte D   D4 = 1/3 * Summe(C3:C5)   ↪ „Herunterziehen" bis D31
            [$\tilde{g}_i$ für $\lambda = 3$]

Spalte E   E5 = 1/4 * (1/2*C3 + C4 + C5 + C6 + 1/2*C7)
            ↪ „Herunterziehen" bis E30   [$\tilde{g}_i$ für $\lambda = 4$]

6.7.2 Graphische Darstellung von Zeitreihen

Darstellung der Originalzeitreihe und der gleitenden Durchschnitte für $\lambda = 4$ (vgl. Zeitreihe.xls: D lambda=4)

- Markieren der Zellen A2:A32, C2:C32 und E2:E32

- EINFÜGEN / DIAGRAMM: Auswahl von LINIE, UNTERTYP 4

- Drücken von WEITER bis Abfrage ob neues Tabellenblatt ↪ ENDE

- „Doppelklicken" mit linker Maustaste auf y-Achse: ACHSEN FORMATIEREN: SKALIERUNG: GRÖSSENACHSE (Y) SCHNEIDET ZWISCHEN RUBRIKEN: *nicht ankreuzen*

Achtung: Voraussetzung für diese Darstellung von Zeitreihen mit Excel sind äquidistante Zeitabstände!

6.7.3   Bestimmung der Saisonkomponente

(vgl. Zeitreihe.xls: Saison)

Da es sich in dem Beispiel um Quartalsdaten handelt, muss zunächst die glatte Komponten $\tilde{g}_i$ mit Hilfe gleitender Durchschnitte der Ordnung $\lambda = 4$ berechnet werden.

Spalte D   enthält $\tilde{g}_i$ für $\lambda = 4$

Spalte E   E5 = C5 - D5   ↪ „Herunterziehen" bis E30 $[d_i = d_{k+j \cdot 4}]$

Spalte F   F3 = 1/6*(E7 + E11 + E15 + E19 + E23 + E27)

               F4 =1/6*(E8 + E12 + E16 + E20 + E24 + E28)

               F5 =1/7*(E5 + E9 + E13 + E17 + E21 + E25 + E29)

               F6 =1/7*(E6 + E10 + E14 + E18 + E22 + E26 + E30) $[\bar{d}_k]$

Spalte G   G3 =F3 - 1/4 * $F$7   ↪ „Herunterziehen" bis G6 $[\hat{s}_k]$

Spalte H   H3 =C3 - $G$3, H4 = C4 - $G$4, H5 = C5 - $G$5,

               H6 = C6 - $G$6

               ↪ Markieren von H3:H6

               ↪ „Herunterziehen" bis H32 $[y_i^s]$

Anhang A

Summen- und Produktzeichen

Definition des Summenzeichens

Die Summe von n reellen Zahlen $a_1, a_2, \ldots, a_n$ wird wie folgt geschrieben,

$$\sum_{i=1}^{n} a_i = a_1 + a_2 + \ldots + a_n \,.$$

Dabei heißt i *Summationsindex*. Mit der *Indexmenge* $I = \{1, 2, \ldots, n\}$ schreibt man statt dessen auch

$$\sum_{i \in I} a_i = a_1 + a_2 + \ldots + a_n \,.$$

Verallgemeinerung: Die Indexmenge I darf eine beliebige Menge von ganzen Zahlen sein, $I \subset \mathbb{Z} = \{\ldots, -3, -2, -1, 0, 1, 2, 3, \ldots\}$. Insbesondere muss der Summationsindex nicht immer von 1 bis n laufen, zum Beispiel

$$\sum_{i=-4}^{3} a_i = a_{-4} + a_{-3} + a_{-2} + a_{-1} + a_0 + a_1 + a_2 + a_3 \,.$$

Ist I die leere Menge, erhält man eine *leere Summe*. Sie ist per definitionem gleich Null,

$$\sum_{i \in \emptyset} a_i = 0 \,.$$

Dass die Indexmenge leer ist, kann auf verschiedene Weise zum Ausdruck gebracht werden, etwa durch

$$\sum_{i=1}^{0} a_i = \sum_{i \in \emptyset} a_i \,.$$

Rechenregeln für endliche Summen

Seien $a_1, \ldots, a_n$ und $b_1, \ldots, b_n$ reelle Zahlen.

(i) Für beliebige reelle Zahlen α und β gilt

$$\sum_{i=1}^{n}(\alpha a_i + \beta b_i) = \sum_{i=1}^{n}\alpha a_i + \sum_{i=1}^{n}\beta b_i$$

$$= \alpha \sum_{i=1}^{n} a_i + \beta \sum_{i=1}^{n} b_i \, .$$

(ii) Falls alle Summanden einer Summe gleich sind, $a_1 = a_2 = \ldots = a_n = a$, so gilt

$$\sum_{i=1}^{n} a_i = \sum_{i=1}^{n} a = na \, .$$

(iii) Für jedes ganzzahlige m, $0 \le m \le n$, lässt sich die Summe wie folgt aufspalten,

$$\sum_{i=1}^{n} a_i = \sum_{i=1}^{m} a_i + \sum_{i=m+1}^{n} a_i \, .$$

(iv) Für jedes ganzzahlige m gilt die Indexverschiebungsformel

$$\sum_{i=1}^{n} a_i = \sum_{i=1+m}^{n+m} a_{i-m} \, .$$

Spezielle endliche Summen

(i)

$$\sum_{i=1}^{n} i = \frac{n(n+1)}{2} \, .$$

(ii)

$$\sum_{i=1}^{n} i^2 = \frac{n(n+1)(2n+1)}{6} \, .$$

(iii)

$$\sum_{i=1}^{n} i^3 = \frac{n^2(n+1)^2}{4} \, .$$

(iv) Seien $a_1, b \in \mathbb{R}$, $a_i = a_1 + (i-1)b$ für $i = 2, \ldots, n$. Dann heißt $a_1, a_2, \ldots, a_n$ *endliche arithmetische Folge erster Ordnung*. Es gilt

$$\sum_{i=1}^{n} a_i = \frac{n}{2}(2a_1 + (n-1)b).$$

(v) Seien $a_1, q \in \mathbb{R}$, $a_i = a_1 q^{i-1}$ für $i = 2, \ldots n$. Dann heißt $a_1, a_2, \ldots, a_n$ *endliche geometrische Folge*. Für $q \neq 1$ gilt

$$\sum_{i=1}^{n} a_i = a_1 \frac{q^n - 1}{q - 1}.$$

Doppelsummen

Sei

$$
\begin{array}{ccc}
a_{11} & \cdots & a_{1m} \\
a_{21} & \cdots & a_{2m} \\
\vdots & \ddots & \vdots \\
a_{n1} & \cdots & a_{nm}
\end{array}
$$

ein zweidimensionales Schema von reellen Zahlen. Die Summe über alle diese Zahlen notiert man als *Doppelsumme*

$$
\begin{aligned}
\sum_{i=1}^{n}\sum_{j=1}^{m} a_{ij} \; = \; & a_{11} + \ldots + a_{1m} \\
+ \; & a_{21} + \ldots + a_{2m} \\
& \vdots \\
+ \; & a_{n1} + \ldots + a_{nm}.
\end{aligned}
$$

Es gilt

$$\sum_{i=1}^{n}\sum_{j=1}^{m} a_{ij} = \sum_{j=1}^{m}\sum_{i=1}^{n} a_{ij} = \sum_{i \in I}\sum_{j \in J} a_{ij} = \sum_{j \in J}\sum_{i \in I} a_{ij},$$

wobei $I = \{1, \ldots, n\}$ und $J = \{1, \ldots, m\}$ ist.

Verallgemeinerung: Der Bereich des zweiten Indexes darf vom ersten Index abhängen. Zum Beispiel:

$$
\begin{aligned}
\sum_{i=1}^{n}\sum_{j=i}^{n} a_{ij} = \; & a_{11} \; + \; \ldots \; + \; \ldots \; + \; \ldots \; + \; a_{1n} \\
& + \; a_{22} \; + \; \ldots \; + \; \ldots \; + \; a_{2n} \\
& \qquad\quad + \; a_{33} \; + \; \ldots \; + \; a_{3n} \\
& \qquad\qquad\qquad\qquad\qquad \vdots \\
& \qquad\qquad\qquad\qquad + \; a_{nn} \, .
\end{aligned}
$$

Es ist

$$
\sum_{i=1}^{n}\sum_{j=i}^{n} a_{ij} = \sum_{j=1}^{n}\sum_{i=1}^{j} a_{ij} \, .
$$

Definition des Produktzeichens

Das Produkt von n reellen Zahlen $a_1, a_2, \ldots, a_n$ wird wie folgt geschrieben:

$$
\prod_{i=1}^{n} a_i = a_1 \cdot a_2 \cdot a_3 \cdot \ldots \cdot a_n \, .
$$

Mit der Indexmenge $I = \{1, \ldots, n\}$ schreibt man statt dessen auch

$$
\prod_{i \in I} a_i = a_1 \cdot a_2 \cdot a_3 \cdot \ldots \cdot a_n \, .
$$

Ist I die leere Menge, erhält man das *leere Produkt*, das per definitionem den Wert 1 hat,

$$
\prod_{i \in \emptyset} a_i = 1 \, .
$$

Rechenregeln für endliche Produkte

Seien $a_1, \ldots, a_n$ und $b_1, \ldots, b_n$ reelle Zahlen.

(i) Für beliebige reelle Zahlen α und β gilt

$$
\prod_{i=1}^{n} \alpha a_i \beta b_i = \alpha^n \beta^n \prod_{i=1}^{n} a_i \prod_{i=1}^{n} b_i \, .
$$

(ii) Sind alle Faktoren eines Produkts gleich, $a_1 = a_2 = \ldots = a_n = a$, so gilt

$$
\prod_{i=1}^{n} a_i = \prod_{i=1}^{n} a = a^n \, .
$$

Anhang B

Exponentialfunktion und Logarithmus

Definition der Exponentialfunktion

Die unendliche Reihe

$$\sum_{k=0}^{\infty} \frac{x^k}{k!} = 1 + x + \frac{x^2}{2} + \frac{x^3}{6} + \frac{x^4}{24} + \dots$$

konvergiert für jedes $x \in \mathbb{R}$. Für $x \in \mathbb{R}$ definiert man

$$\exp(x) = \sum_{k=0}^{\infty} \frac{x^k}{k!}.$$

Die Funktion $\exp \colon \mathbb{R} \to \mathbb{R}$ heißt *Exponentialfunktion*. Ihr Graph ist

239

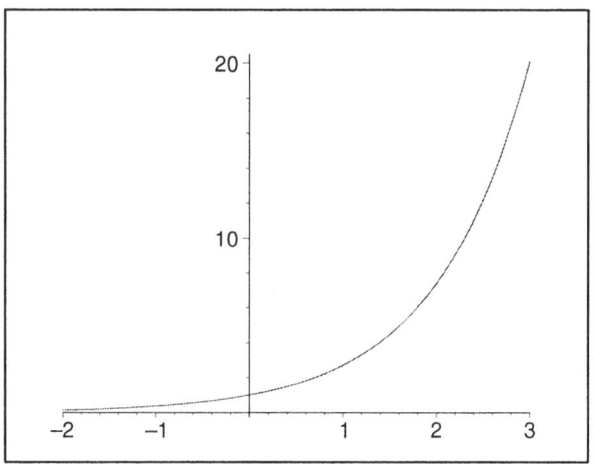

Eigenschaften der Exponentialfunktion

(i) Es gilt

$$\begin{aligned} \exp(0) &= 1 \\ \exp(1) &= 2,71828\ldots =: e\,. \end{aligned}$$

Die Zahl e heißt *Eulersche Zahl.*

(ii) Für alle $x \in \mathbb{R}$ ist

$$\exp(x) \; > \; 0\,.$$

(iii) Für alle $x \in \mathbb{R}$ gilt

$$\exp(x)' \; = \; \exp(x)\,.$$

(iv) Die Funktion exp ist streng monoton wachsend.

(v) Die Funktion exp ist durch (1) und (2) eindeutig bestimmt.

(vi) Für $x, y \in \mathbb{R}$ gilt das *Additionstheorem*

$$\exp(x + y) = \exp(x) \cdot \exp(y)\,.$$

(vii) Für alle $x \in \mathbb{R}$ gilt

$$\exp(x) = \lim_{n \to \infty} \left(1 + \frac{x}{n}\right)^n\,.$$

Definition des Logarithmus naturalis

Da die Exponentialfunktion streng monoton wachsend ist und den Wertebereich $]0, \infty[$ hat, besitzt sie eine eindeutig bestimmte Umkehrfunktion, die auf $]0, \infty[$ definiert ist. Sie heißt *Logarithmus naturalis* und wird mit ln bezeichnet, $\ln :]0, \infty[\longrightarrow \mathbb{R}$. Es gilt

$$\exp\left(\ln(x)\right) \;=\; x \qquad \text{für } x > 0\,,$$
$$\ln\left(\exp(x)\right) \;=\; x \qquad \text{für } x \in \mathbb{R}\,.$$

Der Graph der Logarithmusfunktion ist

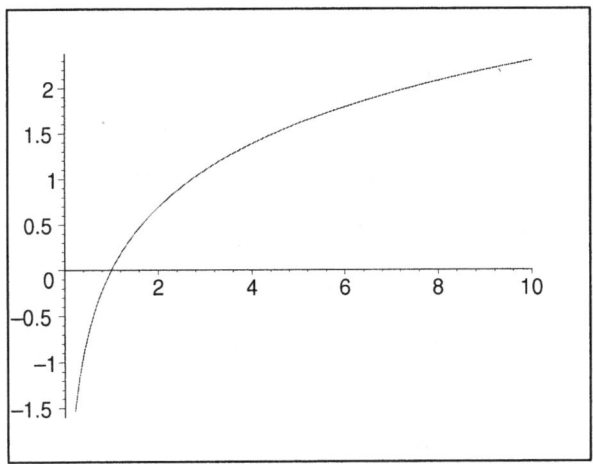

Eigenschaften des Logarithmus naturalis

(i) Die Funktion ln ist streng monoton wachsend.

(ii) Für $x > 0$ ist $\ln(x)' = \frac{1}{x}$.

(iii) Für $x, y > 0$ gilt das *Multiplikationstheorem*

$$\ln(xy) = \ln(x) + \ln(y)\,.$$

(iv) Für jedes $0 < x \leq 2$ gilt die Reihenentwicklung

$$\ln(x) = \sum_{k=0}^{\infty} \frac{(x-1)^{k+1}}{k+1}(-1)^k = \frac{(x-1)}{1} - \frac{(x-1)^2}{2} + \frac{(x-1)^3}{3} - \cdots .$$

Weitere Definitionen und Formeln

(i) Die *allgemeine Potenz* x^y ist durch

$$x^y = \exp(y \ln(x))$$

für alle $x > 0$ und $y \in \mathbb{R}$ definiert. Insbesondere ist

$$e^x = \exp(x), \quad x \in \mathbb{R}.$$

(ii) Sei $a > 0$ und $a \neq 1$. Der *allgemeine Logarithmus* $\log_a(x)$ von x zur Basis a ist durch

$$y = \log_a(x) \quad \Longleftrightarrow \quad x = a^y$$

für alle $x > 0$ definiert. Es gilt

$$\begin{aligned}
\ln(x) &= \log_e(x), \\
\ln(x) &= \log_a(x) \cdot \ln(a), \\
\log_a(x) &= \frac{\ln(x)}{\ln(a)}.
\end{aligned}$$

Der Logarithmus zur Basis $a = 10$ heißt *dekadischer Logarithmus*.

(iii) Sei f eine differenzierbare Funktion $f :]a, b[\longrightarrow \mathbb{R}$.
Für jedes $x \in {]a, b[}$, für das $f(x) \neq 0$ ist, heißt die Ableitung

$$\frac{d}{dx} \ln(f(x)) = (\ln f(x))' = \frac{f'(x)}{f(x)}$$

logarithmische Ableitung von f an der Stelle x.
Man nennt die logarithmische Ableitung von f auch *(stetige) Wachstumsrate*. Die Wachstumsrate von f ist genau dann konstant gleich w, wenn $f(x) = ae^{wx}$ gilt, wobei a eine positive Konstante ist.

(iv) Sei f eine differenzierbare Funktion $f :]a, b[\longrightarrow \mathbb{R}$.
Für jedes $x \in {]a, b[}$, für das $f(x) \neq 0$ ist, heißt die Ableitung

$$\frac{d \ln(f(x))}{d \ln(x)} = x \frac{f'(x)}{f(x)}$$

doppelt-logarithmische Ableitung von f an der Stelle x.
Wenn $x > 0$ und $f(x) > 0$ ist, wird die doppelt-logarithmische Ableitung auch als *Elastizität* von f an der Stelle x bezeichnet.

Literaturverzeichnis

ABELS, H. (1993). *Wirtschafts- und Bevölkerungsstatistik.* Gabler, Wiesbaden, 4. Aufl.

ASSENMACHER, W. (2002). *Einführung in die Ökonometrie.* Oldenbourg, München, 6. Aufl.

ASSENMACHER, W. (2003). *Deskriptive Statistik.* Springer, Berlin, 3. Aufl.

AUER, L. VON (2005). *Ökonometrie. Eine Einführung.* Springer Verlag, Berlin, 3. Aufl.

BAMBERG, G. und BAUR, F. (2002). *Statistik.* Oldenbourg, München, 12. Aufl.

BENNINGHAUS, H. (2005). *Einführung in die sozialwissenschaftliche Datenanalyse.* Oldenbourg, 7. Aufl.

BOL, G. (2004). *Deskriptive Statistik.* Oldenbourg, 5. Aufl.

BOMSDORF, E. (2002). *Deskriptive Statistik.* J. Eul, Lohmar, 11. Aufl.

BOMSDORF, E., DYCKERHOFF, R., MOSLER, K. und SCHMID, F. (2006a). *Klausurtraining Statistik. Band 2.* Universität zu Köln.

BOMSDORF, E., GRÖHN, E., MOSLER, K. und SCHMID, F. (2006b). *Definitionen, Formeln und Tabellen zur Statistik.* Universität zu Köln, 5. Aufl.

BOMSDORF, E., GRÖHN, E., MOSLER, K. und SCHMID, F. (2006c). *Klausurtraining Statistik. Band 1.* Universität zu Köln, 4. Aufl.

BOSCH, K. (1998). *Statistik-Taschenbuch.* Oldenbourg, München, 3. Aufl.

BUCHWALD, W. (2004). Vom Preisindex für die Lebenshaltung zum Verbraucherpreisindex. *Wirtschaft und Statistik* 1, 11–18.

BURKSCHAT, M., CRAMER, E. und KAMPS, U. (2004). *Beschreibende Statistik – Grundlegende Methoden.* Springer, Berlin.

CHLUMSKY, J. und EHLING, M. (1997). Grundzüge des künftigen Konzepts der Wirtschaftsrechnungen der privaten Haushalte. *Wirtschaft und Statistik* **7**, 455–461.

COWELL, F. (1995). *Measuring Inequality.* Prentice Hall, London, 2. Aufl.

CRAMER, E., CRAMER, K., KAMPS, U. und ZUCKSCHWERDT, C. (2004). *Beschreibende Statistik – Interaktive Grafiken.* Springer, Berlin.

DIALEKT-PROJEKT (2002). *Statistik interaktiv. Deskriptive Statistik.* Springer, Berlin.

ECKEY, H.-F., KOSFELD, R. und DREGER, C. (2002). *Statistik, Grundlagen – Methoden – Beispiele.* Gabler, 3. Aufl.

ECKEY, H.-F., KOSFELD, R. und DREGER, C. (2004). *Ökonometrie.* Gabler, Wiesbaden, 2. Aufl.

ECKEY, H.-F., KOSFELD, R. und TÜRCK, M. (2005). *Deskriptive Statistik.* Gabler, Wiesbaden, 4. Aufl.

EGNER, U. (2003). Umstellung des Verbraucherindex auf Basis 2000. *Wirtschaft und Statistik* **10**, 423–432.

ELBEL, G. (1999). Die Berechnung der Wägungsschemata für die Preisindizes für die Lebenshaltung. *Wirtschaft und Statistik* **1999**, 171–178.

EUROSTAT (2004). *Hamonisierte Verbraucherpreisindizes (HVPI). Ein kurzer Leitfaden für Datennutzer.* Amt für amtliche Veröffentlichungen der Europäischen Gemeinschaften, Luxemburg.

FAHRMEIR, L., KÜNSTLER, R., PIGEOT, I. und TUTZ, G. (2003). *Statistik — Der Weg zur Datenanalyse.* Springer, Berlin, 4. Aufl.

FAHRMEIR, L., KÜNSTLER, R., PIGEOT, I., TUTZ, G., CAPUTO, A. und LANG, S. (2004). *Arbeitsbuch Statistik.* Springer, Berlin, 4. Aufl.

FERSCHL, F. (1985). *Deskriptive Statistik.* Physica, Würzburg, 3. Aufl.

FISHER, I. (1922). *The Making of Index Numbers: A Study of Their Varieties, Tests and Reliability.* Houghton Miffin, New York.

HAFNER, R. und WALDL, H. (2001). *Statistik für Sozial- und Wirtschaftswissenschaftler, Bd.2, Arbeitsbuch für SPSS und Microsoft Excel.* Springer-Verlag, Wien.

HÄRDLE, W., LEHMANN, H. und RÖNZ, B. (2001). *MM* Stat. Eine interaktive Einführung in die Welt der Statistik.* Springer, Berlin.

HARTUNG, J. und HEINE, B. (1999). *Statistik–Übungen, Deskriptive Statistik.* Oldenbourg, München, 6. Aufl.

HEILER, S. (1995). Zur Glättung saisonaler Zeitreihen. In H. Rinne, B. Rüger und H. Strecker, Hrsg., *Grundlagen der Statistik und ihre Anwendungen, Festschrift für Kurt Weichselberger.* Physica, Heidelberg.

HEILER, S. und MICHELS, P. (2004). *Deskriptive und explorative Datenanalyse.* Oldenbourg, München, 2. Aufl.

KAISER, J. (1998). Budgets ausgewählter privater Haushalte 1997. *Wirtschaft und Statistik* **8**, 680–688.

KAISER, J. (2000). Die Statistik der laufenden Wirtschaftsrechnungen in neu konzipierter Form. *Wirtschaft und Statistik* **10**, 773–781.

KRÄMER, W. (2001). *Statistik verstehen. Eine Gebrauchsanweisung.* Campus Verlag, Frankfurt, 3. Aufl.

KRUG, W., NOURNEY, M. und SCHMIDT, J. (2001). *Wirtschafts- und Sozialstatistik: Gewinnung von Daten.* Oldenbourg, München, 6. Aufl.

KÜHNEN, C. (1998). Das Stichprobenverfahren der Einkommens- und Verbrauchsstichprobe. *Wirtschaft und Statistik* **1**, 111–115.

KUNZ, D. (1987). *Praktische Wirtschaftsstatistik.* Kohlhammer, Stuttgart.

LAMBERT, P. (2002). *The Distribution and Redistribution of Income.* Manchester University Press, Manchester, 3. Aufl.

LAUX, G. (1983). Ausbau der Konzentrationsstatistiken im Produzierenden Gewerbe. *Wirtschaft und Statistik* **1983**, 385–395.

LINZ, S. und ECKERT, G. (2002). Zur Einführung hedonischer Methoden in die Preisstatistik. *Wirtschaft und Statistik* **10**, 857–863.

LIPPE, P. VON DER (1996). *Wirtschaftsstatistik. Amtliche Statistik und Volkswirtschaftliche Gesamtrechnungen.* Lucius & Lucius, Stuttgart, 5. Aufl.

LIPPE, P. VON DER (2001). *Chain Indices. A Study in Price Index Theory.* Metzler–Poeschel, Stuttgart.

LIPPE, P. VON DER (2006). *Deskriptive Statistik. Formeln, Aufgaben, Klausurtraining.* Oldenbourg, München, 7. Aufl.

LOHNINGER, H. (2001). *Teach/Me Datenanalyse.* Springer, Berlin.

LOTZE, S. und BREIHOLZ, H. (2002a). Zum neuen Erhebungsdesign des Mikrozensus – Teil 1. *Wirtschaft und Statistik* **10**, 359–366.

LOTZE, S. und BREIHOLZ, H. (2002b). Zum neuen Erhebungsdesign des Mikrozensus – Teil 2. *Wirtschaft und Statistik* **11**, 454–459.

MITTAG, H.-J. und STEMANN, D. (2004). *Statistik. Beschreibende Statistik und Explorative Datenanalyse: Interaktive Multimedia-Lernsoftware.* Hanser, 5. Aufl.

MONKA, M. und VOSS, W. (2005). *Statistik am PC.* Hanser, München, 4. Aufl.

MONOPOLKOMMISSION (Verschiedene Jahre). *Hauptgutachten.* Nomos-Verlagsgesellschaft, Baden-Baden.

MOSLER, K. und SCHMID, F. (2006). *Wahrscheinlichkeitsrechnung und schließende Statistik.* Springer, Berlin, 2. Aufl.

MÜNNICH, M. (2000). Einkommens- und Geldvermögensverteilung privater Haushalte in Deutschland – Teil 1. *Wirtschaft und Statistik* 679–691.

MÜNNICH, M. (2001). Einkommens- und Geldvermögensverteilung privater Haushalte in Deutschland – Teil 2. *Wirtschaft und Statistik* .

NEUBAUER, W. (1996). *Preisstatistik.* Vahlen, München.

PFLAUMER, P., HEINE, B. und HARTUNG, J. (2005). *Statistik für Wirtschafts- und Sozialwissenschaften: Deskriptive Statistik.* Oldenbourg, München, 3. Aufl.

PIESCH, W. (1975). *Statistische Konzentrationsmaße.* J.C.B. Mohr (Paul Siebeck), Tübingen.

PINNEKAMP, H.-J. und SIEGMANN, F. (2001). *Deskriptive Statistik.* Oldenbourg, München, 4. Aufl.

POLASEK, W. (1994). *EDA – Explorative Datenanalyse.* Springer, Berlin, 2. Aufl.

RIEDE, T. (1997). 40 Jahre Mikrozensus. *Wirtschaft und Statistik* **3**, 160–174.

RINNE, H. (1996). *Wirtschafts- und Bevölkerungsstatistik: Erläuterungen, Erhebungen, Ergebnisse.* Oldenbourg, München, 2. Aufl.

RINNE, H. und SPECHT, K. (2002). *Zeitreihen.* Vahlen, München.

RRZN (1999a). *Excel 97. Einführung in die Benutzung unter Windows 95/NT.* Rechenzentrum Hannover, 6. Aufl.

RRZN (1999b). *Excel 97 für Fortgeschrittene. Excel 97 unter Windows 95 und Windows NT.* Rechenzentrum Hannover, 5. Aufl.

SCHAICH, E. und MÜNNICH, R. (2001). *Mathematische Statistik für Ökonomen. Lernprogramm.* Vahlen, München.

SCHAICH, E. und SCHWEITZER, W. (1999). *Ausgewählte Methoden der Wirtschaftsstatistik.* Vahlen, München, 2. Aufl.

SCHIRA, J. (2005). *Statistische Methoden der VWL und BWL – Theorie und Praxis.* Pearson, München, 2. Aufl.

SCHLITTGEN, R. (2001). *Angewandte Zeitreihenanalyse.* Oldenbourg, München.

SCHLITTGEN, R. (2003). *Einführung in die Statistik.* Oldenbourg, München, 10. Aufl.

SCHLITTGEN, R. (2005). *Das Statistiklabor.* Springer, Berlin.

SCHLITTGEN, R. und STREITBERG, B. (2001). *Zeitreihenanalyse.* Oldenbourg, München, 9. Aufl.

SCHULZE, P. M. (2003). *Beschreibende Statistik.* Oldenbourg, München, 5. Aufl.

SCHWARZE, J. (2005). *Grundlagen der Statistik I, Beschreibende Verfahren.* NWB, Herne, 10. Aufl.

STATISTISCHES BUNDESAMT, Hrsg. (1997). *Das Arbeitsgebiet der Bundesstatistik.* Metzler–Poeschel, Stuttgart.

STOCK, G. und OPFERMANN, R. (2000). Neue Wege zur Verbesserung der Konzentrationsbeobachtung im Rahmen der amtlichen Wirtschaftsstatistik. *Wirtschaft und Statistik* **2000**, 485–490.

STRÖHL, G. (2001). Die Neuberechnung von Verbrauchergeldparitäten im Rahmen des Internationalen Vergleichs der Preise für die Lebenshaltung. *Wirtschaft und Statistik* **2001**, 730–749.

TOUTENBURG, H., FIEGER, A. und KASTNER, C. (2004). *Deskriptive Statistik. Eine Einführung mit Übungsaufgaben und Beispielen mit SPSS.* Springer, Berlin, 4. Aufl.

TUKEY, J. W. (1977). *Exploratory Data Analysis.* Addison-Wesley, Reading MA.

VOGEL, F. und GRÜNEWALD, W. (1996). *Kleines Lexikon der Bevölkerungs- und Sozialstatistik.* Oldenbourg, München.

VOSS, W. (2003). *Taschenbuch der Statistik.* Fachbuchverlag Leipzig, 2. Aufl.

WINKER, P. (1997). *Empirische Wirtschaftsforschung.* Springer, Berlin.

ZWERENZ, K. (2001). *Statistik verstehen mit Excel.* Oldenbourg, München.

Index

Druck: Krips bv, Meppel
Verarbeitung: Stürtz, Würzburg